U0186242

差异方法论与实践创新

冷兴武　袁　青◎著

DIFFERENCE METHODOLOGY AND PRACTICAL INNOVATION

图书在版编目(CIP)数据

差异方法论与实践创新 / 冷兴武，袁青著. —北京：企业管理出版社，2023.7

ISBN 978-7-5164-2868-9

Ⅰ.①差… Ⅱ.①冷… ②袁… Ⅲ.①工程技术-研究方法 Ⅳ.①TB-3

中国国家版本馆CIP数据核字(2023)第130836号

书　　名：差异方法论与实践创新
书　　号：ISBN 978-7-5164-2868-9
作　　者：冷兴武　袁　青
策　　划：杨慧芳
责任编辑：杨慧芳
出版发行：企业管理出版社
经　　销：新华书店
地　　址：北京市海淀区紫竹院南路17号　邮编：100048
网　　址：http://www.emph.cn　电子信箱：314819720@qq.com
电　　话：编辑部（010）68420309　发行部（010）68701816
印　　刷：北京虎彩文化传播有限公司
版　　次：2024年1月第1版
印　　次：2024年1月第1次印刷
开　　本：710mm×1000mm　1/16
印　　张：15.25印张
字　　数：317千字
定　　价：98.00元

作者简介

冷兴武，生于1934年3月，教授级高级工程师，享受国务院政府特殊津贴，吉林省双阳县人。曾任国家建筑材料工业局哈尔滨玻璃钢研究所副总工程师、技术开发部主任；武汉工业大学研究生导师、副教授。曾任中国复合材料学会开发与咨询委员会委员、中国玻璃钢工业协会开发与咨询委员、黑龙江省自然辩证法研究会理事、中国科技会堂专家委员会专家委员和国家建材局全国基础研究专家。

1959年毕业于哈尔滨工业大学土木系（最后一期六年制），毕业前提前留校，任规划研究室工作助教。土木系后改建哈尔滨建筑工程学院。1960年调任第三室研究室（玻璃钢研究室）任研究实习员。同年，接到国家急需的导弹玻璃钢端头研制任务，两年内完成该项任务。之后，又在两年时间内，研制完成某型号导弹发动机壳体，该玻璃钢端头项目于1964年获国家计划委员会、国家经济委员会、国家科学技术委员会一等奖。1965年，第三室研究室扩大为建筑材料工业部哈尔滨玻璃钢研究所，冷兴武历任课题组长、工程师、开发部主任、第二研究室主任、高级工程师、教授级高级工程师和副总工程师。

冷兴武教授在国内外首次提出异型缠绕规律、非测地线稳定缠绕原理、纤维缠绕定理、球形罩设计简化公式及差异论法等具有独到见解的理论和方法。1970年后，主持与研究异形缠绕规律、微波天线反射面等科研课题，荣获全国科学大会重大贡献奖和攻关奖。同时还主持与研究卫星碳环氧圆柱网格壳、碳素羽毛球拍杆及非线性缠绕理论等科研课题，荣获国家建材工业局、轻工业部颁发的部级优秀成果奖和科技进步二、三等奖。提出的"玻璃钢异型缠绕规律"被学报称为"冷氏相当圆原理"。此外，经吴阶平、杨乐、唐敖庆等九位院士组成的评审委员会评审，冷兴武教授独著的《纤维缠绕原理》获得泰山科技专著出版基金资助，并于1990年在山东科学技术出版社出版，被《图书信息报》称"取得举世瞩目的突破性成果"。

冷兴武教授以差异论为基础，写有专著1部，主编了《玻璃钢概论》《缠绕工艺》等9部著作，并在《宇航学报》《航空学报》等学报、国际复合材料交流会议及其他专业期刊发表论文100余篇。获授权专利16项，其中薄壁式大型雷达罩填补了我国高山雷达技术空白，该雷达于1975年启用，启用当年即为国家节约外汇300万美元，成立的雷达罩公司目前年创产值 6000 万元以上；烟味口胶被收入《世界优秀专利技术精选》一书。与夫人王荣秋提出“相当安全阀设计理论”，该安全阀使所在的乡镇企业年总产值超亿元，三年跃居全国同行前列。

冷兴武教授于 1982 年在黑龙江省自然辩证法研究年会上，首次提出“差异论学说”，并建立差异理论，包括协调哲学和协理数学等。发表题为“差异论法”（四万字）的论文，被评为一级优秀论文。该论文于 1982 年发表于《自然辩证法通讯》第 24 期。

冷兴武教授曾获全国建材科技大会先进工作者光荣称号，1979 年应邀参加全国科学大会，并于 1986 年被国家科委发展评价组列为全国各领域 5000 名专家之一。1994 年，冷兴武在全国第二届系统科学年会应邀做了题为“差异、矛盾、系统”的报告，获得热烈反响。他撰写的题为“差异学说与实践意义”的论文发表于 1995 年第 1 期《系统辩证学学报》。

冷兴武教授累计获国家级奖 10 项、部级奖 14 项。其中，在由冷兴武教授主持或任课题组长的项目中，4 项获国家级重大贡献奖、5 项获部级奖；以冷兴武教授为主要研制者的项目中，2 项获国家级奖、1 项获部级奖；获国家级新产品奖 3 项，省级（北方 10 省、市）优秀科技图书奖 2 次。此外，先后获全国建材科技大会先进个人、国防科工委献身国防科技事业荣誉奖章，获评国际传记中心（IBC）2005 年度 100 位世界顶尖科学家，获国际名人传记研究院（ABI）总统封印世界终生成就奖杯，并入选第 25 届国际名人录。

推荐序

作者冷兴武是材料工业领域的知名专家、教授级高级工程师。他1959年毕业于哈尔滨工业大学土木系，1960年以来，先后主持或参与了玻璃钢耐烧蚀端头研究、异型缠绕规律、微波天线反射等重大科研项目，在材料工业领域做出了许多不凡的业绩。

冷兴武先生在本业之外，还致力将哲学理论与科学实践相结合。从20世纪80年代开始，他就开始以马克思主义方法论为指导探索建构其"差异论"，经过数十年的思考和总结，最终形成了一套自成体系的差异论学说。

这一学说是将唯物主义辩证法和系统论相结合的产物。作者对本书中所提及的哲学理论与科学技术研究实践相统一、相结合的过程，主要受益于毛泽东的矛盾论与实践论。可以说没有矛盾论和实践论作为理论框架和逻辑奠基，就没有这本差异论。

本书完整阐述了作者创立差异论这一交叉学科理论的完整过程和主要思想。全书由绪论、基础理论和实际应用这三大部分组成，加上附录四篇。作者提出，差异是一个大范畴，它永远存在、无处不在，不能绕开差异而直接进入关于矛盾的讨论，因为一切矛盾都是从差异开始积累、演变，但差异未必一定都转化为矛盾。基于此，差异论首先要做到的是选好差异对象，然后辨析差异关系。

在文章第一部分的"绪论篇"中，作者系统梳理了差异观的理论依据、核心原理，指出差异论法是一切科学方法的基础，继而提出了差异论的基本概念范畴，对差异的定义、普遍性及其系统构成做出阐释，对差异分析和研究的哲学意义加以澄清，对差异效应的现实状况做出论述。

在"基础理论篇"中，作者以差异论为方法论基础，结合自然科学中的动力学，提出了差异运动的动力学理论，并将传统动力学所涉诸内容放置在差异论的框架下加以考察。作者试图站在辩证系统观这一大系统的立场上，从差异论的角度对物理学进行宏观思考，他甚至希望能够把广义物理学和模糊数学都纳入到社会科学领域，认为这将是社会科学进入应用领域、直接变成第一生产力的重要举措。此外，作者还在本章中阐述了差异论在近代科学领域所用前景展望，提出了差异系统协调体系的广泛代表性与普遍性的构建。

在"实际应用篇"中，作者用了相当丰富的实践案例来说明差异论如何作为自然科学与技术科学的基础理论，对在广泛地应用于自然科学、技术科学与经济建设诸领域的差异论做了一个全面总结和提炼，提出了差异比较相当法与借鉴法、差异模糊比较函（系）数法的实验研究、非测地线稳定缠绕的平衡方程式、纤维缠绕定理等重要创新性观点，并专门拿出一章来阐发差异论在大型玻璃钢夹砂管道（RPM）研究中的应用全过程，较为全面地还原了以差异论来指导科技创新实践的具体步骤和工作流程，对涨落、分形、集成和应用等做出符号化处理，并以此来应对复杂系统进行协调运算的逻辑问题。

冷兴武将许多亲身参与的重大科研成果归结于合理和正确运用差异论。例如，中国第一部高山雷达罩的成功研制、异型缠绕规律、缠绕大发动机壳体使用的粉碎式芯模、风云二号卫星网络圆通壳体等一系列重大科研成果和理论发明，都是基于差异论之指导才得以完成。此外，在差异论思维模式的指导下，作者还重新反思并发明一些重要的理论符号和科学方程式。例如，对涨、落符号的发明，它区别于数学中的加减乘除，既有连加或成倍加，又有连减或成倍减之意，将之与广义的数学运算相结合起来，实际上能够引发一场思维数学的巨大革命。又如，非测地线稳定缠绕方程式建立，是从差异平衡缠绕的张力引起滑移力用摩擦力抵抗的角度来加以阐释才得以最终完成的。

本书是多年来哲学思考和科学研究实践的智慧结晶。冷兴武先生由浅入深、层层递进，将一个系统完备的哲学观念和严谨缜密的科学精神完整地展现在读者面前，为解决当代热点科学问题提供一种颇具启示意义的系统化思路。

冷兴武先生用马克思主义的哲学原理观察、思考自然科学，形成了这一份厚重成果。他提出的“差异法”这一具有哲学意味的分析概念，是将马克思主义的实践论同具体的科学实践相结合，在自然辩证法领域结出的一朵新花。本书的出版，为相关领域的科技工作者提供了一份可贵的形上之思，也是作者在科学与技术哲学领域一次出彩的跨界之旅。

中国社会科学院政治学所研究员

中国社会科学院大学政府管理学院副院长、教授，博士生导师

序　　言

1982 年,我在黑龙江省自然辩证法研究会第二届年会上发表了《差异论法》,首次提出了“差异法”概念。1995 年,《系统辩证科学学报》发表了我的《差异学说与实践意义》,我将早期的“差异法”概念改进为差异场域并与矛盾场域明确分开。过去,人们通常绕开差异论述矛盾转化,而没有强调差异是个大范围,差异永远存在,先有差异,尔后可能演变成为矛盾,但并非所有差异都必定转化为矛盾,而且在一定条件下,矛盾也可转化为差异。我们在自然科学领域的研究中,先找到差异场域,然后再求解难题,这样的差异论出师于矛盾论,在实践中取得了辉煌的成果。用成熟的差异论指导实践并在新时代造福于人类,是我辈义不容辞的责任。

30 多年前,我出版了拙作《纤维缠绕原理》,得到了九位时任中科院学部委员联袂推荐,被誉为该领域的优秀专著,是差异论运用于实践的重要成果。

1960 年初,当时的哈尔滨建工学院(原属哈工大,先分后合)院党委选拔精英组建第三研究室,攻关“端头大块与固体火箭发动机壳体”制造技术。我们以毛泽东同志的《矛盾论》与《实践论》为指导思想,艰苦奋斗两个两年,“航天端头”获国家“三委”一等奖,并由此成立了“航天学院与复合材料研究所”。哈尔滨建工学院三室 1965 年秋划归当时的建材部新材料局。

当年,刘克屏院长倡导将哲学思辨与专业科研相结合,三室同事们齐心协力完成了两项课题,堪称奇绩:郭迁昌处长提出与当时具备进口压机和压板技术的“哈绝缘厂”进行合作,制定了层压大块方案;张贵学提出集中突破的项目管理思路;昝桂壁提出用挡土墙原理解决大块滑移问题;李国强、艾桂卿、王本锐提出红外灯加热、层压大块经电机厂车床加工生产“大窝头”;陶云宝取剩芯材做力学试验……我们的方案被送到当时的七机部并获得批准,由我担任烧蚀材料与芯模小组组长。刘其贤提出借鉴线团两端多角形原理,孔庆保、何相林、李国强实践发现了切点法缠绕规律,并和机加工师傅一起设计制造了我国首台挂轮链条式缠绕机。

在反复实践的过程中,我不断尝试用差异思维解决阶段难题。1979 年差异论的雏稿《差异平衡法》经时任黑龙江省委副书记、党校副校长张向凌阅转哲学教研室陈久年老师,评价《差异平衡法》“用哲学指导自然科学研究,立足本门学科实践,是篇好文章”,并被推荐到黑龙江省自然辩证法研究会。1982 年,我向黑龙江省自然辩证法研究会第二届年会提交了《差异论法》一文 4 万字受到好评,获评一级论文。董光壁研究员邀稿五百字，短文“差异法”发表于《中国自然辩证法通讯》24期，本人当选黑龙江省自然辩证法研究会理事、哈尔滨玻璃钢研究所（以下简称哈玻所）自然辩证法研究分会理事长。1991年，我向黑龙江省自然辩证法第三届年会提交《差异思维原理》。自此“差异论”小有名气，获工程技术、船舶、电力、路桥、潜科学、改革开放和市场经济等多种书刊选登报道。

1993年11月，我将书稿《工程差异论》目录面呈恩师中国工程院院士、哈尔滨工业大学教授王光远，得到肯定并获赠专著《工程软设计理论》。此后，“工程差异论”经黑龙江省自然辩证法研究会和中国玻璃钢协会联袂推荐出版，现改书名《差异方法论与实践创新》。

一、两论起家的贡献

遥想当年，刘克屏院长在哈尔滨建工学院主持学习毛主席的《矛盾论》与《实践论》，“两论”起家承担国家级321招标项目。我院科研处长郭迂昌敢为天下先，奋力揭榜，两年完成项目，获国家“三委”一等奖，成为哈玻所第一大功臣；熊占永老师提出自主开发北极星壳体（大型火箭固体发动机缠绕成型）课题。在两项课题的推进中，我们不断总结科学研究与技术开发的实践规律。

二、中国第一部高山雷达罩研制成功

我大胆提出：借鉴“超大玻璃窗透亮原理”，设计9.7 m×3.85 m超长蜂窝夹层板（过桥尺寸）。直径18.6 m的半球形罩需要六道工字钢梁支撑，空军方面同意由大连工学院（现大连理工大学）钱令希院士设计、大连造船厂制造。相关成果在1978年全国科学大会获奖。在1978年全国建材系统科技大会上，我与孔庆宝获部级先进个人奖状。

1994年，我应邀参加全国第二届系统辩证科学年会，以“差异、矛盾与系统”为题做报告，当讲到“首部高山雷达防风罩研制成功”时，全场响起热烈掌声。此后，我又连续参加第三、第四届年会，先后发表《高科技开发市场化系统能量协调》《差异协调设计原理及市场经济系统应用》，分别入选两届年会文集。

1996年香山国际新材料年会，我做《复合材料协理设计原理》报告。2004年第二辑《纤维复合材料》刊载了“冷兴武大型玻璃钢制品不确定信息复杂系统预报比较函数解法”，此文入选《中国工程技术2005年创新文库》，并从3万篇论文中脱颖而出，荣获特等奖。这是运用差异方法论指导理论研究和科学实验的成功实践。

三、异型缠绕规律的发明

哈尔滨玻璃钢研究所在1978年全国科学大会上获重大贡献奖状，“完成的成果”为“异型缠绕规律”，另有“合作完成的成果”六项，其中本人占4项。异型缠绕规律由本人总结发表，当时国际尚无此类报道。这项成果被哈建工学院学报(1994年第4期)称为“冷氏相当圆原理”，为缠绕理论做出了重大贡献。

1971年，军队某部急需88副φ3.2 m微波天线反射面，因缺乏相应铝材，上级决定研制玻璃钢替代品。哈玻所接受该项任务后，从哈尔滨建工学院借调14位老师，由姚炎祥带队，专门成立208小组，由我任组长。我们借鉴上海玻璃钢研究院18 m大天线经验，将玻璃钢蜂窝夹层板内表面⊥铜丝网＝铝板反射面。孙景武老师设计的蜂窝机荣登《科学实验》杂志。该成果获全国科学大会奖。另外，我们为海军研制的防摇摆机翼型消摇鳍无端头也成功获部级奖。这些成果均运用了“相当圆”原理，即非回转体简化为等外周长圆形回转体截面计算方法，后被称为“相当圆原理”。

四、发明石膏粉碎式芯模

20世纪70年代，我曾被下放到机加车间接受工人阶级再教育，向邱开杰师傅学习车床技术。在此期间有两点收获：(一)发明缠绕大发动机壳体使用的粉碎式芯模。手工摸泥旋转成型，使用千分头与弓字架组装大卡尺，高精度进刀微量为1道，发明了粉碎式芯模，精度高达千分之一毫米，获国家建材局长命名称“冷氏芯模”。国内数十年来以此缠绕几百发壳体上天，哈玻所土法发明的高精度粉碎式芯模差异论功不可没。(二)受“无论方、扁形车都简化为等周长圆形截面”的启迪发明了异型缠绕规律，比肩国际先进水平。

五、风云二号卫星网格圆筒壳体

在《纤维缠绕原理》中定理六：纤维排布决定于微速比，推理2纤维稀疏排布决定微速比之引理：发明缠绕外网格。我和祁锦文在一个光筒模具上缠绕，而且用的是最原始的链条式缠绕机，用挂轮确定微速比，精确操作一线压在另一道线上。网格圆筒在哈玻所内力学试验成功后，本人获部级科技进步二等奖。之后，我调任副总工程师并任开发部主任。康子与接手航天配套“网格壳”项目获得成功，荣获国家科技进步奖二等奖。这里还有一段故事，我就网格筒壳成功撰写了一篇论文投稿《航空学报》，接到回信大意是，计算这么简单，加减乘除构不成学报学术级别。我回信答复并非如此，我们的缠绕网格壳体是国际独创。西德亚森大学(W－250数控缠绕机是西德进口的)做的网格壳体是计算机编织的网格壳块板，几块板用手工胶粘或捆上；我们一束纤维机械缠绕完是国际最先进网格筒壳，如果加上环向缠绕就变成更稳定的三角形受力，再加上外面缠绕层就可成为最佳夹层结构，将成为航天、航空应用中理想的高刚度、高强度结构件。用简单的缠绕机在无网格凹槽光筒模上能缠出精确网格，只用了定理六推理2的一条引理，说明缠绕理论和技术是国际领先的，最终该文选入1987年NO8《航空学报》。

六、涨、落符号与智能键盘

(一)涨、落符号的发明

在现有的数学符号＋、－、×、÷外另设⊥为涨，既有相加之意又有连加或倍加之意；⊤为落，既有相减之意又有连减或倍减之意，以此区别数学中加减乘除之意。本书中第六章专有内容讨论协调通算符号，如果全世界统一使用此类符号，交流起来就会比较方便。特别辟出一章讨论高阶模糊协调运算符号，是表述思维符号可以代替∑∫∪∩等符号之意，无所不在的思维数学灵活效仿人脑思维、想象和猜想、预见等，与广义的运算结合起来，可以为思维数学带来一场革命。

(二)智能开发思维键盘

把抽象思维拓展至形象思维，只要敲打不同的符号，协调其各种结果，就可以经过差异比较求解理想结果，经过实践再修正则更加完善。比如，初定现有目标系统 N，求解理想系统 S，两者之差异总和便是系统驱动协调子 F。此时，寻找 F 是关键，其步骤为：(1)目标系统 N 变成参量；(2)利用已知目标系统 N 求解 F，一次不够理想，可以反复寻找更换，得到理想目标 F；(3)驱动协调子 F 是已知目标 N 达到理想目标 S 的驱动子 F 的驱动函数，是一个进化再转化系统。

七、非测地线稳定缠绕方程式建立

纤维缠绕中测地线最稳定，通俗地讲就是短程线最稳定。平面两点之间直线距离最短，曲面上测地线距离最短，曲面非测地线稳定用偏微分方程解很麻烦，而且摩擦系数很难确定，所以用差异平衡法表示非测地线稳定缠绕基本方程式，还可用弹性力学模型平衡方程式，圆柱体非测地线平衡、球面平衡方程式，椭圆柱面平衡方程式等。本人在《玻璃钢资料》1978 年第 20、21 期发表《带喷管玻璃钢火箭发动机壳体排线基本原理》使用了 102 个公式，同事陈宏章发现《第 33 届国际塑料工业学会/复合材料》上有西德亚森大学关于《回转体非测地线缠绕》的论文给出了与我们相同的方程式。从差异平衡缠绕的张力引起滑移力用摩擦力抵抗，即滑移力≤摩擦力。但他们用计算机解出微分几何得出二阶偏微分方程。我们当时没有电子计算机，手摇计算机仅一台使用也需排号，所以只能用手算，还是采用摩擦系数随树脂黏度变化滑线实践试测方法，成功解决了我国第一台大型电机的绝缘环无端头缠绕不滑线问题。

后续遇到带喷管火箭发动机壳体缠绕不等开口圆柱体、圆锥体缠绕以及球体和椭圆截面槽车缠绕滑线位置确定等问题，得出的计算公式在《宇航学报》1982 年 NO3、《复合材料学报》1991 年 NO1 先后发表。

实践论中心思想是“通过实践发现真理、证实真理和发展真理”。古人的经验教训都是从实践中得来的。

八、已出版的《纤维缠绕原理》

《纤维缠绕原理》源于在国防科技大学给教师与研究生上课的讲义，该校打字铅印本，内容除哈玻所螺旋缠绕规律外为本人所写，由发表于《宇航学报》《航空学报》等的 18 篇论文编成讲义，内容涉及纤维缠绕定理、原理、推理、引理，相当圆原理包括异型缠绕规律，借鉴数学、物理学阐述了 39 条缠绕理论，并由董雨达译成英文多次在国际年会交流，在国内外缠绕领域引起轰动，获称“缠绕王（指哈玻所）”。1989 年经九位学部委员推荐出版，后非线性理论获部级科技进步二等奖。1992 年我在哈尔滨玻璃钢研究所首批享受国务院政府特殊津贴。2000 年获聘中国管理科学院学术委员会特聘研究员、该院创新研究所高级研究员。

九、团结÷批评＝团结

毛主席著作《关于正确处理人民内部矛盾的问题》，其中公式为“团结÷批评＝团结”，就是用差异法解决矛盾，使矛盾化为差异。当时中华人民共和国初建，朝鲜战争又起，阶级斗争仍然存在，人民政权需要巩固。我们建国之后主流是和平建设，但是不能忽视也绝不怕阶级斗争。而斗争手段因差异、矛盾场域不同就应分场合使用。

十、洛伦兹吸引子猜想的再证明

自 20 世纪 60 年代初期洛伦兹吸引子首次提出以来，有科学家认为吸引子是基于一种想象论证一些实际虚无的猜想。我们用 39 条理论再次证明了洛伦兹吸引子的存在。

差异比较法古已有之，但没有形成系统辩证的差异论科学分支。它并不复杂难懂，人们常说区别、不一样、差别、不同，经比较鉴别，通过÷处理，可以变成相同、相当、相近，关键是建立差异思维观。没有矛盾论就没有差异论，差异方法论实践在社会生活中无处不在。

目　　录

第一篇　绪论篇

第二篇　基础理论篇

第三篇 实际应用篇

第一篇　绪论篇

第一章　差异思维观

世间各种事物或现象皆存在差异，没有差异便没有千差万别的事物或现象，差别是普遍存在的，人们对此并不陌生。但如果对看起来很平常的“差异”进行一些深入分析，就会发现其内涵是极其丰富的。

我们通常说在事物之间存在差异，就是指它们之间有区别或不同之处。凡是能比较出有区别或不相同，均可称有差异存在。宇宙之所以存在千差万别的事物，就是由于它们之间存在这样或那样的差异。事实上，任意两种以上的事物必有差异存在。差异具有普遍性，世间万物间的差异是永存的、普遍的。

差异出自个体独特的结构和组合。事物间的差异是由很多区别之处组成的。我们把每个不相同点或区别之处称为差异因子。差异总体由一种主差异因子与若干子差异因子组成，主要因子在其中起决定性作用。

凡可作为相互比较的目标（包括事物、集合、系统与大系统）皆可称为差异对象。若在 A 与 B 间存在差异，则 A 与 B 互为差异对象。差异对象作为比较的双方，必然成对出现，正如矛盾双方“失去一方另一方就不存在”一样。

差异也有它自己的规律性。马克思主义哲学告诉我们，质和量是统一的，故可以把任何要研究的事物，或现象之间质的差异表达为参量的差异，再通过参量的差异表现为平衡、相当、相对、大小、转化、全息等关系。我们把描述该关系的思维原理称为“差异论”；利用差异论求解具体疑难问题的方法，称为“差异论法”。

这是一套在解决工程技术问题中行之有效的方法，是我们在长期运用“两论”（矛盾论与实践论）解决玻璃钢/复合材料制品的科研实践中总结出来的。在工程技术工作中，我们总要借鉴已有的理论、公式、设计、材料和工艺等，即使在革新或发明中也概莫能外。所谓革新或发明不可能一切都是新的，只不过是在某一方面或某一局部有所创造而已。要将原有的理论、公式、设计、材料和工艺等用于新的课题，就需要进行比较和分析，尤其要比较和分析它们之间的差异。而找到差异，也就明确了创造方向。事实上，一切新的东西，都是从与旧东西的差异中区别出来的。就这一点来说，差异论及其方法无疑是具有重要意义的。

差异论及其方法可广泛地应用于各行各业。

第一节　理论依据

差异论的建立源自以下理论依据。

1. 差异作为矛盾运动之一个阶段

关于矛盾运动全过程的运行层次，黑格尔在《逻辑学》中把它总结为："同一——差异—对立—矛盾。"

2. 矛盾起源于差异，差异先于矛盾

马克思在分析商品的两重性如何转变为劳资对立，再发展为阶级对立时指出："这种两重性的相异的存在必然发展为差别，而差别必然发展为对立，发展为矛盾。"

3. 差异包含着矛盾

毛主席在《矛盾论》中批判苏联德波林学派时指出："他们不知道，世界上每一差异中就已经包含着矛盾，差异就是矛盾。"

按照马克思主义经典理论，矛盾运动的全过程应该是"差异—对立—矛盾"。因此，只见差异看不到矛盾的观点是形而上学的、错误的，但如果从范围上看，无疑是差异包含矛盾，差异是个大范围，差异作为矛盾的起始，贯穿矛盾运动全过程之始终。

当然，从哲学理论上讲，差异即矛盾，这是因为一切事物发展过程自始至终都存在矛盾，但差异和矛盾毕竟是两层意思，两者不一样。对哲学工作者来说，一般都认为差异是区别、差别、不相同、不一样，而矛盾则意味着对立甚至斗争。把凡是差异就等同于矛盾来看待，有时候不好理解，尤其在自然科学和经济建设方面。例如，把数学中正与负、微分与积分看成对立或矛盾可以理解，因为它们相反；但 2 和 3，如果说两者有差异则相差 1，如果看成对立和矛盾就不易为多数人接受。

所以差异思维原理所研究的首先是差异这个大范围，然后是研究矛盾运动全过程，即"差异—对立—矛盾"，重点放在差异阶段。其应用对象仅仅是自然科学、经济建设方面，不涉及其他社会现象方面。因此，从总体上讲，差异论和矛盾论本质上并不抵触，只是产生的时代背景不同，各有重点和应用的侧重领域。

不过，差异思维原理包括的面更广，内容更通俗，方法更好掌握，更容易为人们接受，因此更容易运用于经济建设与科技发展的方方面面。

第二节　差异原理是一切理论之基础

世间各种理论均以宇宙万物存在为基础，而万物之存在又以差异为前提条件，因此没有差异也就没有各种理论的基础，当然各种理论也就无法存在了。如此说来，世间一切理论都离不开差异这个最基础的理论,试想离开了差异理论还有什么理论能单独存在呢？自然是没有的。也就是说,差异理论是一切理论的根本所在,当然我们研究的重点还是放在自然科学和经济建设领域里。下面我们举例说明差异论与诸理论之间的关系。

一、重大科学理论的发现与建立

1. 阿基米德原理

阿基米德在求解希罗国王皇冠的成分问题时,取与皇冠等质量的黄金和白银,将黄金、白银与皇冠依次放入盛满水的容器中,比较每次溢出水质量的差异,结果发现皇冠所排出的水多于等质量黄金所排出的水,少于等质量白银所排出的水。因此,阿基米德证明了这顶皇冠既不是纯金也不是纯银的。就是这个将固体质量与同体积水的质量相比较的著名实验,发现了阿基米德定律:“浸没在液体里的物体,其所减轻的质量,等于同体积的该液体的质量。”

2. 坂田粒子模型

著名的日本物理学家坂田昌一在科学研究中自觉运用唯物辩证法,他把基本粒子看作是构成自然界有质的差异的无限层次之一,而且它应当由更深一层的其他形式的物质所组成。1942 年他预言两种介子,后来被实验证明。1955 年他提出一种基本粒子结构模型,解释了重子—介子族的性质,为近年来研究基本粒子开辟了新的道路,这就是著名的“坂田粒子模型”。这个理论的核心是“有质的差异的无限层次”,很明显这是以“差异”观点为基础的。

3. 生物进化论

在 1831 至 1836 年五年间,达尔文参加了“贝格尔号”军舰环球考察,从欧洲至南美洲、大洋洲、亚洲,达尔文对各地区的动物、植物和地层结构进行了差异比较,他发现这样的事实:

(1)南美洲的东海岸自北向南与西海岸自南向北的生物类型逐渐更替;

(2)同一地区化石和现代的动物区系之间是相似的;

(3)加拉巴哥群岛个别岛屿上的生物之间与相邻大陆上的生物之间既相区别又相似;

(4)马尔维纳斯群岛上的美洲土人的原始生活给他留下深刻印象。

达尔文从这次旅行实践考察中,比较了各种事实,通过差异分析,找到了差异点和相同点,比较了生物有机体与生存环境之间的关系,创建了生物进化论。

4. 相对论之创立

爱因斯坦认为同一景观对于站在不同立足点的人们,比较所得的风貌是有差异的,一个走路的人看是这样,另一个乘汽车的乘客看是那样的,再一个乘飞机的人看则又是另外一个样子，观察到的结果是相对而言的。他还认为，不但物体的运动速度是相对的，运动方向也是相对的。假定我们从一座塔顶向地面推下一块石头，对我们来说石头是直线降落，但如果站在太空中，这块石头走的就是一条曲线，因为记录者除见到石头运动，还看到地球的综合运动。可见物体运动的路线和方向都是相对的，都取决于观察点。与此同时，不仅空间是相对的，时间也是相对的，而且时间是空间的一维。因此，爱因斯坦认为宇宙就是时间一空间这个连续体构成的。世界不是三维的，除空间三维还要加上时间的第四维，这就是爱因斯坦的相对论学说。试想没有差异存在或不比较差异，就不能发现物体运动质的差异，那相对论自然就不存在了。

5. 宇称不守恒理论

物理学家杨振宁和李政道合作长达十六年之久，他们于 1951 年在权威物理学术刊物《物理评论》发表两篇论文，引起爱因斯坦的关注。1952 年爱因斯坦和杨振宁、李政道二人交谈，对其两篇论文给予高度评价，最后握手说："祝你们未来在物理学中取得成功。"

1956 年杨振宁、李政道合写一篇《在弱相互作用下之宇称守恒的问题》论文发表在《物理评论》上，对物理学家一向深信不疑的宇称不守恒定律（宇称不守恒定律，指在弱相互作用中，互为镜像的物质的运动不对称，由李政道和杨振宁提出、吴健雄用钴 60 验证）在弱作用中的有效性提出质疑。这篇论文造成了科学概念上的一次革命。他们因此共同荣获诺贝尔物理学奖，成为最先获得诺贝尔奖的美籍中国人。

二、控制论、信息论、系统论

人们将控制论、信息论、系统论称为老三论，因为它们的产生远在第二次世界大战期间。老三论之建立也是以差异论为基础的。这一点可以追溯到 20 世纪 40 年代初期。

1. 控制论

早在 1943 年，维纳等人发表了《行为、目的和目的论》一文，他们第一次把只属于生物的有目的行为赋予机器，阐明了控制论的基本思想。1948 年维纳又发表了《控制篇》，为这门新学科奠定了理论基础，标志着它的正式诞生。到 50 年代后，控制论已向各领域渗透，相继出现工程控制论、经济控制论、社会控制论等。60 多年来的实践证明，控制论对当代科学技术的发展起到了非常积极的推动作用。

我们只要分析一下控制论的产生就不难发现，维纳等人实际上是把动物和机器某些机制进行差异比较，从而抓住一切通信和控制系统中所共有的特征，提高到更概括的理论高度并加以综合，形成了这门新的学科。

2. 信息论

信息论揭示机器、生物有机体和社会不同物质运动形态之间信息联系的规律，为实现科学技术、生产、经营管理、社会管理的现代化提供了强有力的武器。

如果把人脑和机器之间的差异进行比较分析就会发现，这两种截然不同的物质运动形态，却有相同的对应关系和共同的本质。人脑由100多亿个神经细胞组成，神经细胞可以处于兴奋与抑制两种状态，而电子计算机则是由许多人造神经元组成，两者相对应，这些人造神经元也有接通和切断两种状态；人脑工作是利用神经脉冲，而机器则是用电脉冲，两者相似。它们都是从外界获得信息，经加工处理，再传递信息。因此，我们可以认为它们都存在共同的信息联系的本质，即它们都是信息变换系统。如果再扩大到其他领域，形成具有规律性的理论，就是信息论。

3. 系统论

所谓系统，就是把所研究的对象看成有机的整体，比如把人体内能共同完成一种或几种生理功能而组成的器官的总体称为生理系统，像消化系统、呼吸系统、神经系统、循环系统等。人作为整体又是一个大系统。扩展开来，又有社会系统、经济系统、国防系统等。对这些具体的物质运动形态进行差异分析，从整体和各部分之间关系来考察，不难发现：它们都是一个由若干部分或基本单元以一定的结构相互联系而成的有机整体。如果把有机总体与各个基本单元的总和进行差异比较，其结果与数学等式完全不同，正如亚里士多德指出的："整体大于其各个单元的总和。"这是系统论的基本思想。系统方法上升到理论并被广泛采用是在20世纪40年代后，维纳是最早用系统方法处理问题的创始者，他在研究生物有机体和非生物技术结构两种截然不同的物质运动形态中，抽出其共同的通信联系和控制关系，找出其规律性，创造了系统论这门新学科。

分析系统论的产生过程就会发现：其初建时也是把人体、生物体作为有机的整体，与机器、社会统一体进行异同点比较，分析、观察这些系统是如何正常运行的，先从人们熟悉的自身各器官及全部细胞协调运动形成一个生气勃勃的生命系统开始，由此及彼地进行各系统的差异比较，逐步扩展开来，并站在系统的高度，把各系统共同存在的通信和控制关系上升到理论，即系统论。

三、耗散结构论、协同论、突变论

1969年由普利高津提出的耗散结构论、1977年由哈肯建立的协同论和1972年由托姆提出的突变论被称为新三论。新三论不仅推动了许多学科的发展，为解决许多僵持的难题开辟了道路，而且为人们提供了认识世界的新方法。许多人认为，新三论代表了新的科学革命。现代科学方法新三论，也是在差异论基础上诞生的。

1. 耗散结构论

耗散结构论研究的是一个系统从混沌向有序转化的机理、条件和规律。该理论的基本思想是：一个远离平衡态的开放系统，在外界条件变化达到一个特定临界值时，通过涨落发生突变即非平衡相变，就可能从原来的混沌无序状态变为一个稳定有序的状态。其能实现的条件必须是：(1)系统必须远离平衡态，离近了不行；(2)系统必须是开放系统，必须不断地同外界交换物质和能量；(3)以不稳定状态为前提，通过涨落波动使系统跃迁到新的稳定有序状态。

我们分析以上理论的建立和实现的前提条件不难看出，这就是差异平衡的应用，在求解具体问题时可列出静、动差异平衡关系式，当然这里是后者，即动态差异平衡问题。

2.协同论

协同论是研究不同学科中存在共同本质特征的学科，是一门研究协作的科学。它有两重含义，即(1)系统的各部分之间互相协作，结果整体系统形成一些微观个体层次不存在的新的结构和特征；(2)完全不同的学科之间的协作、碰撞，进而产生一些新的科学思想和概念。因此，协同论比耗散结构论的研究范围更宽，它不仅研究非平衡相变，还研究平衡相变，它的适应性更强。

我们分析协同论的诞生，可知它是通过比较各差异较大的系统和运动现象中从无序到有序转变的共同规律，尽管这些系统的性质差异很大，但它们从无序向有序转变的机制却很类似甚至相同，这显然是利用了差异相对、平衡和相似原理。

3.突变论

突变论是在拓扑学、奇点理论的基础上，通过描述系统在临界点的状态，来研究非连续性突然变化的现象。在自然现象、社会活动以及人的行为决策中，突变是普遍存在的。突变论可用数学工具为各类突变建立模型，直观地描述在临界状态下由于外界条件微小变化引起系统突然跳跃质变的规律。它对预防突变、促使事物向良好方向转化具有重大意义。

分析可知，突变情况和正常情况差异很大，临界状态和普通状态差异很大，外界条件微小变化和外界条件丝毫不变也有明显差异，没有差异突变就不存在。如果提高到理论高度不难看出，突变论只是差异论的一部分，只要利用差异平衡原理正确列出差异平衡关系式，任何一种突变难题都是能解决的。

第三节　差异方法论是一切科学方法之基础

自然科学的一切研究方法均是人类科学实践的产物，它将随自然科学的发展而不断得到充实和丰富，比较成熟的科学研究方法有观察、实验、比较、假说、经验和理论、归纳和演绎、分析和综合、抽象和具体以及控制论方法、信息方法和系统方法等现代科学研究方法。所有这些方法均离不开差异方法论，差异方法论是这一切科学方法的基础，我们下面举几个例子来说明。

一、观察与实验

观察与实验是获得科学事实、感性经验和第一手资料的基本途径，是形成建立、发展和检验自然科学理论的实践基础，因此观察与实验是自然科学研究中十分重要的方法。历史上很多科学理论和重大发现都是通过这两种方法获得的。

我们通过观察和实验方法的本质分析，可以看出差异是无处不在的，无论是观察到的自然现象差异，还是实验中得到的大量数据之间的差异。差异方法论作为一种方法，对观察到的客观现象、事实和通过实验所得到的数据、曲线，进行差异分析、找出差异本质、建立差异关系式并上升到理论和规律的高度。没有这个基础，观察和实验方法也就无用武之地了。

二、科学抽象

对观察和实验得来的大量经验资料进行加工整理，把事物运动的本质抽象出来，上升到规律和理论，这就是科学抽象方法。

我们来分析一下抽象过程，对观察和实验所见到的外部形态、表观现象进行解剖，对外表差异很大的事物寻找其内在差异实质、相同性质，或者对外观完全相同的事物寻找其内在相同的实质及差异性，然后建立找到的诸参量关系式，再上升到规律，即科学理论抽象。如果没有差异方法论做基础，科学抽象亦将无法存在。

三、比较、分类与类比

比较、分类和类比是科学研究中常用的普通方法，其中比较法就是对照各个对象，找出它们之间的差异之处和相同的地方。事物之间存在的差异性和同一性是比较方法的客观基础。分类是在比较的基础上，根据共同点把事物归类，再按事物之间的差异点把一大类事物划分为几小类，形成种或类的概念。类比是一种特殊的比较法。它是通过对两个对象进行比较，找出它们的相似点或相同点作为根据，从而推断这两个对象的其他属性也可能相似或相同。

以上这三种方法都是以差异比较法做基础的，没有差异比较法，这三种方法也就不成立了。

四、归纳和演绎

归纳和演绎是由特殊推论到一般和由一般推论到特殊的两种思维方法。归纳法是从个别事物或现象中概括或归纳出一般原理或规律。演绎法则相反，它是根据某一类事物所共有的属性或规律性，推论该类事物中的每一个别事物也必然具有这一属性或规律性。

如果我们按差异论观点来分析一下，这两种方法之基础也不外乎是差异中求同一和同一中求差异。

五、综合与分析

综合与分析也是抽象思维的基本方法之一。综合就是把要研究的对象的各个部分、各个方面和各种因素都联系起来，从总体上把握事物的一种方法。而分析则是把整体分解为各个部分，把复杂的事物分解为简单的诸要素，然后把它们从整体中暂时孤立起来，分别加以研究。

这两种方法是认识过程的统一，它们互相依存又相互渗透。综合法是建立在分析法基础之上的，而分析法是把整体分解为各个差异部分或差异要素加以研究，其基础无疑是差异论法了。

最后要说明，检验真理的唯一标准是实践，唯有社会的实践一次次修改理论—再次实践—再修正理论—再反复实践……才可能达到真理。

第二章　差异方法论基本概念

第一节　差异的定义、普遍性及系统构成

一、差异的定义

人们通常说事物之间存在差异,就是指它们之间有区别或不相同之处。因此,凡是比较出有区别或不相同之处,均可称为存在差异。

世间之所以由各种不同的事物,就是因为它们之间存在这样或那样的差异。没有差异就没有世间万物。也就是说,不同事物存在某一方面的差异,由于这样差异的存在,所以它们成为不同的事物。各种事物的主要标志就是差异的核心部分。

差异之存在,是在一定系统内相比较而言的。恩格斯说:“有机体既不是单一的也不是复合的,不管它怎样复杂。”这里的有机体就是指系统。钱学森给系统下的定义是:“把极其复杂的研制对象称为系统,即由相互作用和相互依赖的若干组成部分结合成具有特定功能的有机整体,而且这个系统本身又是它们从属的更大系统的组成部分。”乌杰指出:“在系统理论看来,差异就是系统,在系统中某一要素与系统整体的关系,该要素与其他要素之间的关系,都体现该要素所具有差异的关系。如果不从差异整体上把握这些复杂关系,就不能对特定的差异和作为差异一方的要素在整体差异体系中的地位和作用,做出中肯的分析。”

综上所述,我们从差异观的角度来看,可以给系统下一个简单的定义:“系统是一个有机的差异整体。”

差异系统可有大、小与简单、复杂之分。

人们一提到差异,就会想到:A 和 B 有哪些差异? 这几个事物之间在哪些方面有什么差异? 除差异之外还有它们之间的关系,也就是是它们之间的相互作用。这些差异要素之间的有机关系使差异要素或差异对象形成了一个不可分割的有机整体,即形成系统。因此,没有差异也就没有系统,有差异的地方必有系统存在。系统是一个具有特殊功能的有机的差异整体,而且大系统包含若干小系统,复杂系统又包含若干简单系统,或者说大的有机差异整体包含若干小的差异整体,复杂的有机差异整体

包含若干简单的差异整体。

二、差异存在的普遍性

世间存在万物，而物质之不灭为前人所证明，所以万物之间的差异也像物质不灭定律一样是永存的、普遍的。凡是有两种以上的事物就必有差异存在。此外，意识形态即思想认识上的差异，也普遍地存在着。

因此，世间无一处不存在差异，差异到处可见。即便是去掉两个事物间差异变成相同的事物，但此新的事物又会和其他事物存在差异。

差异的存在虽然是永恒的，但是差异也不是一成不变的，而是运动的、变化的。旧的差异消失的同时新的差异又诞生了。差异的运动也是永恒的、普遍存在的。

没有差异存在、没有差异运动，世间万物和万物的更新也便不会存在，世界也就停止运动而不复存在了。因此，差异的运动是推动社会和科技进步的动力。

三、差异与系统的结构及组成

事物间存在的差异是由区别之处组成的。我们把每个不相同点或区别之处称为差异因子。因此，又可以说差异是由若干差异因子组成的。

组成差异总体的诸差异因子中必有一种（或者少数）在差异中起决定性作用，称主差异因子，即差异的本质或实质性差异。其他差异因子起次要作用，称子差异因子。因此，可以说差异总体是由一种主差异因子与若干子差异因子组成，而主差异因子起决定性作用。

差异因子按其变化情况又可分动差异因子与静差异因子。随时间、空间变化而变化的差异因子称为动差异因子；不随时间、空间变化的差异因子称为静差异因子。动、静差异因子既可以同时存在，也可以单独存在于同一个差异总体之中。

此外，按其表露程度又可分为隐差异因子与显差异因子等。

差异因子也可以称为差异要素。因此，也可以说差异总体是由若干差异因子或差异要素组成的。

差异系统则是由差异对象（或称差异元素）及它们之间通过差异因素相互制约、相互依存和相互作用形成的有机整体。可以说，差异系统是由差异对象（或元素）和差异因子（或要素）及其整体关系组成的。亦即差异系统的结构是由差异元素、差异要素与差异有机整体联系这三个层次构成的。如果我们解剖一下差异系统，就会发现：解剖的第一层次露出的是差异对象（或元素）；第二层次解剖出来的是差异对象之间在哪些方面有什么区别之处，即差异因子（或要素）及其量化大小；第三层次剖析出来的是联系，即差异对象之间的联系及差异因子与差异整体的联系。这种联系激活系统，使系统在内部进行充分协调，协调的结果是系统获得和产生特殊功能。正是这种特殊功能的作用使系统得到进化。

第二节　差异系统场域

一、定义

反映系统内相对差异关系的客观时间、空间和状态的结构域称为差异系统场域。

差异系统场域以系统的相对坐标为参照系，是差异存在的四维场域或多维场域，如图2－1所示。

差异系统场域是具体的、客观的时、空的历史结构，是反映不同历史阶段差异关系的客观结构，是相对于人类实践基础上形成的客观结构。

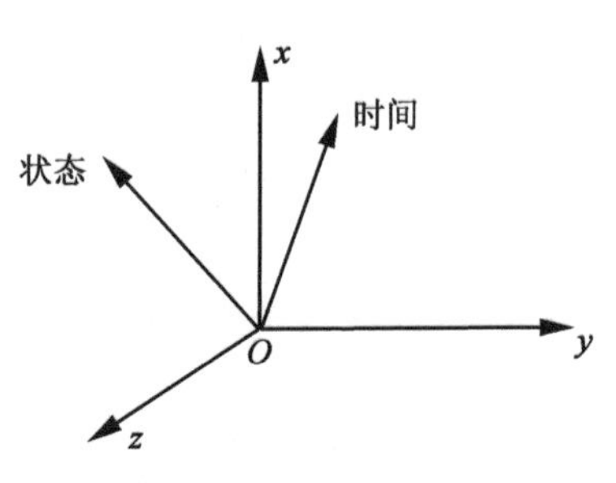

图 2－1　差异系统场域坐标图

差异系统场域又分狭义和广义两种。

在狭义差异系统场域中的差异关系与规律称为狭义差异论。这种差异系统场域的形成有其确定性和客观性，当然它具有随时间、空间、状态变化而变化的特点。

在广义的差异系统场域中的差异关系与规律称为广义差异论。这种差异系统场域的形成带有不确定性和主观随意性。自然该场域更为广义，变化范围更大一些。

任何事物离开差异系统场域，一切差异便无从谈起，差异也就变成毫无意义。

二、差异对象

差异对象即系统之元素。在系统内的一切元素均可看作差异对象。现做如下定义：

凡是作为相互比较的目标（包括事物、集合、系统与大系统）皆可称为差异对象。

若 A 与 B 之间存在差异，则 A 与 B 互为差异对象。

差异对象作为比较的双方必然是成对出现，正如《矛盾论》所说“失去一方，他方就不存在”一样。

如牛顿力学定律

$$F=ma \tag{2-1}$$

式中，作用合力 F 与质量为 m 的物体在合力方向上产生的加速度 a 两者互为差异对象。如果有合力 F，物体必然做加速度 a 运动；反之若物体没有加速运动，即 $a=0$ 时，则物体受诸力之合力也必然不存在，即 $F=0$。比如一座大楼，平常时它受诸力之合力为零，因此稳如泰山，静止不动，力学上称为静平衡。如果地震发生，地震突然给

大楼一个加速度 a，大楼就会受惯性力 F 作用而遭到损失。

三、差异平衡与相当的概念

不同的事物之间存在差异是客观事实，一旦它们之间的差异消失或被人为地去掉，它们就变成相同的事物。我们把数量上完全相等者称为差异平衡，即可列数学平衡方程式。但有些事物在数量上很难准确衡量其相等程度的近似、相近或接近，我们称之为差异相当。

当然，严格来讲，数量上完全恒等的实际事物是不存在的，即绝对平衡是不存在的，所谓相当的平衡都是相对而言的。而数学上列出的各种平衡方程式都是经过抽象处理才能获得成立的。

有些场合相等与平衡之间界限不易划分，即界限是模糊的，需用模糊数学方法来解决。

第三节　差异方法论

若 A 与 B 互为差异对象时，则它们之间必存在下列各种关系。

一、差异存在原理

若 A 与 B 有差异，则必有差异因子总和 $\overset{A}{\underset{B}{X}}$ 存在，即差异存在原理：

$$\overset{A}{\underset{B}{X}}=A\underset{\cdot}{-}B \qquad (2-2)$$

式中　A——甲事物或甲系统(集合)；

B——乙事物或乙系统(集合)；

$\underset{\cdot}{-}$——“除去”“去掉”或“落下”。

$\overset{A}{\underset{B}{X}}$——A 比 B 所特有的差异因子总和：

$$\overset{A}{\underset{B}{X}}=\overset{a}{\underset{b}{x}}\perp x_1\perp x_2\perp\cdots\perp x_n \qquad (2-3)$$

式中　$\overset{a}{\underset{b}{x}}$——$A$ 比 B 所特有的主差异因子，是 $\overset{A}{\underset{B}{X}}$ 之主要成分，亦称差异实质。

x_i——A 比 B 所特有的子差异因子，是 $\overset{A}{\underset{B}{X}}$ 之次要成分或从属部分。

$\perp$——“放上”或“增添”。

二、差异相对原理

若 A 与 B 所处的时间、空间及其他有关条件发生变异，则 A 与 B 之间相对存在的差异也相应产生变化，即差异相对原理：

$$\left.\begin{array}{l}\underset{B}{\overset{A}{X}}=A\mathbin{\underset{\cdot}{-}}B \\ \underset{B}{\overset{A}{Y}}=A\mathbin{\underset{\cdot}{-}}B \\ \underset{B}{\overset{A}{Z}}=A\mathbin{\underset{\cdot}{-}}B \\ \quad\vdots \\ \underset{B}{\overset{A}{N}}=A\mathbin{\underset{\cdot}{-}}B\end{array}\right\} \tag{2—4}$$

式中　$\underset{B}{\overset{A}{X}},\underset{B}{\overset{A}{Y}},\underset{B}{\overset{A}{Z}},\cdots,\underset{B}{\overset{A}{N}}$，——在不同的时间、空间和其他有关条件或不同的组合情况下，A 与 B 所特有的差异因子总和。

推论 1　相同事物差异原理，即同中求异。

在通常情况下，$\underset{B}{\overset{A}{X}}=0$，我们说 A 与 B 两者相同，即所谓相同的事物，但我们所在的“角度”或者客观情况变化了，则 A 与 B 就有了差异，即相同事物差异原理：

$$\left.\begin{array}{l}\underset{B}{\overset{A}{X}}=0 \\ \underset{B}{\overset{A}{Y}}\neq 0 \\ \quad\vdots \\ \underset{B}{\overset{A}{N}}\neq 0\end{array}\right\} \tag{2—5}$$

推论 2　差异事物相同原理，即异中求同。

世界上绝对相同的事物是没有的，彼此存在差异是绝对的，但差异性存在的同时，还必然有同一性存在。这种同一性表现为以下两点：

(1)差异双方共同存在于一个统一体之中；

(2)在一定条件下，双方各向着相反方向转化。

在通常的情况下，人们认为 $\underset{B}{\overset{A}{X}}\neq 0$ 说明 A 与 B 有差异存在，但不能说所有的情况下，$\underset{B}{\overset{A}{Y}},\underset{B}{\overset{A}{Z}},\cdots,\underset{B}{\overset{A}{N}}$ 全等于零。

由于彼此差异的事物 A 与 B 存在同一性，所以在 $\underset{B}{\overset{A}{X}}\neq 0$ 的情况下，当所在的“角度”或客观情况(包括可比条件)变化时，必有 $\underset{B}{\overset{A}{W}}=0$ 或 $A_W=B_W$ 出现，即在 W 情况下

A 和 B 是相同的。这就是差异事物相同原理。

三、差异平衡原理

若 A 比 B 所特有的差异因子总和 $\overset{A}{\underset{B}{X}}$，当把 A 比 B 多的 $\overset{A}{\underset{B}{X}}$ 去除掉或者把 B 比 A 少的 $\overset{A}{\underset{B}{X}}$ 加进去，则两者必然相等，即达到差异平衡：

$$\left.\begin{aligned} A \dot{-} \overset{A}{\underset{B}{X}} = B \\ B \perp \overset{A}{\underset{B}{X}} = A \end{aligned}\right\} \qquad (2-6)$$

四、差异相当(相似)原理

若 A 比 B 所特有的主要差异因子 $\overset{a}{\underset{b}{X}}$ 比其次要差异因子相差悬殊，当把 A 比 B 多的 $\overset{a}{\underset{b}{X}}$ 去除掉或者把 B 比 A 少的 $\overset{a}{\underset{b}{X}}$ 加进去，则两者必然相近似(用≂符号表示)，即出现差异相当或相似：

$$\left.\begin{aligned} A \dot{-} \overset{a}{\underset{b}{X}} \eqsim B \\ B \perp \overset{a}{\underset{b}{X}} \eqsim A \end{aligned}\right\} \qquad (2-7)$$

五、大、小差异原理

若 A 比 B 所特有的较大的次要差异因子和 $x_{\max\Sigma}$ 与较小差异因子和 $x_{\min\Sigma}$ 存在，当把它们去除掉或加进去时，则必然有大于(用>符号表示)、远大于(用≫符号表示)或者小于(用<符号表示)、远小于(用≪符号表示)关系式存在：

$$\left.\begin{aligned} A \dot{-} x_{\max\Sigma} > B \\ A \dot{-} x_{\min\Sigma} \gg B \\ B \perp x_{\max\Sigma} < A \\ B \perp x_{\min\Sigma} \ll A \end{aligned}\right\} \qquad (2-8)$$

六、差异转化原理

差异在一定条件下相互转化，即差异转化原理：

1. 差异平衡转化

$$\left.\begin{array}{l} A \overset{\cdot}{\rightharpoonup} \overset{A}{\underset{B}{X}} \rightleftharpoons B \\ B \perp\!\!\!\rightharpoonup \overset{A}{\underset{B}{X}} \rightleftharpoons A \end{array}\right\} \qquad (2-9)$$

式中 $\overset{\cdot}{\rightharpoonup}$——创造“除去”或“去掉”的条件；

$\perp\!\!\!\rightharpoonup$——创造“放上”或“增添”的条件；

$\rightleftharpoons$——朝平衡态转化，箭头表示转化方向。

2. 差异相近转化

$$\left.\begin{array}{l} A \overset{\cdot}{\rightharpoonup} \overset{a}{\underset{b}{X}} \rightsquigarrow B \\ B \perp\!\!\!\rightharpoonup \overset{a}{\underset{b}{X}} \rightsquigarrow A \end{array}\right\} \qquad (2-10)$$

式中 $\rightsquigarrow$——朝相近（相似或相当）状态转化，箭头表示转化方向。

七、差异全息统一原理

每一事物都有自己的属性，以区别于其他事物，使事物间存在差异。

设 A 事物（或系统、集合）由具有属性 a 的诸要素 $a_1, a_2, a_3, \cdots, a_n$ 组成，B 事物（或系统集合）由具有属性 b 的诸要素 $b_1, b_2, b_3, \cdots, b_n$ 组成，这种组成的规律皆可以用下式表示：

$$\left.\begin{array}{l} A = a_1 \perp a_2 \perp a_3 \perp \cdots \perp a_n = \overline{\sum} a_i \\ B = b_1 \perp b_2 \perp b_3 \perp \cdots \perp b_n = \overline{\sum} b_i \end{array}\right\} \qquad (2-11)$$

我们可以从组成部分之差异信息获得事物整体信息，即

$$\left.\begin{array}{l} \text{当 } a_i \dot{-} b_i = \overset{a}{\underset{b}{x}} \text{ 时，则应有 } A \dot{-} B = \overset{A}{\underset{B}{X}} \\ \text{当 } a_i \dot{-} b_i = \overset{a}{\underset{b}{y}} \text{ 时，则应有 } A \dot{-} B = \overset{A}{\underset{B}{Y}} \\ \text{当 } a_i \dot{-} b_i = \overset{a}{\underset{b}{z}} \text{ 时，则应有 } A \dot{-} B = \overset{A}{\underset{B}{Z}} \end{array}\right\} \qquad (2-12)$$

显然，找出部分或局部差异信息越多，推导出的事物整体（或系统）信息的准确性就越高。

这种依据差异的同一性或统一性，由组成事物（或系统）的部分（或单元、要素）获得信息，推断出事物全体（或系统）信息的规律，就是差异所具有的信息全体性和统一性理论，我们称其为差异全息统一原理。

第四节 差异分析、差异研究的哲学意义和应用范围

一、差异分析

列宁引用黑格尔《逻辑学》一书的一段话来说明事物运动全过程的运行层次。黑格尔把它总结为:“同一—差别—对立—矛盾。”这里讲的差别就是差异。

1.矛盾起源于差异,差异先于矛盾

马克思在分析商品的两重性如何转变为劳资对立,进而发展为阶级对立时指出:“这种两重性的相异的存在必然发展为差别,而差别必然发展为对立,发展为矛盾。”这段论述阐述矛盾是由差异发展而来的,差异先于矛盾,矛盾起源于差异。所以,没有差异就不会有矛盾。

2.差异包含着矛盾

毛泽东在《矛盾论》一书中批判苏联德波林学派时指出:“他们不知道世界上每一差异中就已经包含着矛盾。”

无疑,差异包含着矛盾,差异是个大范围,差异作为矛盾的起点,贯穿矛盾运动的全过程之始终。因此没有差异也就不会有矛盾存在。

二、差异研究的哲学意义

长期以来,在科学研究中“差异”一词已被人们遗忘在角落里,人们只是大谈矛盾,从社会科学扩展至自然科学,但见到差异一词皆敬而远之。尽管作者从 20 世纪 60 年代就开始研究差异并应用于科研实践,但只限于就差异论差异,涉及矛盾一词便绕道而行,有时甚至引经据典称“差异就是矛盾”,反过来矛盾也是差异。这样讲,一是避免“碰车”,二是借助矛盾论来扩大差异论的应用范畴。就连本书的名字也是绞尽脑汁先起个“工程差异论”的标题,多年后又改为“差异方法论与实践创新”。

作者长期学习《矛盾论》并与自己科研课题相结合,在科研中寻求发现和解决矛盾,然而矛盾通常被人们理解为对立、对峙、对抗甚至斗争。然而在课题中我遇到的更多是差异。“差异就是矛盾”,最初一段时间,应用起来还算有效。既然“差异就是矛盾”,其逆定理“矛盾也就是差异”,于是作者便深入研究起差异来。但时间一久反复深入思考,又觉得不甚妥当,因为把差异都等同矛盾对待,有时也不好理解,尤其在自然科学和经济建设领域更是如此。例如,把数学中的正和负、微分和积分看成对立、矛盾,尚可理解,因为可认为它们相反,但是如果将原子和电子说成对立,那么质子算什么?如果将数学中加和减或乘和除说成矛盾、对立还算勉强说得过去,那 2 和

3 如何矛盾和对立呢？3 和 4 又是如何矛盾、对立呢？其实它们之间就是相差 1，这使我顿时感到差异一词的重要，差异理论就是这样萌生的。实事求是来说，我提出的差异论学说理应归功于矛盾论，因为前者是在学习研究后者基础上建立起来的。差异方法论及其实践创新为本人在科研工作中打开过多扇疑难的大门，使我们取得多项重大科研成果和显著的经济效益。

差异方法论的研究应该说是学术创新。1982 年，在黑龙江省自然辩证法研究会第二届年会上我提交了《差异论法》论文并发言。后经北京总会的董光壁研究员推荐，在《中国自然辩证法通讯》上发表了一篇 500 字的短文《差异法》。1983 年在东北工学院(现东北大学)，由陈昌曙教授主持召开了全国工程技术方法论交流会，我提交了《差异论在工程技术中的应用》论文，并在会上发言，受到陈昌曙教授赞扬。但此间我曾撰写多篇差异论方面论文，投到社会科学方面杂志，无一发表，全部退回。本书中的篇章有一些就是那时写的。直至 1986 年，关士续教授主编出版《技术发明个例分析》一书，收入我的《差异论与玻璃钢制品的研制》一文。此后我的差异论论文仍不为社科杂志所接受，这使我认识到研究差异理论难度很大，打开此“禁区”绝非短期之事，要有一个过程。因此，结合我的本行，我还是把差异研究重点放在工程技术的科研实践上，免得在理论上与经典“碰车”。但我的目标是要建立差异论学说的完整理论，因此，还是要对差异的定义和普遍性做一点粗浅的论述。如：“世间所以构成各种事物，就是它们之间存在这样或那样的差异。没有差异就没有世间各种事物。”“世间存在万物，而物质之不灭为前人所证明，所以万物之间的差异也像物质不灭定律一样是永存的，普遍的。”“世间无一处不存在差异，差异到处可见。即便是两个事物间差异去掉变成相同的事物，但此新的事物又会和其他事物存在差异。”在哲学意义上如此高抬差异的地位并提高到和矛盾并列之高度，这还是首次。

关于差异和矛盾的关系，朋友们建议避开为好，以免引起争论甚至带来麻烦。而真正在哲学上做出突破性论述的应属乌杰教授，他用自身的体验，把差异和矛盾的关系讲透了。他在 1991 年出版的专著《系统辩证论》中指出：“矛盾是差异的特殊表现。矛盾是差异发展的特殊阶段。矛盾分对立阶段、斗争阶段、转化阶段。对立是少数的，斗争是个别的。差异包含着矛盾，但矛盾不等于差异。”这就告诫人们不能简单地把差异看成矛盾，差异发展为矛盾只是事物运动的一种可能性，并非具备唯一的现实性，还要因客观条件而异。好像读书学习的发展阶段是：小学—中学—大学—硕士研究生—博士研究生—博士后等。在中国一辈子未读大学或研究生的人是大多数，读到博士后是极少数。就是说念大学或研究生只是一种可能，并非每个人的人生规律。

由于差异包含着矛盾，差异的范围大于矛盾，因此，差异论所研究的范围自然就更大更广一些，尤其在自然科学和经济建设方面的应用会有更广泛的适用性。

差异论的研究在经典著作中是空白区，这片处女地的开拓将使其走出理论象牙塔，面向经济建设和科技现代化，成为哲学武器，并转化为精神与物质财富。

三、差异研究的应用范围

凡是有差异存在的地方皆有差异运动规律存在，皆属差异研究范畴。

世间无处不存在差异，无论是物质世界还是精神世界均不例外。所以其应用范围无所不在。大至宇宙星系小至原子电子，先古至未来，深至新理论建立、规律发现、国家大事，浅至识文断字、技术革新，到处皆能应用。

第三章　差异效应

差异作为科学研究方法之基础，蕴藏着无穷无尽的力量，亟待人们去开发，发掘潜在的能量，发挥强大效应，为现实生活和国家建设服务。

差异可为人们提供借鉴、进化动力、全息、控制、信息、系统（协同）、熵、耗散、突变、混沌、联想和归一等效应。

第一节　借鉴效应

“有比较才能鉴别”。研究差异的巨大效应，早已为古今中外世人所公认，并被称之为“他山之石可以攻玉”。

以他山之石，攻己之玉，就是吸收、借用某一已知对象的概念、原理、方法等成果，作为自己研究的借鉴。这种做法，也有人称其为“引进法”或“移植法”。下面举例说明。

1. 理论建立

当今科学技术发展的一个显著特点，是高度分化、广泛渗透、互相交叉、多方面综合、整体化和全面社会化。新的边缘学科不断出现，新理论的发现与建立、新技术的层出不穷等都是现代科学技术发展的必然。

我国著名地质学家李四光先生创建的地质力学学科就是把力学原理和方法引入地质学，他指出各种力（如压力、拉力、扭力等）是造成大陆各种地质形态的主因，用力学的观点研究地壳运动规律，在地质构造的产生、形成和发展全过程的学说及学术理论方面做出了重要的贡献。

因创立相对论而举世闻名的伟大科学家爱因斯坦提出的光量子学说，就是利用了普朗克的量子理论，成功地解释了光电效应。

作者提出的差异论也是学习了矛盾论和借鉴了矛盾学说；差异论之基础是矛盾论，扩大了矛盾论之应用范围。

2. 引进技术与设备

引进先进技术和设备，进行消化吸收、改进，然后国产化再上一层楼，创出更新的技术、造出更先进的设备，然后打入国际市场，甚至占领国际市场。如日本在第二次世界大战后，基本上采用这条道路，在汽车工业、电子工业等领域占领世界市场，取得惊人的经济效益，这就是借鉴的巨大效应。

又例如中国的技术引进以及中外合资，也都是借鉴。彩电、冰箱、复印机等，我国国内至20世纪70年代基本空白，80年代初期引进生产线，经消化、吸收、国产化，到80年代末期不但满足国内市场，而且部分产品还打入国际市场，这也是借鉴效应。

引进的目的是借他山之石攻己之玉。通常都是引进之前经过严格的差异对比分析得出引进的决策方案为佳，其长远效益更大。

我们到国内有关单位调研，到情报所翻查国内、外有关技术资料，乃至派人到国外进修、参观或留学，再进行差异对比分析，目的都是借鉴、“取长补短。”

这里，我们把借鉴效应所应用的差异原理用图形表示，如图3－1所示。

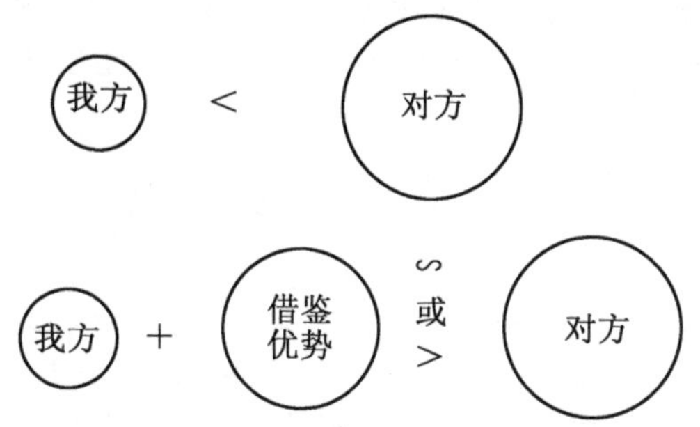

图3－1　差异对比与借鉴效应图

由图3－1可见，我所链条式缠绕机经差异对比引进西德W－250先进的数控式纤维缠绕机之后，我所研制电子控制缠绕机，哈工大又研制出国际最先进多轴缠绕机。现在国内已完成发动机壳体上千个，这是哈玻所运用差异论的成果。

3. 工程技术

工程技术范围广泛，历史悠久，有很多借鉴佳例，无论是设计、制造，还是开发、应用，成功案例比比皆是。

许多工程技术设计成果，都是建立在前人工作之基础之上的。飞机之机身、机翼的框架结构就是借鉴桥梁框架而来。虽然飞机之机身、机翼的框架结构和桥梁框架结构形式上不尽相同，但从框架结构设计理论上讲，在本质上有相同之处，所以可以借鉴。

1993年在中国建成的世界最大斜拉桥—上海杨浦大桥全长7658米，主孔跨径602米，当时居世界同类桥梁之首。256根橙黄色的钢索将主桥面凌空斜拉而起，高220米的两座钻石形桥塔直刺云天，创造了桥梁史上的奇迹。但同时，这也是技术借鉴之成功案例。我国借鉴了世界诸多斜拉桥的设计与施工宝贵经验，结合我国的实际情况有所创造、有所前进，仅用两年零五个月时间就完成了世界最大的斜拉桥的建设，速度之快、质量之高是世界上罕见的。

第二节　进化动力效应

差异运动是事物前进的动力，差异运动能产生强大的、永恒的推动力，其表现出的效应即进化效应。

差异进化效应表现为生物进化、人类文明进步、经济发展、科学技术不断突破等，推动人类社会不断向前进步。

生物之间的竞争使强者获得生存，这就是生物进化，也是生物之间的差异效应。生物之间强弱差异较大，表现为对大自然环境的适应能力，适应性强者生存下去；适应性差者被大自然淘汰。生物之间的竞争，表现出它们自身实力的差异，当然是优胜劣汰。生物之间存在优劣差异，最终优者生存，劣者消亡，即生物差异进化效应。

综上所述，差异是势能的表征，这种势能来自差异的存在与比较，这就是事物运动前进的动力效应。没有差异就没有势能，没有势能就失去动力，差异是永恒存在的，动力的产生也是连续不断的，世界的进化是任何力量也阻止不了的。

第三节　全息效应

按照马克思主义经典理论，事物的同一性包含着差异性，同一性通过事物各种形态的差异表现出来，构成事物整体的全息效应。同理，一个事物系统或某一类事物，其各子系统或各单个事物之间差异也同样具有全息性，从而使该事物系统或该类事物系统，或不同类事物其各事物系统或不同类事物之间的差异仍具有全息性，并且使不同事物系统或不同类事物形成了上一层次大系统或大类事物的全息效应。所以，有差异的事物之间的相互关联乃至渗透，表现了事物的全息性。就是说，任何一事物发生差异变化、进展，都会引起相联系的差异事物的一连串连锁反应乃至引起革命性突破，这还是全息效应。这种全息效应是客观规律，我们要认识它、掌握它和利用它。

例如，服装作为一类事物，绝非一件服装变革，而是连锁反应，包括上衣、下裤、女裙、男短裤乃至鞋、帽都引起突破性变化。家电这个名词现在已不陌生了，收音机曾经独占家庭阵地多年。自从彩电(集成电路)出现之后出现了连锁反应，相继而来的是电冰箱、洗衣机、电风扇、电饭锅、电烤箱、抽油烟机、电淋浴器、电暖气等。科学技术发展也是如此，譬如新材料—轻质高强复合材料的出现不仅给航天、航空技术带来突破性进展，而且对化工、交通、机械、电子、建筑、体育、文艺等行业发展也会起一连串促进作用。由各门学科之间的相互渗透、交叉等创立层出不穷的新学科属于物理过程，也表现了科学的全息性。每一门学科都与其他学科相互依赖和联系着，每一门学科也都包含着其他学科的信息，成为科学整体的一个全息元，各门学科实际上都同属于科学整体。任何一门学科的进步都会带动其他学科的发展乃至为整个科学领域带来变化。如数学和电子学的进步，电子计算机的出现，就波及所有科学领域，使之发生革命性的进展。国民经济的发展也是如此，邓小平同志提出“科技是第一生产力”之后，出现了市场经济的变革，并引起整个经济领域一系列连锁反应。

第四节　控制效应

控制论中最基本的概念是差异，不但是两个事物之间可以分辨出差异来，就是同一事物不同时间也会发生变化、产生差异。所谓控制，其根本一点就是控制差异变化。没有差异就无所谓控制，只要有差异存在，就会有变化发生。有变化发生就有方向问题，可以朝有序、也可朝无序方向发展，因此必须加以控制。这种控制、纠正某一额定的差异量就会产生控制效应。如人口增长、工农业生产比例、生产与消费比例、财政收支比例、商品物价乃至科技、教育、医药卫生支出比例增长等出现与正常标准的差异，就必须进行控制，如果不进行有效控制，严重者就会失控乃至出现较大问题。这种有效控制、纠正会使之回归到有序轨道。当新的差异出现时又会导致新的无序，再通过新的差异控制回归到新的有序轨道，这种作用就是控制效应。

第五节 信息效应

差异通过信息表现出来，信息传递差异，没有差异就没有信息存在。

差异作为信息的载体，差异不断产生，信息不断传递。没有差异，信息就成了无本之木、无源之水。新的差异不断出现，新的信息也随之不断产生，并不断为社会创造财富。所以，信息才能成为人类文明大厦的四大支柱之一，这就是差异的信息效应。

差异的信息效应还表现在对社会发展、人类文明、科技进步、国民经济繁荣乃至维持世界和平起促进作用。当今的社会，人们称之为信息社会，信息已成为社会发展的第一需要，尤其在进入市场经济情况下，谁掌握和领先占有信息，谁就会在竞争中取胜，信息是财富，这就是信息效应。

第六节 系统(协同)效应

在系统中，诸差异对象的总体协同作用大于各差异对象的独立作用的总和，这正是系统中诸差异要素的整体协同效应。没有诸差异要素的差异协同作用，就构不成整体的系统协同作用。

系统协同效应强调系统的整体与协同的作用，好比钢筋混凝土构件，钢筋是增强材料，砂、石是填料，水泥是黏结剂，如不加水就无法使水泥将钢筋、砂、石连成整体，有了水使水泥发挥连接作用，钢筋混凝土就形成了系统，坚如磐石。今天的改革开放和现代化建设，也要靠亿万人民群众统一意志，步调协同一致。这个巨大潜能的发挥也是差异的系统(协同)效应。一个企业的发展与前进，也同样靠该企业全体成员的统一思想、齐心合力，这同样也是企业的系统动力学效应。新型复合材料能广泛地用于航天器上，能代替钛合金，也是因为它发挥了材料的系统效应。

系统的协同效应好像一把筷子，如果散开连小孩子也可以一根接一根地把它折断，但如果捆在一起，即使成年人也折不断它，这是一个典型的系统协同效应例子。企业文化一定要树立"一把筷子精神"，其成员团结一致、齐心协力就会勇往直前，无往而不胜。

第七节　熵效应

差异作为无组织度的度量，确定度与不确定度之间差异越大，无序度就越增加，即熵增。相反，差异作为信息的传递量越大，不确定度与确定度之间差异就越小，无序度也随之减小，有序度就会增加，即负熵增加。故差异是熵之源泉，熵的增与减正好表现了差异的效应。

由于差异无所不存在，故熵无处不延伸，诸如地理熵、气象熵、生命系统熵、农业系统熵、工业系统熵、科学系统熵、社会熵、经济熵、文化熵、人体熵、精神熵、泛熵与超熵等。其实，最根本的熵，就是差异熵，本书称“溠”。熵作为万物之动力，推动宇宙和世界前进。熵流源自“溠”流，而“溠”者源自势差，即所谓“溠”流造成的熵流之效应，这就是差异的熵效应。

我们要学会掌握这个熵效应，使其发挥最大差异熵效应，为我国的现代化建设服务。

第八节　耗散效应

差异场域是一个开放系统，它通过涨、落，不断从外界补充能量，使差异平衡、相当或保持大、小差异状态，即达到求同存异，求同求异，并获得新的动态稳定状态，这就是差异产生的耗散效应。

因此，差异越大，耗散能量的交换就越多，否则反之。

差异场域本身就是一个开放的耗散结构系统，因为永恒的能量交换而永葆青春，这就是差异所表现出来的耗散效应。

这种动态的差异耗散效应带来稳定感，给人们以安全感。将该效应引入国民经济建设，对国民经济不断投入和不断产出，使之形成不断发展的、保持动态稳定的耗散经济系统。开放、改革的经济结构也是如此，相信它的发展将有无限的前途。

第九节　突变效应

差异、异常乃至微小变化的出现，常常是突变的前兆，原因在于诸多微小差异可能引出重大差异，即突变的发生。因为这些微小的差异之间并非是孤立的，而是有密切联系的。故有人称这些微小差异相当于炸弹的导火线和枪托上的扳机。如，火山喷发之前，有两种重大差异现象作为前兆，其一是科学家发现火山喷发前夕释放出的含硫气体明显地减少，这也是异常预兆。其二是火山周围地表震颤间隔也大大缩短，开始3～5分钟，之后慢慢地缩短为几秒。这种火山喷发之前往往超级平静，而这些现象不可忽视，这种小差异或异常，常常预示有更大的突变到来。

凡是大的突变之前，均要有诸多微小差异发生，这也是规律。可以用公式表示如下：

$$\sum x_i \in X \tag{3-1}$$

式中 x_i——微小差异；

X——重大突变发生；

$\in$——包含之意。

不过，有些微小差异随时在发生，但人们不一定能预感到。

例如1917年十月革命前夕，圣彼得堡市面上的街区地图已脱销难以购到，列宁当时就敏感到，大战即将爆发，双方都在准备巷战，因此地图需求量突然增加，所以才买不到街区地图。

第十节 混沌效应

混沌是过程，不是状态。事物发展的道路上，有序、无序和混沌并存，相互转化。混沌是超疑差异，是超级有序和超级无序的超级过程。

混沌形成于混沌场域，即超差异超级差异场域。它具有超级差异之坐标参数。混沌是过程科学，不是状态科学，是演化科学不是存在科学，即由差异演化而来。

混沌的前一层次是有序，没有混沌就死水一潭。因此混沌不是混乱，是有章有法的。混沌是在特殊差异场内表现出来的一个特殊过程，没有差异就没有混沌出现。自来水管流速差异到一定程度就会出现紊流，尖啸不已、水花四溅，这种差异极限就是混沌产生的直接原因。这就是差异所表现出的混沌效应。

混沌理论是一种研究存在于不规则动作的背后规则的学问。混沌是相对存在的，当人们解决了这一层次的混沌时，混沌就上升到高一层次上去，原来层次的混沌已经解决，自然就不成为“混沌”了。混沌一刻也离不开差异，差异重新升到一个新层次上，混沌自然也就上升到相应的新层次上。这也是混沌效应之根本所在。

差异是混沌之先兆，这乃是一种规律，所以混沌出现之前的差异更值得研究，它更直接地反映差异和混沌的关系，或者说是差异的混沌效应。

第十一节 联想效应

由于差异对象之间有相似性或相近之点，在人们思考这些相似性或相近点时就会引起一系列联想，这就是差异联想效应。它常常起到举一反三的效果。

例如，我国医学科学家治疗肝硬化引起的门静脉高压症和食管曲张静脉破裂出血病时，就大胆采用了在门静脉和下腔静脉上各开一孔，然后将两孔对准缝合，使门静脉的一部分血液被“分流”而进入下腔静脉。这种做法就是由水利工程的“分洪”设计与工程实施而联想出来的，也可以说成是思维移植方法，所以联想是思维移植的重要特征。

联想效应的另一作用是对相关联的事物起促进和推动作用。见景生情、由此及彼的联想常会对建立新理论、开发新产品、提出新措施及产生新效益等起搭桥作用和联想效应。

第十二节　归一效应

差异场域内的诸差异事物之所以能共存在一个场域内，是因为具有同一性，这就是恩格斯所说：“同一性包含着差异。”因此，这种同一性是本质的，差异只是表象，故差异场内诸差异事物无不在一定条件下相互转化为同一，即我们常见到很多差异相关很大的事物却走到一起来了，甚至统一起来，俗话说“分久必合”，这就是归一效应。例如一个国家因某种原因暂时分裂了，但早晚有一天是要统一在一起的，这也是规律，是不以人的意志为转移的，只是需人们认识它，服从真理按规律办事。

意识形态也是如此，不同的乃至对立的看法也可以在某一差异场内统一起来，这叫作“求同存异”。差异归一效应还有一层意思就是全息归一。全息归一就是差异场内诸差异很大的事物都存在一个共同的参数，即部分包含整体信息的现象。例如一棵大树，每个小树枝就能代表大树的信息。这也是差异的归一效应。我们在鉴定复合材料制品的质量时，常常是在制品上取下一小块试样进行剖析，就会得知该制品的含胶量，树脂的种类，玻璃布、毡的铺层设计、固化程度等质量指标是否合乎国家标准、是否是优质产品等。这里就利用了全息归一效应。

综上所述，我们谈了十二种差异效应，当然还有一些，这里不再赘述。那么，这些效应的本质是什么？效应的广义物理概念是什么？差异效应是势差或能量释放的表象，因此这种能量释放的大小也表现为差异效应的强弱。建立差异效应能量化的广义基本物理概念，正确利用这些能量为国民经济建设服务，将是差异效应开发的焦点所在。我们应在差异效应开发、应用方面花工夫进入深层次，拓宽适用范围。

当然，差异效应转化为巨大能量释放要有转化条件，或进入效应转化能量的场域。一定要注意实事求是，不可忽略客观现实情况，不可走过场，不可脱离实际或盲目抄袭，否则差异效应就将适得其反。

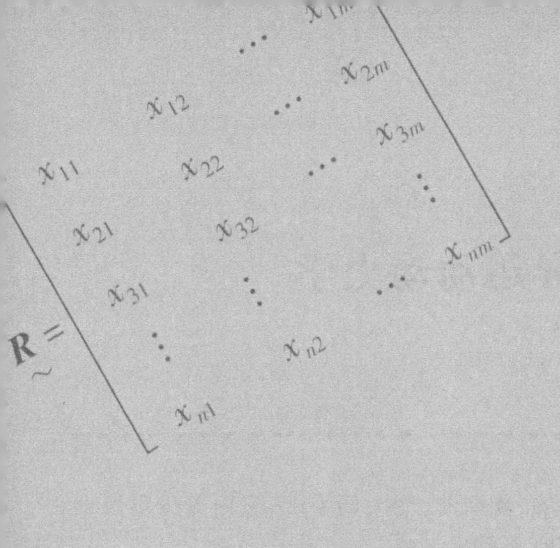

第二篇　基础理论篇

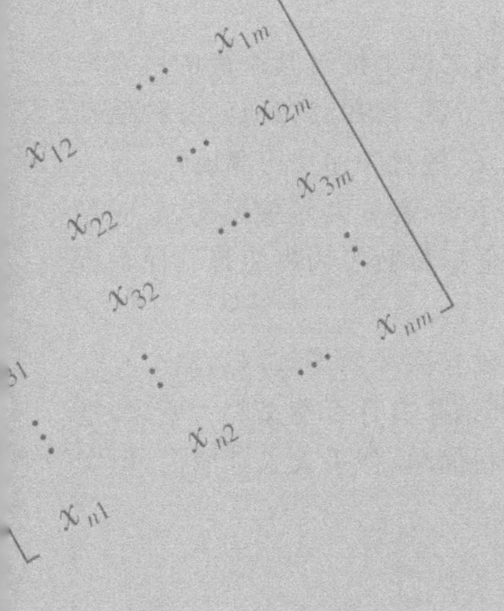

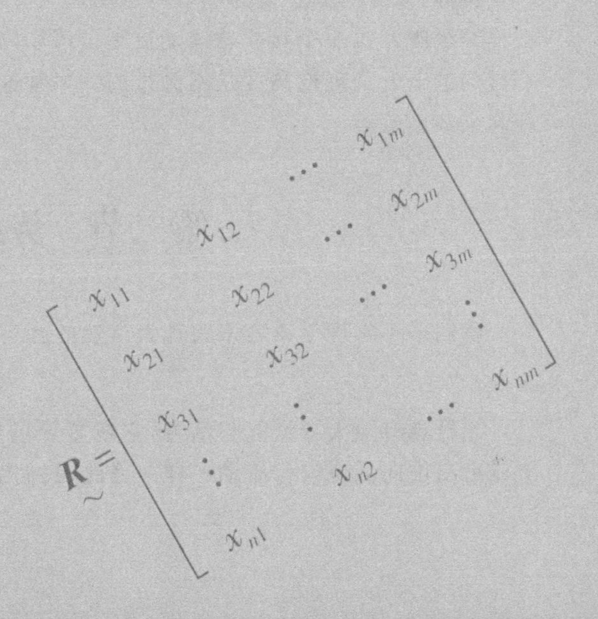

第四章　差异运动动力学

大自然事物运动作为整体是一个宏观的、复杂的、庞大的系统，它由差异阶段、矛盾阶段和差异矛盾转化阶段等微观运动段即子系统组成。

差异、矛盾及其转化运动均在各自相应的微观运动场域中进行。这些子系统运动之间的关系均要受到整体大系统运动的控制和协调，当然更需要考虑到人对大系统的干预因素。

下面分别就运动场域、运动参数、动力学及其开发应用进行探讨。

第一节　运动场域理论

运动场域是指特定对象所在的坐标系或场所，场域之诸坐标对其系统的所有对象的一切活动均有约束作用。这好像运动员进行各种比赛，均在其相应的各种运动场地、按其相应的比赛规则进行比赛一样，绝不可以混场、混比和违反比赛规则。

这里强调场域及其理论的目的，就是提醒比赛、竞争者，需要共场域运动，要时刻想到出场，强拉他人进入自己的场域或任意增减场域坐标参数等均属犯规。比赛也好、争论也好，裁判员必将对犯规者宣布成绩无效。

例如，差异对象在差异场域内运动理应有效，如果硬拉到矛盾场域内运动会有什么样结果呢？拉一个乒乓球运动员到足球场内比赛，其结果有什么意义呢？所以，把场域问题上升到理论高度是不为过的。尽管这个问题很简单，似乎人人都明白，但实施起来却又较难。

第二节　势态参数

我们采用物理学语言来表现大自然的真实势态。

1.“溠”

差异具有强大的潜能与活力，它在差异场域系统中的势能差好比水流的势位差造成由高位向低位自行流动一样。因此，我们给它起个名字，称为“溠”，音 zhà。用以表示差异，记符号为 V，源自黑格尔《逻辑学》一书中“差异”Vershieheit 一词。

这里，我们还给出表示“差”的物理概念和动态行为的状态函数，称它为“差”函数 V，两状态之“差”变为：

$$\Delta V = \sum_{i=A}^{i=B} \frac{\mathrm{d}U}{T_i} \tag{4-1}$$

式中 ΔV——两状态之“差”变；

$\mathrm{d}U$——差异的势差或势变化；

T_i——差异场域之主要参数；

$\sum$——总括的意思。

差异运动过程也会释放潜能，如果还按水流的比喻，我们称它为“差”流。结合为当今时代服务，它必然会体现出科学流、技术流、经济流、建设流、教育流等，还将发展成为跨世纪的主流。

2.“湍”

矛盾具有更强大的潜力和活力，它在矛盾场域或系统中的势能差好比激流中的湍涡，不是一般的水流。因此，我们给它起个名字，称为“湍”，音 tuān，表示矛盾，记符号为 W，源自 Widerspruch 一词词首。

这里，我们也给出表示“湍”的物理概念和动态行为的状态函数，称它为“湍”函数 W，两状态之“湍”变为：

$$\Delta W = \sum_{i=A}^{i=B} \frac{\mathrm{d}\omega}{J_i} \tag{4-2}$$

式中 ΔW——状态 A 至 B 之“湍”变；

$\mathrm{d}\omega$——矛盾的势差或势变化；

J_i——代表矛盾场域或系统的主要参数。

矛盾运动释放出的潜能更大，好比激流中的旋涡、浪涛，按水流比喻我们称它为“湍流”。

3. 熵

系统具有整体的巨大潜能和活力，系统中的势差所形成的洪流有如江河大海一般，远大于前面比喻的水流和激流（包括湍流）。我们沿用了势力学已有理论，称它为“熵”，仍然采用英文字母 S 来表示其动态行为的状态函数，熵差 ΔS 为：

$$S_A - S_B = \int_A^B \frac{\mathrm{d}Q}{t_i} \tag{4-3}$$

式中 $S_A - S_B$——状态 A 至 B 之熵变化；

$\mathrm{d}Q$——系统在微小过程吸收的热量；

t_i——系统场域温度。

系统运动放出的潜能和活力，好比大江大海的惊涛骇浪势不可挡。按水流的比喻，大江大海将包含、融合“差”流与“湍”流，还将起协调该两流之间转化关系的作用。

所以,大江大海流称为熵流,写成:

$$S=\{V,W\} \tag{4-4}$$

式中 $\{\quad\}$表示集合。

第三节 广义动力学

广义系统动力学包括差异动力学、矛盾动力学与差异矛盾之间的转化动力学。

1.差异动力学

差异对象 A 与 B 的相对运动动力为:

$$F_B^A = \sum\left(m_{Ai}\frac{U_{Ai}}{T_{Ai}} - m_{Bi}\cdot\frac{U_{Bi}}{T_{Bi}}\right) \tag{4-5}$$

式中 F_B^A——对象 A 与 B 相对运动之动力;

m_{Ai}, m_{Bi}——对象 A 与 B 在差异场内共有的广义质量;

$\frac{U_{Ai}}{T_{Ai}}, \frac{U_{Bi}}{T_{Bi}}$——对象 A 与 B 对某一坐标参数具有的势位。

式中参数单位根据差异场域坐标系参数来确定,为社会公认的量纲。

2.矛盾动力学

若对象 C 与 D 之间存在矛盾关系,其两者之间相对运动之动力为:

$$F_{C\cdot D}^M = \sum(M_{Ci}\cdot\frac{\omega_{Ci}}{J_{Ci}} - M_{Di}\cdot\frac{\omega_{Di}}{J_{Di}}) \tag{4-6}$$

式中 $F_{C\cdot D}^M$——矛盾对象 C 和 D 两者之间相对运动之动力;

M_{Ci}, M_{Di}——矛盾对象 C 和 D 在矛盾场内共有的广义质量;

$\frac{\omega_{Ci}}{J_{Ci}}, \frac{\omega_{Di}}{J_{Di}}$——矛盾对象 C 与 D 对某一坐标具有的势位。

式中参数单位根据矛盾场域坐标系参数来确定,为社会公认的量纲。

3.转化动力学

对象 A 与 B 为差异关系转化为对象 C 与 D 成为矛盾关系,或由矛盾关系转化为差异关系之相对动力为:

$$\begin{aligned} \mathrm{d}F_M &= F_B^A - F_D^C \quad 或 \\ &= F_D^C - F_B^A \end{aligned} \tag{4-7}$$

式中 $\mathrm{d}F_M$——由差异$\rightleftharpoons$矛盾转化运动所需要的动力。

4.广义系统动力学

广义的系统运动包括差异运动、矛盾运动与差异转化运动。所以,广义系统的动力可表示为:

$$F_S = \{F_B^A \cdot F_{C\cdot D}^M \cdot \mathrm{d}F_M\} \tag{4-8}$$

式中　{　　}表示集合。

上式表明大系统运动之动力,是差异动力、矛盾动力和差矛转化动力的集合。

第四节　群体动力学

群体动力就是研究一群人的行为动力的理论。群体行为是群体的各种力量相互联系和相互作用而形成的,并且具有影响个人行为的功能。

群体动力学的基点是个人行为必受群体的影响,个人很少能脱离这种影响而单独决策行动。

影响群体动力的主要因素有:

1.成员素质

成员素质包括政治思想素质、文化业务素质及年龄身体素质等。

2.群体的目标

群体目标包括目标的先进性、可行性及与成员目标的一致性等。

3.群体的向心力

群体的向心力就是群体对成员的吸引力。影响向心力的因素有:

(1)群体的目标。

(2)群体精神。

(3)群体的效益及成员的公平效益。

(4)成员承担的责任、义务与享有的权利。

(5)适于各成员发展的宽松环境。

4.反力的克制

群体动力的反力包括惯性力、弹性力和摩擦力等。

(1)惯性力。群体的惯性力来自习惯势力,这种习惯势力往往会形成群体动力的阻力。

(2)弹性力。群体的弹性力来自群体外的压力,外界压力越大群体受压变形越大,产生的弹力也越大。如果这个群体顶不住外界压力,会使弹力变成动力的阻力,适宜的外界压力产生的弹力才会成为动力的助力。

(3)摩擦力。群体的摩擦力来自成员之间的利益摩擦、权力摩擦、心理摩擦和目标摩擦。这些摩擦力是群体动力的阻力,所以要尽最大努力克服和减少这些摩擦力。

5.群体的领导者

群体领导者是群体成员之一,但他的作用非一般成员能相比。俗话说,“人无头不走,鸟无头不飞”,这充分说明群体的领导者之重要作用。因此,群体领导者对群体的动力影响可归结为以下几点。

(1)对动力方向的导引作用。

（2）对各成员之动力形成合力过程的调动作用。

（3）对群体内部反力的协调消除和削减作用。

（4）对群体的表率作用，它可以有效地调动各成员的积极性，克制群体内部反力、充分发挥合力的作用。

综上所述，我们按广义系统动力学，表示群体动力学公式为

$$\sum F_i = \{F_1 \cdot F_2 \cdot F_3 \cdot F_4 \cdot F_5\} \tag{4-9}$$

式中 $\sum F_i$ ——群体前进的总动力；

F_1——由诸成员素质产生的动力；

F_2——由群体目标而产生的动力；

F_3——由群体向心力产生的动力；

F_4——群体动力的反向力；

F_5——群体领导者对群体产生的推动力。

该公式表明群体的总动力 $\sum F_i$ 是成员素质动力 F_1、群体目标动力 F_2、群体向心力 F_3、群体反力 F_4、群体领导者的推动力 F_5 的系统集合。

第五节　开发与前景

综前所述，我们分析了差异、矛盾、差矛间转化，所在坐标系及其运动动力之量化，可以看出组成运动整体的各微观运动段都具有潜能，从而组成的系统会蕴藏着巨大的能量。

我们探讨研究，把宏观运动系统分成若干微观段，再总括或协调在一起，其目的已不再是讨论哪个微观运动段有没有必要存在，而是要看到各微观段的运动的潜能和活力，开发使其为国家建设服务。

在研究开发大自然事物运动潜能与活力时，还要注意合理协调这些“能量资源”，就是要把这些宝贵财富集于系统之中进行协调合理使用，使其发挥最大作用。

在使用系统发挥协调和控制功能时，应强调人对系统的干预作用，正如钱学森同志所说：“一个系统应该有人的干预”，这一点非常重要，因为人可以促进系统释放出巨大能量，不过也可以相反。

第六节　讨论

本章试图站在大系统的立场上对物理学进行宏观的软层次（硬层次：原子、分子、超导、晶体等层次设计）开发，也可称为是大物理学的开拓，即建立广义物理学，从而

促进微观的硬层次更深入地发展。

这里我们首先拓宽的是热力学熵理论，即大系统熵是由子系统“溠”和子系统“湍”等组成的集合。其次，我们提出系统运动学概念，建立广义牛顿力学定律：

$$F=m\cdot a \tag{4—10}$$

式中　F——广义动力；

m——广义质量；

a——广义加速度。

并以此得出了差异动力学、矛盾动力学、差矛转化动力学和大系统动力学公式。

广义物理学的开拓将突破物理学单纯是基础科学的框框，使其直接为人类服务。目前，由于模糊数学的发展与架桥，古老的物理学可能直接回到经济学、社会学、系统（控制）学、哲学、管理学等各种领域中去进行量化计算。本书的差异论观点认为，物理学的前景展望，在于宏观和微观两方向的无限差异层次开发动力学，尤其寄希望于软层次上的大胆设计与开发。

本书研讨的“差异·矛盾·系统”就是将能包罗万象的“差异·矛盾·系统”按物理学原理进行量化。仅仅利用热力学和牛顿力学的小部分原理，就计算出了这三者之间的关系。所以，相信广义物理学的建立无疑会使一向作为基础科学的物理学，能迅速进入应用科学与技术领域大展宏图。同时，还会连锁反应并带动一批基础学科进入应用领域。计算机软件能直接为生产服务，是因为它能量化。物理学和模糊数学进入社会科学领域，就可以使社会科学量化、参数化、数字化，进行软件设计开发。本书的主旨就是这种尝试。我们这里把差异、矛盾的势差比喻为水流势差，量化结果就可以数字化。物质就有参量，可以利用相对应的热力学、牛顿力学定律进行计算，社会科学就是摸得着、看得见的科学与技术。例如科学管理（企业动力学），若把企业办得好，为国家创造高效益，职工生活过得好，那么企业的广义质量就大，职工就密切靠近企业，反之亏损企业吸引力就很小。如果想要扭亏为盈，就要加强管理，改善职工与企业、职工与领导的关系，尽快使企业的广义质量增大、职工与企业距离减小，企业的吸引力自然就会增大。这种量化计算在取得成功经验之后，加上专家经验，使参量调整合理后，再编程序输入计算机，随时就能提取出计算良好的结果。如果把办好企业作为一个系统，把其中差异·矛盾·差异矛盾转化等诸多因素按系统动力学进行计算，并编程输入，这就是一个很好的软件开发，它就不单是自然科学和技术科学，也有社会科学内容。这三者作用都是平等的。在计算机里都是实实在在的参变量。这里的部分社会科学内容就具备了科学技术功能，因为它可以发挥提高生产力的作用，就应有等同科学技术的地位，当然就是第一生产力。因此，广义物理学和模糊数学进入社会科学领域，将是社会科学进入应用领域、直接变成第一生产力的开创性与关键性的一步。

第五章　差异学说及其实践意义

本章提出把事物运动的宏观系统分为若干子系统研究的理论、差异场域与矛盾场域的理论、差异论与矛盾论应用侧重面的理论（包括图解）、差异与矛盾间的关系、差异学原理、差异系统周期率、应用程序、高阶模糊思维符号、差异比较思维观的树立、建立差异科学与差异协调哲学等新的理论，阐述差异论在近代科学领域应用前景展望，并提出差异学说，为解决当代热点科学与重大难题（包括对当代发生的巨大变革做出科学的合理的解释）提供马克思主义哲学依据和辩证唯物主义的思维方法。

第一节　哲学范畴的拓展

对于事物运动的全过程，黑格尔把它总结为“同一—差别—对立—矛盾”，黑格尔采用差别、差异、对立和矛盾这些概念来表示对立统一规律中的对立，这些概念只有发展程度上的分别。马克思在分析商品两重性时指出：这种两重性的相异的存在必然发展为差别，而差别必然发展为对立，发展为矛盾。这是一个复杂的庞大的辩证系统。

我们以此大系统为基础，将它分解为若干微观段子系统，即细分出差异子系统、差异往对抗方向转化系统、差异对抗系统。我们将重点研究其中差异子系统，即同一—差异微观运动阶段，强调该动态段的特性，差异相当、差异平衡等关系，求同存异，探讨该动态段（系统）或场域中事物运动的特性，包括事物间的差异大小、平衡、相当关系，求同存异、求异存同、求同求异等规律。事物只处在单一的差异微观运动段或者主观设计的广义运动比较系统（开放的动态域）之中，这里只强调其间的四种差异关系，不考虑对抗性差异（矛盾）的作用与影响（可以忽略）。此乃笔者60年研究和实践的理论，称为差异论。按哲学范畴，我们称它为差异协调哲学，这是差异论建立的哲学基础。差异论作为一种学说，更适用于自然科学和经济建设方面，它是一切自然科学与方法论建立的基础。当然，还必须研究差异往对抗方向转化子系统，因为不是所有差异都必然转化为对抗，转化为对抗的是少数。总之，从事物运动发展规律全面分析差异系统、差异转化系统和差异对抗（矛盾）系统及应用面域之总括，才能构成完整的规律，见图5－1和图5－2之图解分析、说明。

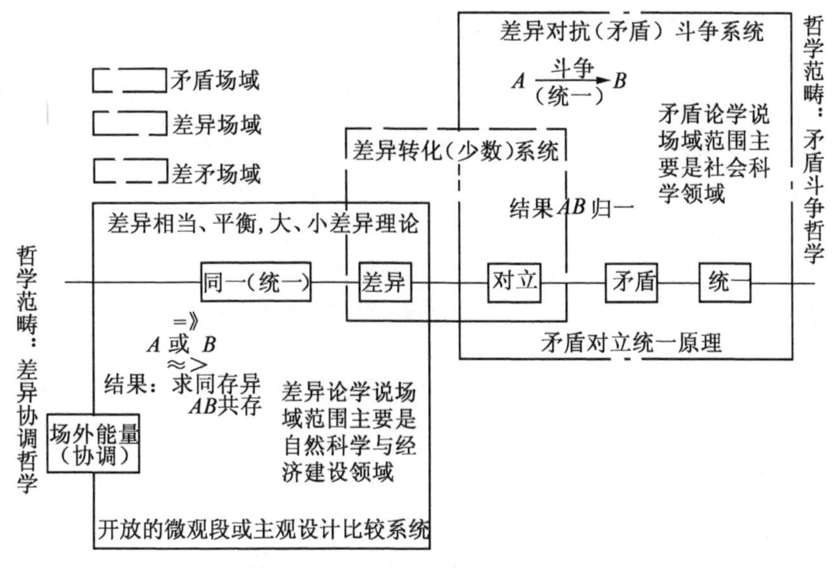

图 5－1　差异系统运动规律与场域

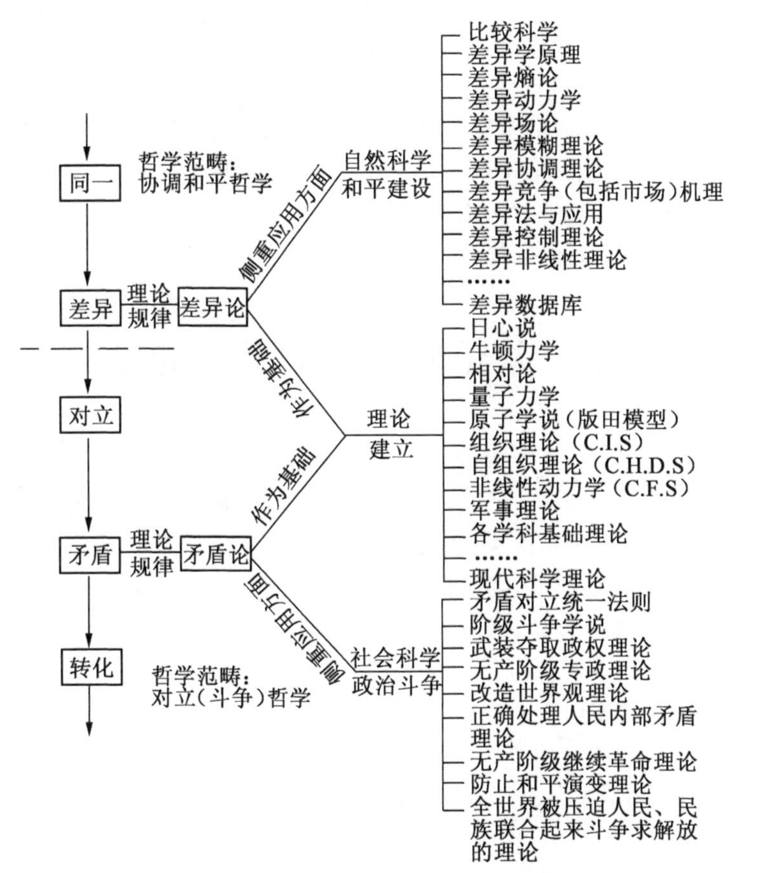

图 5－2　差异论与矛盾论应用侧重面图解

差异论学说的提出把人们的思维方式由单一的矛盾斗争场域扩展至另一非斗争型、开放、动态的差异场域，从而建立了差异平衡、相当，大、小差异理论。用事物微观、宏观、大系统、子系统等多项运动的辩证观点和人为设计（软理论）比较方法（或系统）来研究的差异协调哲学，把长期以来单一的矛盾斗争哲学及其研究领域扩展至更广泛的人类行为和相互作用上，它将引导各种组织或机构乃至国家与家庭等，把差异论运用于决策，并力图用差异论及其思维观与方法来解决科技型、经济型与社会型（非阶级斗争型）问题。差异论创立了人们在日常生活中做出的每项决定是按照与差异有关的思维方式来进行的理论，如工资、职业、婚姻甚至市场购物等皆如此。差异论将鼓励自然科学和社会科学工作者去从事新的探索，拓展新领域，启迪人们采用差异思维方式来思考和决策。

众所周知，在现实生活中我们常见的大量事物多属于其运动的初始阶段，被人们通常习惯上认为这是“同一—差异”阶段（微观运动学所研究的局部或微观循环段），此时尚未激化为矛盾，还不属于矛盾阶段。有时还有更多人为主观设计的比较系统，也属于差异—同一问题。尤其对自然科学的研究和对经济建设时期诸多问题的研究，需要将矛盾理论和差异理论联系起来进行系统辩证的研究，因为矛盾论和差异论的运行规律和应用侧重面各不相同。笔者长期学习《矛盾论》与《实践论》并努力应用于科研实践，逐渐发现了差异论及其重要意义，于 1982 年在黑龙江省第二次自然辩证法学术年会上正式提出差异论法。

笔者自 1960 年以来利用差异论及其方法进行复合材料科研工作，共取得国家级奖励 10 项、部级科研成果奖 24 项。差异论通俗易懂，便于大多数人（非哲学工作者）掌握。相信它的推广与应用对未来科学规律的探究、国民经济建设乃至世界和平、发明、创新和富强，都将起到促进作用。

第二节　差异学原理(简称差异原理)

为表述差异原理的动态性，在下述原理中采用了应变性、灵活性强的模糊思维符号，如把加（＋）、减（－）、乘（×）、除（÷）四种算术符号概括为⊥（表示放上、增添或涨起之意，称为“涨”）和⊤（表示除去、去掉或落下之意，称为“落”），比一般模糊数学的模糊程度复杂、层次高，故称它为高阶模糊符号。差异原理中这种高阶模糊性主要是人脑智能的模拟，它必须经过高、低阶处理才能运算。

一、差异相对原理

若 A 与 B 相比较有某些差异，则必有差异因子总和 $\overset{A}{\underset{B}{X}}$ 存在，即差异存在相对原理：

$$\overset{A}{\underset{B}{X}}=A\underset{\cdot}{-}B \tag{5—1}$$

式中　A——差异对象甲；

B——差异对象乙；

$\underset{\cdot}{-}$——表示除去、去掉或落下之意，称为“落”。

$\overset{A}{\underset{B}{X}}$——$A$ 比 B 所特有的差异因子总和：

$$\overset{A}{\underset{B}{X}}=\{\overset{a}{\underset{b}{X}},\sum_{i=1}^{n}x_i\} \tag{5—2}$$

式中　$\overset{a}{\underset{b}{X}}$——$A$ 比 B 所特有的主差异因子，是 $\overset{A}{\underset{B}{X}}$ 之主导部分或主要成分。

X_i——A 比 B 所特有的子差异因子，是 $\overset{A}{\underset{B}{X}}$ 之从属部分或次要成分。

{　}——表示集合的意思。

$\sum$——表示总和，即放在一起、加在一堆或者总括在一起的意思。

二、差异平衡原理

若 A 与 B 有平衡关系式存在或使其达到平衡关系式成立，则必须是：

或

$$\left.\begin{aligned}A\underset{\cdot}{-}\overset{A}{\underset{B}{X}}=B\\ B\perp\overset{A}{\underset{B}{X}}=A\end{aligned}\right\} \tag{5—3}$$

式中　$\perp$表示放上、增添或涨起之意，称为“涨”。

$\underset{\cdot}{-}$表示除去、去掉或落下之意，称为“落”。

三、差异相当原理

若主差异因子与子差异因子总和相差悬殊，即 $\overset{a}{\underset{b}{X}}\gg\sum_{i=1}^{n}x_i$，则 A 去掉主差异因子后与 B 相当，即差异相当原理：

或

$$\left.\begin{aligned}A\underset{\cdot}{-}\overset{a}{\underset{b}{X}}\eqsim B\\ B\perp\overset{a}{\underset{b}{X}}\eqsim A\end{aligned}\right\} \tag{5—4}$$

式中　$\eqsim$表示相当、接近、近似或相似之意。

四、大、小差异原理

利用 A、B 两者差异大小（包括优劣、强弱、重轻、好坏、长短、高低、俊丑等）程度建立的关系式称为大、小差异原理，即若 x_i 是组成 $\sum_{i=1}^{n} x_i$ 之微元，则 A 与 B 应有如下差异关系式：

或
$$\left.\begin{array}{l} A \top x_i \gg B \\ B \perp x_i \ll A \end{array}\right\} \quad (5-5)$$

若 $\sum_{i=1}^{n} x_i \leqslant x_j < \overset{a}{\underset{b}{X}}$ 存在，则 A 与 B 应有如下小差异关系式：

或
$$\left.\begin{array}{l} A \top x_j > B \\ B \perp x_j < A \end{array}\right\} \quad (5-6)$$

推理：当超过差异平衡极限时会出现失去平衡情况，平衡式中"＝"号将变成"＞"或"＜"。

结论：以上四原理及其通过差异协调所建立的差异关系式，均为事物差异的普遍规律。

第三节　差异系统周期率

差异场域是一个大的系统，差异系统具有自己的诸元素，若干差异要素与元素，要素以及其间的相互联系、相互作用，这种差异的规律性表现为差异系统周期率。

一个差异系统由诸元素 $A, B, C, D, \cdots$ 组成。由于诸元素间存在某些差异，其间必有差异因子总和 $\overset{A}{\underset{B}{X}}, \overset{B}{\underset{C}{X}}, \overset{C}{\underset{D}{X}}, \cdots$ 存在，而该总和又是主差异因子 $\overset{a}{\underset{b}{X}}$、$\overset{b}{\underset{c}{X}}$、$\overset{c}{\underset{d}{X}}$ 与子差异因子总和 $\sum_{i=1}^{n} x_i$、$\sum_{i=1}^{n} y_i$、$\sum_{i=1}^{n} z_i$ 的集合。

差异元素之间的相互联系和作用的性质随着差异的发展，由基本相当至小差异至大差异最后到超差异状态呈现周期性变化。差异的发展变化是渐进的、连续的和有过程的，差异周期率见表 5－1。

表 5－1　差异周期率表

No	N	m	M			
			A	B	C	注
1	平衡	$\overset{A}{\underset{B}{X}} = \overset{a}{\underset{b}{X}} \perp \sum_{i=1}^{n} x_i$	$A \perp \overset{A}{\underset{B}{X}} = B$			⊥表示涨起、增添、放上之意
		$\overset{B}{\underset{C}{X}} = \overset{b}{\underset{c}{X}} \perp \sum_{i=1}^{n} y_i$		$B \perp \overset{B}{\underset{C}{X}} = C$		
		$\overset{C}{\underset{D}{X}} = \overset{c}{\underset{d}{X}} \perp \sum_{i=}^{n} z_i$			$C \perp \overset{C}{\underset{D}{X}} = D$	

续表

No	N	m	M			
			A	B	C	注
2	相当	$\overset{a}{\underset{b}{X}}=\overset{A}{\underset{B}{X}}\underset{\cdot}{-}\sum_{i=1}^{n}x_i$	$A\perp\overset{a}{\underset{b}{X}}\approx B$			$\underset{\cdot}{-}$表示落下、去掉、除去之意
		$\overset{b}{\underset{c}{X}}=\overset{B}{\underset{C}{X}}\underset{\cdot}{-}\sum_{i=1}^{n}y_i$		$B\perp\overset{b}{\underset{c}{X}}\approx C$		
		$\overset{c}{\underset{d}{X}}=\overset{C}{\underset{D}{X}}\underset{\cdot}{-}\sum_{i=1}^{n}z_i$			$C\perp\overset{c}{\underset{d}{X}}\approx D$	
3	小差异	$\sum_{i=1}^{n}x_i<x_j<\overset{a}{\underset{b}{X}}$	$A\underset{\cdot}{-}x_j>B$			$>$表示大于号
		$\sum_{i=1}^{n}y_i<y_j<\overset{b}{\underset{c}{X}}$		$B\underset{\cdot}{-}y_j>C$		
		$\sum_{i=1}^{n}z_i<z_j<\overset{c}{\underset{d}{X}}$			$C\underset{\cdot}{-}y_j>D$	
4	大差异	$x_j\leqslant\sum_{i=1}^{n}x_i$	$A\underset{\cdot}{-}x_j\gg B$			$\gg$ 表示远大于号
		$y_i\leqslant\sum_{i=1}^{n}y_i$		$B\underset{\cdot}{-}y_j\gg C$		
		$z_j\leqslant\sum_{i=1}^{n}z_i$			$C\underset{\cdot}{-}z_j\gg D$	
5	超差异（混沌）	$B\underset{\cdot}{-}?=A$	$A\perp?\rightarrow B$			$\rightarrow$表示转化；？表示未知数
		$C\underset{\cdot}{-}?=B$		$B\underset{\cdot}{-}?\rightarrow C$		
		$D\underset{\cdot}{-}?=C$			$C\underset{\cdot}{-}?\rightarrow D$	

注：M—元素；m—要素；N—机制

一、差异平衡状态

差异对象（或称元素）之间存在各种差异，若差异对象之间的差异关系在数学上完全处在相等势态，差异就处于平衡状态。在差异运动中称其为最稳定的状态，差异平衡可分为动态平衡和静态平衡。

纵观万物之运动，变化、差异平衡状态者居多数，我们就把该状态作为差异的起始状态来研究。所以，在差异周期系中摆在首位。

二、差异相当状态

若差异对象之间的差异关系在数学上不能建立完全相等的势态，而是相近似或称相当的势态，我们称其为差异相当状态。它接近最稳定状态，我们把该状态作为差异关系的亚稳定状态来研究。所以，在差异周期系中摆在第二位。

三、小差异状态

若差异对象之间的差异关系在数学上处于相差不大的小差异势态，我们称其为小差异状态。它邻近亚稳定状态而处于较小的不稳定状态，是由差异相当状态发展而来。所以，在差异周期系中摆在第三位。

四、大差异状态

若差异对象之间的差异关系在数学上处于相差较大的大差异势态，我们称其为大差异状态。它邻近较小差异不稳定状态，是由小差异状态发展变化而来。故在差异周期系中摆在第四位。

五、超差异状态

若差异对象之间的差异关系在数学上表现为超乎寻常的势态，已不再是一般的特大差异状态，我们称其为超差异状态。它是由大差异状态发展转化而来的，升到更高层次的超疑状态。这种超疑差异常常使差异状态发生超疑变化或发展为混沌状态。而能使前一层次状态发生超疑变化或转化的超疑差异常常是未知数或者是人们常说的不可预测。

第四节　系统控制与程序

要想控制一个差异系统，必须建造一个可控制的系统。怎样才算是一个可控制系统呢?

首先要组织成一个有规律可循和按一定秩序组织起来的系统，其次是按照一定目的性组织这个系统，就是说使该差异系统有一定的目的和发展方向。这样就可以按照一定的规律性控制该差异系统朝着确定的目标或方向发展。所以，差异系统的目标和方向必须是十分清楚的，在控制上才能实施、操作。

根据差异系统的内在规律性和目的性，我们来具体选择差异对象、差异场域坐标，分析差异实质，确定主、子差异因子。然后，再按照差异原理、差异系统的周期率来建造差异关系式，最后求解。

下面就是差异系统的具体控制程序与实际应用步骤。

一、差异对象之选择

差异对象必须符合下列条件：

(1)具有先进性和推动性的；

(2)有过经验教训的；

(3)有类同可比性的，即对象可进入差异场域的；

(4)建立差异关系式在客观上是可能的；

(5)实施差异关系式存在现实性，即经过努力是能成为现实的。

差异对象按其特点，可分为预想型、计算型、经验型、偶然型、假设型、简单型和复杂型等。

二、差异场域的选择

差异场域选择主要是确定差异场域的多维参数坐标，其依据为：

(1)所列差异关系式之求解目的；

(2)差异对象的有用特点，即主差异因子和子差异因子等；

(3)必须能够约束差异对象运动的范围；

(4)差异场域的诸参数坐标必须是各差异对象所共有的，并起制约作用。

三、主差异因子分析

主差异因子(即差异实质)的特点为：

(1)决定一事物与其他事物区别的主要特征，即差异本质，去掉它则其区别也随之消失；

(2)该差异因子起领导和决定性作用；

(3)主差异因子是解决问题的关键。

四、建立差异关系式

1. 数学平衡关系式

在经过合理假设或给定模型后，有数量上完全相等的条件即可列数学平衡方程式，如公式(5－3)经过低阶处理。它通常用于基础科学与应用科学中基本原理的建立。

2. 逻辑相当关系式

当确定的差异实质不能用严格的数学式表达其平衡关系或很难衡量其相等的准

确程度时，应建立逻辑相当关系式，即逻辑上相当。这是一种模糊关系式，如将模糊数学引入公式(5－4)，一般它多侧重于应用科学方面。

3. 大、小差异关系式

如式(5－5)、式(5－6)所示，多用于比较优选、优化设计方面等。

五、求解差异关系式

通常数学平衡方程式求解比较理想，只要模型假设正确，方程式可解，答案总是与原设计模式一致的。逻辑相当关系式求解答案灵活一些，它与数学平衡方程式解答有所不同。大、小差异关系式求解过程有的简单，有的很复杂。问题特别复杂时可由计算机编程求出较理想解或利用已有的差异软件设计。

马克思主义哲学告诉我们，真理的标准只能是社会实践。差异关系式求解是否正确也要通过实践证明，没有实践就无法检验答案的可靠性，即实践是验证差异关系式求解答案之唯一标准。

由于世界上事物之间的差异是绝对地、永恒地、普遍地存在着，所以不平衡是永恒的、无条件的，而差异平衡与相当则是暂时的、有条件的。故利用关系式求解必然要经多次反复实践检验而逐渐完善。

无论是在自然科学还是在社会科学领域，要解一个难题，都是要花工夫的。常常是选一个差异关系，不能解决又换一个，连续换若干个，甚至协调坐标参量，问题才能获得解决。

由于差异场域、差异对象和差异关系均具有强烈的选择性、协调性，它们常常不是唯一的，因此差异解也不是唯一的，这因使用者的经历、智力、对本方法运用之熟练程度以及客观条件各不相同，所以差异解应允许多次调整，反复用实践来检验，才能达到比较理想的解答。总之，选择性的因素使解答不可能是唯一的，故差异解常常是理想解，有时一次还不能达到最优解的程度。

第五节　差异方法论的实践

笔者通过科研实践，证明差异论应用于科学技术领域的理论研究、工程设计、专利创新、应用开发等都是有效的，如采用该理论完成的课题中有 10 项获国家级重大贡献奖、14 项获部级奖(其中组长 10 项)，个人发明、主张 16 项，本人名字得奖的有 5 项。举例见表 5－2。

表 5—2　差异方法论部分实践举例

序号	项目名称	解题内容	差异关系式	求解	成果
1	玻璃钢端头	超厚玻璃钢块	2～3 cm 厚压板⊥加厚 50～60 cm 超厚大块	采用挡土墙及热辐射原理解决热场浸胶材料滑移难题	1962 年两年完成，1964 年获国家三委一等奖
2	异型缠绕规律	异型截面螺旋缠绕	异型截面⊤周边不均匀性相当等周长圆形截面	化简一般圆形截面缠绕	1974 年完成，1978 年全国科学大会获独自完成重大贡献奖
3	引—2 玻璃钢雷达罩	高山雷达天线透波防风	球形罩用相当超大玻璃窗透亮原理外加工字钢骨架	透波率最高 98%，国际领先，国外最高只有 83%	1975 年六个月完成，获 1978 年全国科学大会重大贡献奖
4	玻璃钢微波天线反射面	代替铝天线反射面	GFRP⊥反射电磁波表面＝铝天线反射面	加铜丝网＝铝反射面	获 1978 年全国科学大会重大贡献奖
5	玻璃钢波导管	GFRP 代替铜波导	GFRP⊥内腔精密镀铜层＝铜波导	精密镀铜与铜层粘接 GFRP 问题	获 1978 年全国建材科技大会科技贡献奖
6	玻璃钢消摇鳍	用缠绕玻璃钢解决金属消摇鳍防海水腐蚀	金属消摇鳍⊥表面缠绕玻璃钢＝防海水腐蚀消摇鳍	机翼形截面异型缠绕问题根据相当原理	获 1978 年全国建材科技大会科技贡献奖
7	碳杆羽毛球拍	减轻球拍重量，改金属杆为碳环氧杆	铝合金拍⊥碳纤维复合材料杆≌日本 *yy* 拍	纤维缠绕碳环氧杆达到日本 *yy* 拍标准	获 1983 年轻工业部科技成果奖三等奖
8	卫星用碳环氧外网格圆筒壳体	纤维缠绕碳环氧网格加强肋圆筒形壳体	一般缠绕⊤缠绕增量＝缠绕网格	取增量等于零，进行重叠缠绕设计，并解决夹层结构缠绕难题	获 1986 年国家建材工业局科技进步奖二等奖（主要完成者冷兴武）
9*	FG14.20 壳体使用进口缠绕机和自制的石膏可粉碎式冷氏芯模	可拆卸高精确度千分之一 mm 芯模保密，无法进口	借鉴石膏像厂刮石膏圆盘＝车削	采用精确剖刀车床解决	获 1987 年国家科技进步奖三等集体奖
10	非线性缠绕理论的研究及其应用	冷兴武著《纤维缠绕原理》经九位院士评选，获得泰山科技专著出版基金百分之一名额	普通缠绕⊥广义物理学＝定理、原理、推理等 39 条缭绕理论的发现	评为目前国际尚没有的具有中国特色的开拓性专著，33 年来仍是国际上领先	1993 年获部级科技进步奖三等奖（主要完成者冷兴武）

* ①GFRP——玻璃纤维增强塑料即玻璃钢。

②缠绕机是德国进口数控式 W—250，可拆卸式芯模保密，无法进口，被部局领导称为冷氏芯模。

第六节　理论价值

差异论作为一门新科学将会对近代科学、前沿科学、国民经济建设起促进作用。

1.差异方法论新科学

差异方法论集思维原理、思维方法与思维观于一体，是由自然科学与社会科学客观现实的发展需要而形成的共同的高层次的理论基础。因此，它便能成为一门全新的科学与哲学，即差异论科学与差异协调哲学。

这门新科学包括差异原理、差异思维观与方法以及差异论学科。

差异原理：即平衡、相当和大、小差异原理。

差异思维观与方法：即平衡方程式，相当方程式，大、小差异比较优化，竞争机制以及人们在日常实践中做出的每项决定，都是按照与差异有关的思维方式，树立用差异思维观进行决策的认识论。

差异论学科：即差异比较学科（包括专业学科的比较学，如比较教育学、比较经济学、比较史学、比较社会学、比较技术学、比较美学等）、差异非线性理论、差异系统论、差异控制论、差异动力学、差异模糊论、差异场域论、差异协调论、差异混沌论、差异熵论、广义差异论、狭义差异论及差异数据库（包括差异软件设计与开发以及专家系统）等。

差异协调哲学是非斗争、平和型的共存哲学，是跨世纪哲学，也是当今时代的产物和需要。

2.近代科学的发展

随着科学技术的飞速发展，各学科之间的差异界限仍很明显，新学科数目与日俱增，使各学科之间频繁进行立体交叉，产生越来越多的边缘学科。

例如，物理和化学交叉形成物理化学和化学物理；计算数学和力学交叉又形成计算力学；天文学和物理学交叉又形成天文物理学；地质学和力学交叉又形成地质力学等。

由此可见，差异对象之间交叉可以形成新的差异对象（包括学科之间以及差异理论与专业学科交叉），这也是差异理论对近代科学发展的促进作用与贡献之一。

3.前沿领域中的新突破

差异方法论在前沿科学领域中的应用已崭露头角，我国著名生命科学家邹承鲁院士用比较动力学方法在酶分子活性部位柔性研究方面取得突破性成果；李正名教授领导的国家级元素有机化学实验室，采用差向异构化方法研制的氯氰菊酯，推动了我国农药事业的发展。

近年来国际上兴起的最前沿课题非线性科学，处在非线性科学前沿的一个是混沌学、一个是分维学说。目前各国科学家、学者们都在设法寻找能够指导非线性科学未来发展的某种哲学依据。我们分析一下非线性科学可知，其关键是从个性找出共性。即从差异比较中找出相同的本质的规律，这正是差异统一场域理论。具体分析一下，混沌只不过是差异整个发展过程中之超差异过程，它只在超差异场域(或称混沌场域)内有效。由此可见，差异论将会为非线性科学包括混沌理论问题在内的解决，提供哲学理论依据与有力思维方法。在这里我们还要预言，癌病的攻克，要靠对癌细胞和正常细胞的全面差异比较中，不断地从个性找出共性，才能获得解决。差异论将为人类提供辩证思维的方法论基础。

4. 马克思主义哲学的拓展

马克思主义哲学产生在无产阶级被压迫和斗争的时代，矛盾论学说也是在同样背景下诞生的，沿用的是以斗争为主要内容的哲学，这是历史的必然，无论在社会科学还是自然科学领域中的正确应用都能取得重大的成就，但众所周知，它主要侧重于社会科学方面。差异方法论学说产生在当今和平建设时期，在自然科学和社会科学方面均有应用，不过它侧重在自然科学与和平建设领域。它已不再沿用以斗争为主要内容而根据当今新时代演变创立和增加新的差异协调哲学。

差异方法论学说及差异协调哲学的建立，可以对当代发生的重大事件、变革与相应政策等做出科学的、合理的解释，以及对未来给出科学的预见。

第六章　差异系统模糊协调运算理论

由于事物运动过程是连续、不间断的，这就使事物之间的差异界限呈现模糊性，应这种模糊性的实际需要，继常量数学、变量数学与随机数学之后出现了第四代数学即模糊数学，时至今日它已形成自己的理论体系并得到广泛的应用。但它没有解决运算的思维化与智能化问题。这里，我们提出由高阶模糊思维符号构建的协调运算理论，将会使思维与智能协调运算发展至更广义的协调数学领域（人脑智能协调运算），并成为科学家跨世纪的追求目标之一。

第一节　差异的模糊性问题

所谓模糊性就是被观察的事物之间的类属边界与形态的不确定性，包括不清晰性、含混性、不精确性、不确定性等。这种模糊性的实质是对象之间差异过渡的特征，如果用间断的、有一定时间间隔去观察事物或把事物之间的联系的中断部分加以分段处理，略去一些中间环节，差异模糊界限又会重新清晰起来。

实现模糊处理，采用隶属度概念与浮动截集的方法，从而达到对模糊关系的正确掌握，这就是模糊思维的数学方法，即第四代数学——模糊数学方法的引入。

模糊数学和一般数学不同，它初步具备了灵活性与思考性，是人类向智能化运算迈进的第一步。它使复杂的、模糊的、无法量化的运动关系变成简单的、清晰的，其结果可以计算出来。模糊数学的求解结果是较理想解，而不是最优解，也是人类智能化的一个特点。在模糊处理过程中有较强的选择性，这种选择性的发挥研究，将会使模糊数学获得进一步发展。

但是，模糊数学总体上看，由于其出身所限，还是没有脱开经典数学的框架，其运算仍然不得带有半点模糊性。就是说，模糊数学只解决了在程度上、层次上、类别上界限的模糊性及运算，并没有解决由这一层次（包括程度和类别）怎么变成另一个层次的问题。著名的模糊数学创始人弗晰（Fuzzy）关于老年人、中年人、青年人年龄隶属问题讲得十分清楚，但他并没有解决怎么使老年人活得更年轻。因此，这个问题历史地落到更高一层次的模糊协调思维上，这就是差异模糊协调的研究。这里，我们提出了用高阶差异模糊协调运算来解决这个问题，并给它起个名字，简称协调数学。

该高阶模糊协调理论的哲学基础是差异协调哲学。该哲学基础是宇宙的可变性，一切都不是固定不变的，而是灵活的、变化的、着眼于未来发展的，一切都是可以协调的。我们采用的高阶模糊协调运算符号本身就具有高度的智能性、客观写实性和可协调性，构造的差异模糊协调算式自然就是人脑智能的模拟，它是人们心里想的、想要干的理想方程式，而不是纯抽象数学。尽管它的建式和解答是灵活的、非唯一的，但它从建式、运算到求解都是严肃的、认真的，否则求出的解答就可能不是一流的高水平答案，协调数学是借助模糊数学建立起来的。

第二节　模糊数学知识

一、模糊数学由来

一般认为，人类数学思想的发展大致经历了四个阶段，即常量数学、变量数学、随机数学和模糊数学。

从公元前 6 世纪到公元 17 世纪，数学理论主要是常量数学，即初等数学阶段。它所研究的对象是固定不变的数学关系和凝固的空间形式，并且数和形是公开研究的。如初等代数的解都是固定的，而没有固定解的方程被认为没有意义。因此，常量数学是绝对不允许有半点模糊性或不确定性的，是对现实世界里的数形关系进行绝对的抽象，显然是一种孤立的和静止的观点。

17 世纪前后到 19 世纪 20 年代，进入变量数学阶段。笛卡尔首先将变量引入常量数学里，他提出用代数方法来研究几何图形的思想，从而建立了笛卡尔坐标系解析几何。有了变量思维，牛顿和莱布尼茨利用了笛卡尔坐标的研究成果，完成了微分和积分学的建立。但是，微积分解决不了偶然特征直接影响事物发展的各种不同的随机的可能性以及大量统计中的偶然现象。

17 世纪中叶，帕斯卡和费马等人便开始了机遇博弈数学理论的研究。这样，就出现了概率论，即随机数学诞生。随机数学的产生是数学发展的一大转折，它标志着直接以不确定现象为研究对象的新的不确定数学诞生。

随着信息时代的到来，人们的认识焦点最终转到人类自身即人脑思维机制上来。一种以模拟人脑辩证思维机制为中心的数学从此便诞生了，这就是模糊数学。

模糊数学是通过模糊集合的方法并用数量化处理加以简略的理论。而模糊集合论是以多值逻辑为基础研究模糊集运算的数学理论，是模糊数学的基本方法。

模糊向精确过渡，一是关于隶属度的概念利用，另一是关于浮动截集方法。隶属度是模糊集合基本概念，利用了经典集合论，规定“是”与“非”记为{0,1}，即绝对属于或绝对不属于。而隶属度则用来描述属于哪一类(集合)的程度如何，可以把[0,1]区域内划分为 0.1,0.2,…,0.9,10 等分，再来衡量其归属程度的高低。0 表示完全不属于，而 1 表示完全属于。模糊集合的特征函数就是隶属度，记作 $\mu_{\underset{\sim}{A}}(x)$。在模糊集合

$\underset{\sim}{A}$ 中，人们通过按照隶属程度的高低，取一定域值为 λ 进行截割，凡是隶属度达到或超过 λ 者，便划为 $\underset{\sim}{A}$ 成员。

二、模糊数学的理论体系

模糊数学发展至今已形成了自己的理论体系，衍生了许多分支，现简介如下。

(一)模糊语言变量分析及模糊控制

日常生活中使用的语言有大量的模糊概念，计算机无法理解、无法计算。如果要使用现代计算工具就要使这些模糊概念定量化，这就是模糊语言变量。人们试图通过隶属度的定义和运算来量化语言，把“否定”“稍微有点”“有点”“比较”“与”“或”“的确”“很”“非常”等否定词、连接词和程度副词等作为模糊算子，给出定义。

例如否定词“非”的隶属函数定义为：

$$\mu_{非A}=1-\mu_A \tag{6—1}$$

则程度副词的隶属函数分别定义为：

$$\left.\begin{aligned}&\mu\,稍微有点\,A=(\mu_A)^{0.25}\\&\mu\,有点\,A=(\mu_A)^{0.50}\\&\mu\,比较\,A=(\mu_A)^{0.75}\\&\mu\,的确\,A=(\mu_A)^{1.25}\\&\mu\,很\,A=(\mu_A)^{2}\\&\mu\,非常\,A=(\mu_A)^{4}\end{aligned}\right\} \tag{6—2}$$

而连接副词的隶属函数则定义为：

$$\left.\begin{aligned}&\mu\,与\,A\\&\mu\,或\,A\end{aligned}\right\}=(\mu_A)^{1.0} \tag{6—3}$$

举个例子，一位 60 岁的人，按弗晰给出的隶属函数

$$\mu_A=\begin{cases}0 & (\mu\leqslant 50)\\ \dfrac{1}{1+[0.2(u-50)]^{-2}} & (u>50)\end{cases} \tag{6—4}$$

$$=0.80$$

确定为老年人。

如果我们不服老，否定它，则认为是“不老的人”这一新模糊集合的隶属函数，便可用否定该公式(6—1)，求得隶属度只有

$$1-0.8=0.2$$

这自然就是“不老的人”。

如果按 60 岁的人 $\mu_A=0.2$ 为“不老的人”；则很不老的人，$\mu_A=(0.2)^2=0.04$，即(不老)^2，当然是很不老；而有点不老的人感觉还年轻，$\mu_A=(0.2)^{0.5}=0.45$，即不老开

平方，自然是有点不算老的意思。

用模糊语言变量的方法来实现自动控制，称为“模糊控制”。模糊控制已广泛地应用于家电、汽车、冶金、电子、机械、水泥等工业领域。

(二)模糊逻辑

弗晰说：“把真假作为语言变量处理得到模糊语言逻辑或简称模糊逻辑”，弗晰认为把真假问题作为语言变量来处理，很可能比古典二值逻辑更接近人类决策过程所包含的逻辑。为此，弗晰在模糊集合论基础上设计出一种模糊逻辑的近似性推理形式。

其规则是：

大前提：$A \to B$

小前提：A_1

结论：$B_1 = A_1 \circ (\underset{\sim}{A} \to \underset{\sim}{B})$

在人类现实生活中非常严格形式化的情况是很普遍的。例如，人们认为气温低就感觉冷($A \to B$)。今天气温有点低(A_1)时，那么感觉就有点冷(B_1)，彼此界限模糊，而且大前提中低与冷之间只反映了一种事物条件和结果的模糊关系。这显然违反了形式逻辑的推理规则，但在模糊逻辑里，通过语言变量不仅可以加以量的刻画，进而转换为求值运算，而且能根据人的直觉经验，表达为一组“模糊条件句”陈述的“语言控制规则”输入计算机，运用到系统的模糊控制中去。

(三)模糊识别理论

人类对模糊事物的识别或判断并不需要大量精确的数据资料，而是有很高的灵活性。人脑的识别能力常常比计算机更为可靠。模糊数学恰恰是抓住了人脑的这种模型的隶属程度进行筛选，选出隶属度最高者，判定隶属度最高者为所寻找的对象。如医学上的癌细胞判定也是以模糊识别为基本形式的。这实际上是人们根据两个模糊子集之间的“贴近度”概念，定量地分析确定其“接近程度”，优选贴近度大者。

因此，模糊识别是一种以事物之间的相似性为依据，以模拟、比较为手段，以模糊集合论为数学方法的识别模式。

(四)模糊聚类分析

模糊聚类分析所讨论的是一大批对象，是一种无模式的动态分类方法，它具有很大的灵活性。把很多事物按照一些带有模糊性标准，划分成若干类，所分成的类数的多少，可以根据要求高低来调整。如果能预先给定一个标准，则可以把模糊聚类和优选方法联合起来，这样使用效果更佳。这样不仅可以分类，还能排出先后顺序。

(五)模糊综合评判

这是一个很有实际意义的应用方面。对任何一个被评判的对象都要先考虑到其各项指标的重要程度，再考虑各项指标距离预先要求的差距，随后才能做出综合的评判。一般有两种方法：一是总评分法来决定优势，另一种是加权平均法。前者是把各项评分加起来进行比较，后者是把各项因素在事物的总体之中占有地位的权重用系数表征出来，然后乘到各项评分上再加起来比较。显然，第二种方法更为合理。但这种方法的准确程度常常受到环境影响，忽视了“真理往往掌握在少数人手里”。

(六)模糊决策

模糊决策往往是在模糊评判基础之上进行的，即借助隶属函数来表征模糊约束条件和模糊评价结果。

在做模糊决策时，既要考虑到效益也要考虑到风险，通常是选择效益次好的，而风险又是较小的，仍以预防不良后果为主。考虑到“真理往往掌握在少数人手里”，在得出初步决策意见之后，召开研讨会，会上“百花齐放、百家争鸣”，各抒己见，把问题探讨透彻。

三、模糊数学基本内容

(一)隶属度与隶属函数概念

隶属度是模糊集的基本概念。它表示给定论域 U，论域任何元素 x 属于 A 的程度。而模糊集合 $\underset{\sim}{A}$ 的特征函数就称隶属函数，记作 $\mu_A(x)$，如老年人的隶属函数为公式(6－4)。

弗晰当时给出的老年公式，把老年人年龄假定为最高 150 岁左右。如果是 $u=55$ 岁，代入公式(5－4)，得隶属度

$\mu_A(u)=0.5$，即“半老”；

而 $u=60$ 岁，$\mu_A(u)=0.8$，“有点”老了；

到 $u=70$ 岁，$\mu_A(u)=0.94$，“确定”老了；

当 $u=100$ 岁，$\mu_A(u)=0.98$，“很”老了。

用隶属度说明的“老”的量化程度，使很模糊的“老”变得清晰可分。

(二)浮动截集方法

在模糊集合 $\underset{\sim}{A}$ 中，我们按照隶属度程度的高低，取一定域值 λ 进行截割。凡是隶属度达到或超过 λ 者，便划为 $\underset{\sim}{A}$ 的成员，否则，就不划为 $\underset{\sim}{A}$ 的成员。这是由隶属度数值达到或大于某一水平集 $\underset{\sim}{A}$ 的 λ 水平集。如前例取 $\lambda_0=\mu_A(u)=0.8$ 作为老年的水平集，70 岁以上为老年，70 岁以下就为中年了。水平集 λ_0 值的选取带有人为主观性，也是灵活可变的，如再过些年老年的水平集 λ_0 可能定到 75 岁或 80 岁。

(三)模糊矩阵

设限集 X 中 n 个 x_i 元素，则集合 X 表示为

$$X=(x_1,x_2,x_3,\cdots,x_n) \tag{6－5}$$

每个元素 x_i 又有 m 个特性指标，元素 x_i 表示为特性指标向量

$$x_i=(x_{i1},x_{i2},x_{i3},\cdots,x_{im}) \tag{6—6}$$

式中　x_{ij}——第 i 个元素的第 j 个特性指标。

则 n 个元素的特性指标矩阵，即模糊关系为

$$\underset{\sim}{\boldsymbol{R}}=\begin{bmatrix} x_{11} & x_{12} & \cdots & x_{1m} \\ x_{21} & x_{22} & \cdots & x_{2m} \\ x_{31} & x_{32} & \cdots & x_{3m} \\ \vdots & \vdots & & \vdots \\ x_{n1} & x_{n2} & \cdots & x_{nm} \end{bmatrix} \tag{6—7}$$

模糊矩阵可以全面地表现出集合的所有元素及其特性。模糊矩阵可以进行各种模糊集合运算。

(四)模糊集的运算

1. 包含关系

论域 U 上两个模糊集 $\underset{\sim}{A}$ 与 $\underset{\sim}{B}$，论域中的每一元素 u_i，则当

$$\mu_{A}(u)\geqslant\mu_{B}(u)$$

时，我们应说 $\underset{\sim}{A}$ 包含 $\underset{\sim}{B}$，或说成 $\tilde{B}$ 集为 $\tilde{A}$ 集的子集，记作

$$\underset{\sim}{A}\supseteq\underset{\sim}{B} \tag{6—8}$$

2. 相等关系

若模糊子集 $\underset{\sim}{A}$ 与 $\underset{\sim}{B}$ 相等，写成

$$\underset{\sim}{A}=\underset{\sim}{B} \tag{6—9}$$

两个子集的隶属函数关系为

$$\mu_{\underset{\sim}{A}}(u)=\mu_{\underset{\sim}{B}}(u)$$

3. 模糊集的并、交、补、差运算

任意两个模糊集之间运算，即其隶属度间的相应的运算。

设论域　$U=\{a,b,c,d,e\}$

$$\underset{\sim}{A}=0.2/a++0.4/b+0.8/d+1.0/e$$

$$\underset{\sim}{B}=0.5/a+0.7/c+0.4/d+0.3/e$$

式中分母为论域中的元素 u_i；

分子为元素 u_i 的隶属度 $\mu_A(u_i)$ 或 $\mu_B(u_i)$。

(1) $\underset{\sim}{A}$ 与 $\underset{\sim}{B}$ 并集。

$$\mu_{\underset{\sim}{A}\cup\underset{\sim}{B}}(u)=\mu_{\underset{\sim}{A}}(u)\vee\mu_{\underset{\sim}{B}}(u) \tag{6—10}$$

式中 $\vee$ 为取最大值，如

$$\underset{\sim}{A}\cup\underset{\sim}{B}=\frac{(0.2\vee0.5)}{a}+\frac{(0.4\vee0)}{b}+\frac{(0\vee0.7)}{c}+\frac{(0.8\vee0.4)}{d}+\frac{(1\vee0.3)}{e}$$

$$=0.5/a+0.4/b+0.7/c+0.8/d+1/e$$

(2)$\underset{\sim}{A}$ 与 $\underset{\sim}{B}$ 交集。

$$\mu_{\underset{\sim}{A}\cap\underset{\sim}{B}}(u)=\mu_{\underset{\sim}{A}}(u)\wedge\mu_{\underset{\sim}{B}}(u) \tag{6-11}$$

式中 $\wedge$ 为取最小值，如

$$\begin{aligned}\underset{\sim}{A}\cap\underset{\sim}{B}&=\frac{(0.2\wedge0.5)}{a}+\frac{(0.4\wedge0)}{b}+\frac{(0\wedge0.7)}{c}+\frac{(0.8\wedge0.4)}{d}+\frac{(1\wedge0.3)}{e}\\&=0.2/a+0.4/b+0.3/e\end{aligned}$$

(3)$\underset{\sim}{A}$ 的补集。

论域 U 中不属于 A 集中的所有元素，记为 $\underset{\sim}{A}^c$，其隶属函数运算为

$$\mu_{\underset{\sim}{A}^c}(u)=1-\mu_{\underset{\sim}{A}}(u) \tag{6-12}$$

故

$$\begin{aligned}\underset{\sim}{A}^c&=\frac{(1-0.2)}{a}+\frac{(1-0.4)}{b}+\frac{(1-0)}{c}+\frac{(1-0.8)}{d}+\frac{(1-1)}{e}\\&=0.8/a+0.6/b+1/c+0.2/d\end{aligned}$$

(4)$\underset{\sim}{A}$ 与 $\underset{\sim}{B}$ 差集。

论域 U 中两子集为

$$A=\{a,b,c,d\}$$
$$B=\{a,c,f,g,h\}$$

则差集

$$\left.\begin{aligned}A-B&=\{b,d\}\\B-A&=\{f,g,h\}\end{aligned}\right\} \tag{6-13}$$

第三节　高阶模糊协调运算符号与智能开发思维键盘

一、运算符号

古今中外算术的基本运算符号皆为加（+）、减（−）、乘（×）、除（÷）。众所周知，这四种传统符号意义准确、清楚，没有半点模糊性。我们将它们交叉、简化，并与现代科学综合、升阶为两种符号⊥和∸。⊥表示增添、加升、放上、涨起之意，称为“涨”；∸表示减去、除掉、拿下、落低之意，称为“落”。我们称⊥和∸为高阶模糊协调运算符号。

该符号具有非线性、自组织性、非抽象性、反应性、自复制性、客观写实性、动态性、相对性、参与性、适应性、可塑性、智能性、模糊性、灵活性、协调性、权重性、逻辑性、多角性、多层次性等，集传统算术符号、模糊数学符号与逻辑符号于一体，概括了+、−、×、÷、$\sum$、$\int$、d、∪、∩ 等符号的意义。

这样，传统的算术符号家族不再为 4 个，而是加、减、乘、除、涨、落 6 个了。顾名思义，涨、落者源自大海浪潮，显然其含义要比加、减、乘、除复杂得多，更具有生命力。

其实，这两个新的符号人们并不陌生，大家天天都和它们见面，人们的大脑思维一刻也离不开它们。但它们长期被忽视，时至今日才将其正名。这两个新符号由于给运算赋予模糊性这一新的活力，故使数学思维带来新的变革，出现突破性变化，这就是差异模糊协调运算。它将使数学发展至仿效人脑认识思维机制，使运算和人脑思维有机地协调起来成为一体。因此，它将扩展至无所不包括的广泛的应用领域。

二、智能开发思维键盘

本书根据差异系统协理思维原理，设计了一种“智能开发思维键盘”，把抽象思维拓展至形象思维，使人们在脑海中不断地敲打该思维键盘进行醒脑取智，反复多次协理运算，寻求科学研究中的疑难解答。这是一种脑认知计算的新概念、新理论与新方法。

1. 差异协理原理

把一切事物都看成差异系统，该系统的诸元及其相互作用的关系是可以进行协理设计的理论，称之为“关系协理原理”。其中协理含义为协者协同、协作、协调；理者理想、理智、理解。前者是求解疑难问题的运作方法，后者则是达到的目标。

设 S 为理想目标系统，N 为旧有的系统，F 代表系统的驱动协调子。用 F 对 S 和 N 进行协理运算，使其差异系统呈现出平衡、相当、大差异和小差异关系式，以求达到解答。

2. 智能开发键盘构建

描述大自然的复杂性，使用一般数学符号已经无能为力。这里我们引入高阶模糊协理符号⊥̣，它是整形符号，其分形为“涨”⊥、“落”-̣两大类符号，再形成无数符号组成的分形符号群或集合。它是描述大自然的数学语言符号，是表示复杂性的科学符号，用它构建人脑计算机的智能开发键盘，必将成为超大范围的、能调动无数分形符号充分发挥作用的万能软件盘，如图 6—1 所示。

<table>
<tr><td colspan="8">⊥̣</td></tr>
<tr><td colspan="4">⊥</td><td colspan="4">-̣</td></tr>
<tr><td>+</td><td>×</td><td>Σ</td><td>∫</td><td>−</td><td>÷</td><td>△</td><td>d</td></tr>
<tr><td>∪</td><td>Π</td><td>∨</td><td>$-^{+}$</td><td>∩</td><td>∐</td><td>∧</td><td>$-^{-}$</td></tr>
<tr><td>X^n</td><td>[</td><td>Z</td><td>max</td><td>$\sqrt[n]{x}$</td><td>(</td><td>F</td><td>min</td></tr>
<tr><td>></td><td>》</td><td>$+\Delta X$</td><td>…</td><td><</td><td>《</td><td>$-\Delta X$</td><td>…</td></tr>
<tr><td rowspan="2">协理</td><td rowspan="2">协调</td><td rowspan="2">协同</td><td rowspan="2">协作</td><td colspan="2">理想</td><td>理解</td><td>理智</td></tr>
<tr><td>=</td><td>≂</td><td>》《</td><td>><</td></tr>
</table>

图 6—1　⊥̣型思维键盘

图中符号⊥̣是系统协调的钥匙、事物交合的链条和层次过渡的架桥。

⊥̣表示“涨、落”之意；⊥称为“涨”，表示放上、增添、涨起之意；⊤称为“落”，表示除去、去掉、落下之意。⊥分解的符号分别为加、乘、总和、积分、并、连乘、取大、正键、乘方、整体、综合、最大、大于、远大于、增量等，具有“涨”的自相似符号群键。⊤分解的符号表示减、除、分小、微分、交出、连除、取小、负键、开方、部分、分解、最小、小于、远小于、减量等，具有“落”的自相似的符号群键。这些分键具有与整体涨落之间的信息同构。

该盘是个超软件盘，它配有软件盘，其内储存若干著名实例专家系统，可转化为脑海中储存，随时调出参考使用。可称是一种集大成智慧键盘。

3.⊥̣型键盘的使用

该键盘采用高阶模糊符号⊥̣，我们赋予它具有猜想性、联想性、猎奇性、灵活性、交叉性、非量纲性、模糊性、多层次性、多角度性、广义性、无穷尽性等多种功能。键盘中所列符号有限，在使用时可随时增加一些所需要的符号和功能。这样在进行创造思维时便可绞尽脑汁调动脑中百亿脑细胞、激活大脑中固有的“涨、落”，形象化地在脑中敲打键盘，把键盘变成一个万能的巨大的思维创造库。不管给出什么求解问题，几乎总可以用脑海中的⊥̣键盘来加以思考。

当然，要掌握这个键盘进行协理运算，还需要长期进行符号功能、作用、匹配等方面训练，使之牢记用“涨”“落”及其符号群键的协理。在具体求解时，初定现有目标系统 N，求解理想目标系统 S，其两者之差异总和便是系统的驱动协调子 F。全力寻找到 F 便是关键。开动⊥̣键盘寻求 F 的步骤是：(1)把目标系统内容变成参量，使之参量化；(2)利用已知目标系统 N 求解 F 不够理想时应反复多次更换 N，往往 N 的选择和 F 的寻求要有良好配合；(3)驱动协调子 F 是使已知目标 N 达到理想目标 S 的驱动协调函数，是个进化而转变的系统。F 的求解过程就是键盘开动、开动脑筋的过程。不但是个长期艰苦过程，而且有时还要协调变换系统 S 和 N 同时进行才能获得。

⊥̣型思维键盘应用前景广阔，它将广泛地应用于工业建设、农业建设、市场经济、企业发展、理论创建、科研教育乃至家庭生活等方面。

第四节　差异系统协调体系的构建

差异系统协调体系的构建必须具有广泛的代表性和普遍性，使系统中的诸要素发挥较强的参与性、灵活性和能动性，还要具有高度的差异协调能力。为此我们这里采用高阶模糊协调符号来联系和描述一般事物间的关系，构建出差异系统协调体系，该体系着眼于事物未来的运动，立足于发展向前，是生动的、活跃的关系式，真正体现了活生生现实事物的运动规律。这与一般传统数学(包括模糊数学)是纯抽象的、静止的、固定不变的、死板的、封闭的完全不同。高阶模糊协调符号的采用，给使用者以充分的自由度和多种选择，使构建的协调运算能够发挥出最佳的能动性，并随之给出最理想的差异协调关系，激发起使用者无限的创造力、发明智慧和无穷尽的思考、向往力。

采用高阶模糊协调符号构建的差异系统协调体系的形式很多，例如有主观设计型、非固定模式、多态型、远离平衡态型、随意型、可协调型、多维型、不确定型、动态型、应变型、开放式以及多元主张的整合系统型等。

我们构建差异系统协调体系的主导思想是除采用一般数学符号外，再加上两个特殊符号$\perp$、$\top$，将差异系统的诸元素（或称对象）紧密地联系与调动起来，以形成系统整体，发挥其整体作用。一个差异系统U由诸多子系统$A,B,C,\cdots,G$组成，子系统之总体构建成差异系统关系S_1，即

$$U_1 = S_1 \sum\nolimits_{\perp i}(A,B,C,\cdots,G) \tag{6-14}$$

$$U_2 = U_1 \top_i A = S_2 \sum\nolimits_{\perp i}(B,C,\cdots,G) \tag{6-15}$$

$$U_3 = U_1 \top_i A \top B = S_3 \sum\nolimits_{\perp i}(C,\cdots,G) \tag{6-16}$$

或者

$$U_2 \perp_i A = U_1 = S_{1'} \sum\nolimits_{\perp i}(A,B,C,\cdots,G) \tag{6-14'}$$

$$U_3 \perp_i B = U_2 = S_{2'} \sum\nolimits_{\perp i}(B,C,\cdots,G) \tag{6-15'}$$

$$U_1 \perp_i K = U_4 = S_4 \sum\nolimits_{\perp i}(A,B,C,\cdots,G,K) \tag{6-17}$$

式中　$\perp_i$、$\top_i$——元素之间的“涨”“落”联系或作用；

$\sum_{\perp i}$——元素之间多维空间联系或作用（图 6－2），表现出系统的整体效应。

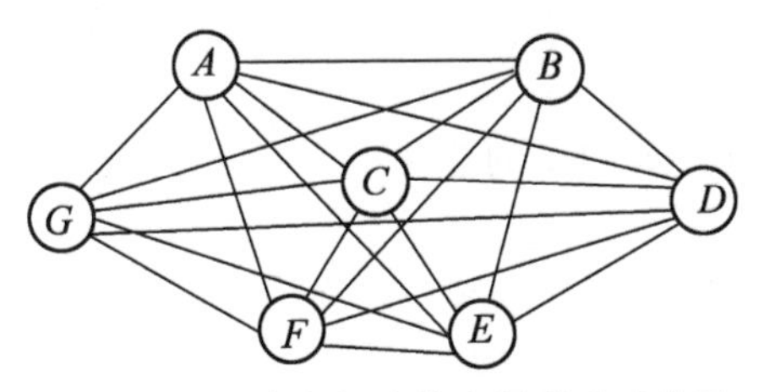

图 6－2　元素之间多维空间联系或作用

同样的元素数量，但组成系统空间多维联系作用之不同，系统的整合作用也不相同。因此，系统的整体控制与协调作用很重要。我们用S_i与$S_{i'}$表示同样的元素组成的系统，其效应并不相同，$S_i \geqslant S_{i'}$或$S_i \leqslant S_{i'}$。

这里，我们强调涨（$\perp_i$）、落（$\top_i$）对动态开放系统的作用，使系统得到优化，这也是差异系统协调体系构建的目的之一。

对于多元素组成的差异系统，有时还要分出若干子系统。子系统层次之间、子系统元素之间的相互作用使构成的总体效应极其复杂，还要根据实际情况构建出许多

数学方程式或逻辑公式，常常要用计算机编出程序来进行数据比较分析，综合选优。

第五节　差异系统协调运算原理

采用涨($\perp_i$)、落($\underset{\cdot}{-}{}_i$)对差异系统进行协调，使系统得到某种改善或优化的理论，我们称它为差异系统协调运算原理。

这里，我们先从少元素或二元元素组成的系统开始。例如，一个系统是由差异对象(或元素)A 与 B 组成，A 与 B 之间差异较大，其间的差异因子为 $\overset{A}{\underset{B}{X}}$，它也是个子系统，组成该子系统的主要部分称为主差异因子，总和 $\overset{A}{\underset{B}{Y}}$，次要部分称为子差异因子，总和 $\sum_{\perp}(x_i)$，这两个部分也都有下一层次的子系统。

这里我们采用涨($\perp$)、落($\underset{\cdot}{-}$)来构建一般二元元素差异系统的基本协调关系式如下：

1. 差异平衡关系式

若 A 与 B 有平衡的关系式存在，则必须是

$$\left.\begin{aligned} B \perp \overset{A}{\underset{B}{X}} = A \\ \text{或} \quad A \underset{\cdot}{-} \overset{A}{\underset{B}{X}} = B \end{aligned}\right\} \tag{6-18}$$

此式读作：B 涨 $\overset{A}{\underset{B}{X}}$ 等于 A，A 落 $\overset{A}{\underset{B}{X}}$ 等于 B。式中差异因子总和 $\overset{A}{\underset{B}{X}}$ 又为主差异因子和子差异因子的总和或集合，即

$$\overset{A}{\underset{B}{X}} = \{\overset{A}{\underset{B}{Y}}, \sum_{\perp} x_i\} \tag{6-19}$$

式中　$\overset{A}{\underset{B}{X}}$——$A$ 与 B 之间差异因子的总和；

$\overset{A}{\underset{B}{Y}}$——主差异因子总和；

$\sum_{\perp} x_i$——子差异因子总和。

2. 差异相当关系式

若主差异因子之和与子差异因子之和相差悬殊，则 A 与 B 两者相当时，必须是

$$\left.\begin{aligned} A \underset{\cdot}{-} \overset{a}{\underset{b}{X}} \backsimeq B \\ \text{或} \quad B \perp \overset{a}{\underset{b}{X}} \backsimeq A \end{aligned}\right\} \tag{6-20}$$

上式读作：A 落 $\overset{a}{\underset{b}{X}}$ 相当于 B，B 涨 $\overset{a}{\underset{b}{X}}$ 相当于 A。

式中　$\backsimeq$——相当、相似、贴近、近似之意；

$\overset{a}{\underset{b}{X}}$——主差异因子和再加上部分子差异因子，即

$$\overset{A}{\underset{B}{X}} > \overset{a}{\underset{b}{X}} \geqslant \overset{A}{\underset{B}{Y}} \tag{6-21}$$

3. 大差异关系式

若 X_i 为子差异因子或意外出现 $\overset{A}{\underset{D}{X}} \gg \overset{A}{\underset{B}{X}}$ 情况，则应有

$$\left.\begin{array}{l} A \top X_i \gg B \\ B \perp \overset{A}{\underset{D}{X}} \gg A \end{array}\right\} \tag{6-22}$$

或

式中　≫——远大于之意。

4. 小差异关系式

若有 $X_j > \sum x_i$ 存在或意外出现 $\overset{A}{\underset{C}{X}} > \overset{A}{\underset{B}{X}}$ 情况，则应有

$$\left.\begin{array}{l} A \top Y_j > B \\ B \perp \overset{A}{\underset{C}{X}} > A \end{array}\right\} \tag{6-23}$$

或

以上这 4 种差异关系式就代表了事物之间的一般关系，即平衡、相当、大、小的关系，它们的构建是根据人们的客观实际需要来选择的，需要哪种模式就按条件来选择。

第六节　差异系统协调运算式的解法

按解法的方式可分为通俗解法与数学解法两种。

1. 通俗解法

所谓通俗解法就是非常普通的、通俗的解答。此法简单、容易、方便，人人都容易掌握，不要求高等数学基础，便于在群众中推广。对给出的问题，回答者把经过思考或研究的想法按方程式形式回答即可。

例如张君正规大学本科毕业，李君高中毕业没有考上大学，他们文化程度是小差异关系式

张君高中⊥大学毕业＞李君高中毕业　　(6－24)

如果李君开始工作，张君又读了研究生，这时他们的差异关系式是大差异关系式

张君高中⊥大学⊥研究生＞李君高中　　(6－25)

他们的同学赵君只读完正规大学本科，毕业后工作了，李君不甘落后工作两年后开始读夜大，并且也拿到了毕业文凭，这时李君和赵君的文化程度关系式，是差异相当关系式

赵君高中⊥大学本科∽李君高中⊥夜大　　(6－26)

同时，李君夜大毕业又刻苦学习考上了研究生并毕业，这时他和张君在文化程度上相等(硕士研究生毕业)，即差异平衡关系式

李君⊥研究生＝张君⊥研究生　　(6－27)

他们的第4位同学是王君，小学毕业就跟父亲跑买卖经商，现已是富商，一次捐给“希望工程”50万元。这时我们列出经济上的收入差异关系式，则

王君(小学)⊥经商获利≫张君(研究生)⊥工资收入　　(6－28)

但文化程度还仍然是相反的大小差异关系式。

我们再举个工程技术例子。1970年我在兄弟单位参加了45 m玻璃钢雷达天线反射面研制，到1972年，国家需要3.2 m玻璃钢微波天线反射面，面临的问题是当时国内铝紧缺，能否用玻璃钢代替铝做反射面？答案是肯定的！

我们经过研究试验，得出用蜂窝夹层板内表面加铜网做ϕ3.2 m微波天线反射面同样能达到ϕ45 m雷达天线反射面之效果，列出这样一个差异平衡关系式：

ϕ3.2 m蜂窝玻璃钢⊥铜网＝ϕ45 m蜂窝玻璃钢⊥铜网　　(6－29)

实践证明是成功的，投产88副天线，并获全国科学大会重大贡献奖。

1990年我们还成功地用玻璃钢修复了一架双孔桥断裂桥墩。该桥因温度应力使外侧桥墩被上桥面板膨胀而推断，完全丧失正常功能。我们经反复研究，认为可以借鉴民间“锔”锅、碗的方案，于是列出如下差异相当关系式：

断裂桥墩⊥扒钉锚固＝断裂锅、缸⊥“锔子”锔上　　(6－30)

施工完毕，有人不相信，下班后用拖拉机牵曳钢丝绳向外拉“扒钉”，结果稳如泰山。

本通俗解法不但用于开发，也可用于计算解题上。例如小学数学里的鸡兔同笼问题，一山兔子一山鸡，两山并到一山里，数头3 600，数腿11 000，问多少兔子多少鸡？这是小学算术题。

我们分析一下，兔子和鸡的本质差异就差两条腿，如果把兔子藏起两条腿，就和鸡一样了。于是，可列出如下差异平衡关系式：

兔子∸两条腿＝鸡　　(6－31)

于是我们把头数乘上两条腿，得出7 200条腿，那么11 000－7 200＝3 800条腿就是藏起来的，每只兔子藏起两条腿，3 800÷2＝1 900(只)就是兔子数，剩下的3 600－1 900＝1 700(只)就是鸡数。当然，也可以给鸡再装两条腿等于兔子，也可以得出正确答案来。

2.数学解法

数学解法描述差异关系，要求“关系”要确切，量化要准确。但客观实际中会遇到各种复杂的差异关系，为此我们采用高阶模糊协调符号，构建差异协调运算式，但直接用数学解有时不方便，需要将高阶模糊协调符号降阶、分解，再采用数学公式求解。如何借助于模糊数学方法呢？

我们引入模糊数学的隶属度、贴近度概念来描写四种差异协调关系式。

(1)差异平衡关系式的求解式为

$$\mu_{\overset{A}{\underset{B}{X_0}}}(A \dot{-} B)=1 \tag{6-32}$$

式中　$\overset{A}{\underset{B}{X_0}}$——$A$ 与 B 之设计差异因子总和。

$\mu_{\overset{A}{\underset{B}{X_0}}}$——对$\overset{A}{\underset{B}{X_0}}$之隶属度；

上式为 A“落”B 后对$\overset{A}{\underset{B}{X_0}}$隶属度等于 1。对具体问题之解，$\perp$和$\dot{-}$便可降阶，如式(6－31)中“落”$\dot{-}$意为藏起，即等于数学中的减号。

对复杂的协调运算式，用上式解不出时可用贴近度公式求解，即

$$\sigma_1\left[(A \dot{-} B),\overset{A}{\underset{B}{X_0}}\right]=1.0 \tag{6-33}$$

式中　σ_1——贴近度(两模糊集之贴近程度)；

上式中的“涨”“落”符号需要降阶为能运算的符号之后，再进行贴近度计算。

(2)差异相当关系式的求解式为

$$\mu_{\overset{A}{\underset{B}{X_0}}}\left[A \dot{-} B \dot{-}(0\sim0.2)\overset{A}{\underset{B}{X}}\right]=1.0\sim0.8 \tag{6-34}$$

复杂关系式的贴近度解法为

$$\sigma_1\left\{\left[A \dot{-} B \dot{-}(0\sim0.2)\overset{A}{\underset{B}{X}}\right],\overset{A}{\underset{B}{X_0}}\right\}=1.0\sim0.8 \tag{6-35}$$

式(6－34)、式(6－35)必须满足 $0.8\overset{A}{\underset{B}{X}}\leqslant\overset{a}{\underset{b}{X}}\leqslant\overset{A}{\underset{B}{X}}$。

(3)小差异关系式的求解式为

$$\mu_{\underset{\sim}{\overset{A}{\underset{B}{X}}}}\left[A \dot{-} B \dot{-}(0.2\sim0.8)\overset{A}{\underset{B}{X}}\right]=0.8\sim0.2 \tag{6-36}$$

复杂关系式的贴近度解法为

$$\sigma_1\left\{\left[A \dot{-} B \dot{-}(0.2\sim0.8)\overset{A}{\underset{B}{X}}\right],\overset{A}{\underset{B}{X_0}}\right\}=0.8\sim0.2 \tag{6-37}$$

(4)大差异关系式的求解式为

$$\mu_{\underset{\sim}{\overset{A}{\underset{B}{X_0}}}}\left[A \dot{-} B \dot{-}(0.8\sim1.0)\overset{A}{\underset{B}{X}}\right]=0.2\sim0 \tag{6-38}$$

复杂关系式的求解式为

$$\sigma_1\left\{\left[A \dot{-} B \dot{-}(0.8\sim1.0)\overset{A}{\underset{B}{X}}\right],\overset{A}{\underset{B}{X_0}}\right\}=0.2\sim0 \tag{6-39}$$

式(6－32)～(6－39)请见图 6－3。

3. 数学解例题

(1)以文化程度为例，我们假设隶属度以博士后为 1.0，博士为 0.9，硕士为 0.8，大学毕业为 0.7，大专毕业为 0.6，高中毕业为 0.5，初中毕业为 0.4，高小毕业为 0.3，初小文化为 0.2。重新列出式(6－24)～(6－27)：

式(6－24)　　$0.5\cup0.7>0.5$

解得　　$0.7>0.5$　　(6－24′)

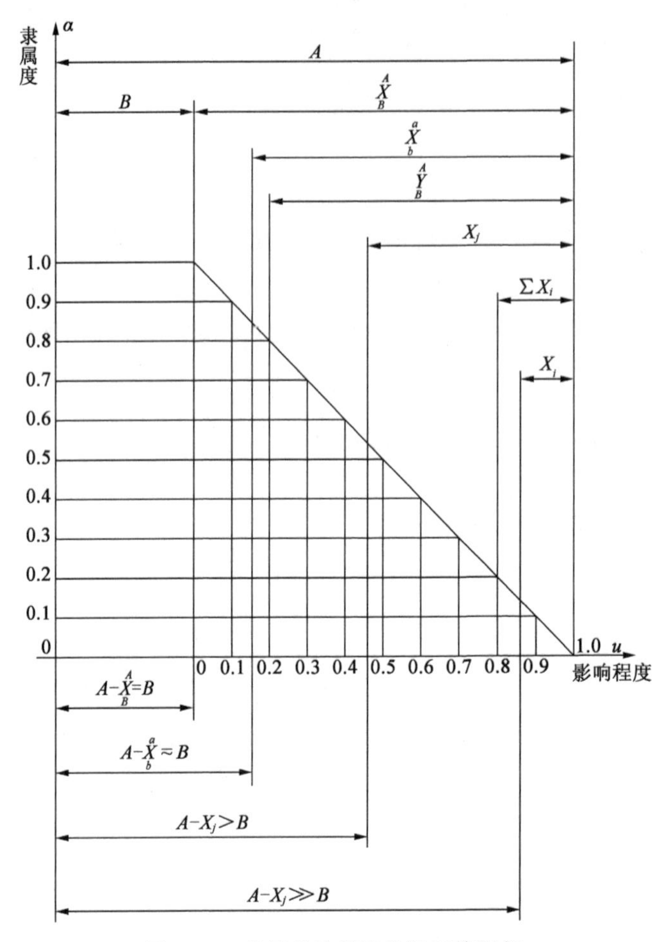

图 6－3　差异系统模糊协调运算图解

式(6－25)　　$0.5\cup0.7\cup0.8>0.5$

解得　　$0.8>0.5$　　(6－25′)

式(6－26)　　$0.5\cup0.7\eqsim0.5\cup0.6$

解得　　$0.7\eqsim0.6$　　(6－26′)

式(6－27)　　$0.6\cup0.8=0.5\cup0.7\cup0.8$

解得　　$0.8=0.8$　　(6－27′)

(2)以 ϕ3.2 m 微波天线反射面为例，设计差异因子总和指标。

技术要求>38 dB，误差±0.1 dB，测试结果 ϕ3.2 m 蜂窝夹层天线反射面电气增益为38.23 dB±0.3 dB，铝天线为 38.16 dB±0.3 dB，则

$$\mu_{\overset{A}{\underset{B}{X_0}}}(A\div B)=1$$

研制完全成功。

(3)力学上的虚功原理。

在理论上虚设一些参数，然后用数学式进行真实描述，列差异平衡关系式，称虚功原理。假设物体由非外力作用下局部位移 λ_i，但实际上该物体并没有发生整体移动，该系统对外所做机械功为零，即虚功差异关系式：

$$\sum F_i\lambda_i = 0 \tag{6-40}$$

式中　F_i——作用在系统上的诸力；

λ_i——诸力（温度应力）引起的位移。

例如，有一简支桁架，如图 6－4 所示。由于温度作用升高引起 AD 杆伸长 2.4 cm，CD 杆伸长 2.6 cm，试求节点 D 之竖向位移 Δ。

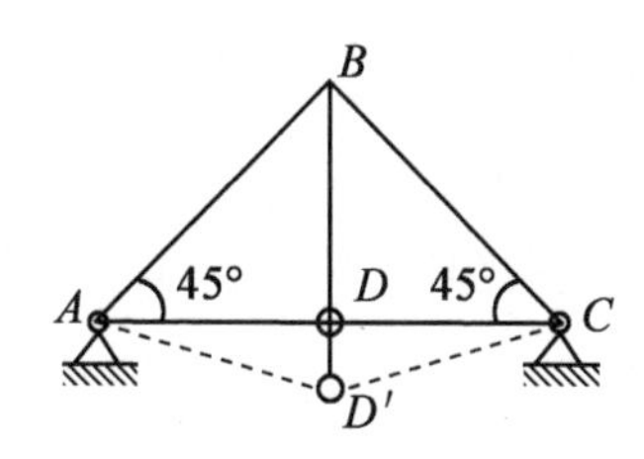

图 6－4　简支桁架

解　由于杆 AD、CD 伸长受压，使杆 BD 受拉，设杆 BD 内为 $F_{BD}=1.0$，则节点 B 的差异系统受力平衡方程如下：

竖向轴诸力投影平衡方程式为

$$F_{BD}=F_{BC}\cos 45^\circ+F_{BA}\cos 45^\circ \tag{6-41}$$

由于

$$F_{BC}=F_{BA}=F_{斜}$$

代入

$$1=-2F_{斜}\times\frac{\sqrt{2}}{2}$$

所以

$$F_{斜}=F_{BC}=F_{BA}=-\frac{\sqrt{2}}{2}$$

再列节点 A 或节点 C 在横轴 AC 方向的差异平衡关系式如下：

$$F_{AB}\times\frac{\sqrt{2}}{2}=F_{AD}$$

或

$$F_{CB}\times\frac{\sqrt{2}}{2}=F_{CD}$$

代入

$$F_{AB}=F_{CB}=-\frac{\sqrt{2}}{2}$$

$$-\frac{\sqrt{2}}{2}\times\frac{\sqrt{2}}{2}=F_{AD}=-\frac{1}{2}$$

$$-\frac{\sqrt{2}}{2}\times\frac{\sqrt{2}}{2}=F_{CD}=-\frac{1}{2}$$

现在列节点 D 机械功差异平衡关系式

$$\sum F_i\lambda_i = F_{BD}\Delta + F_{AD}\Delta_{AD} + F_{CD}\Delta_{CD} = 0 \tag{6-42}$$

代入 $F_{BD}=1$，$F_{AD}=-\frac{1}{2}$，$F_{CD}=-\frac{1}{2}$，$\Delta_{AD}=2.4$ cm，$\Delta_{CD}=2.6$ cm，则

$$1\times\Delta-\frac{1}{2}\times2.4\ \text{cm}-\frac{1}{2}\times2.6\ \text{cm}=0$$

所以

$$\Delta=2.5\ \text{cm}$$

第七章　差异比较科学

差异比较科学是差异论的基础科学，它包括差异比较场域、近代比较科学、差异工程比较设计及具体的比较学科之构建等内容。

第一节　差异比较场域

本节提出比较场域理论，建立比较场概念并介绍比较场内活动及其控制，“混场”及“混比”之纠正。比较场理论属差异论之一部分。本节讨论比较场论概念、坐标参照系、建立比较场的必要性、作用及如何进行比较活动等。

一、差异比较场及建立的必要性

1. 差异比较场概念

定义：反映相对差异比较关系的客观时间、空间、状态、条件的结构域称之为比较场。

比较场是具体的客观的时间、空间、状态、条件的客观结构，它反映的是历史阶段的、地域性的、状态性的和条件性的差异关系的综合结构，是相对于人类在实践基础上形成的客观结构，有时也有主观结构。

差异场或差异场域又分狭义和广义两种。

狭义比较场域的形成有其确定性和客观现实性。广义比较场域的形成带有不确定性和主观随意性。当然，后者更广义，范围更大一些。

2. 建立差异比较场的必要性

所谓差异都是基于比较而存在的，没有比较就无所谓差异。比较要有一定的标准和在一定的场域内进行。差异比较对象必须都处在同一比较场域，即同一时间、同一地域、同一状态的同一条件，否则如何比较呢？

这好像体育比赛一样，如女子排球比赛，组织者要指定比赛场地点、时间、比赛顺序等。众所周知，甲队和乙队场界必须一样大，水平坡度一致，地面材质相同，运动员人数一样，而且都是女子，还有一些公认的和共同遵守的规则，并设有裁判员，然后通过比赛决定谁胜谁负。

差异比较和比赛相近，不同的是差异比较活动只能通过比较场的参数来控制。这样，只要有一个共同的比较场，比较对象在同一场内进行比较，场内参加比较的对象都要受该场(诸坐标)制约，此时比较活动就是合理和有效的。因此，建立合理的比较场就是关键，是必需的。

二、比较场的坐标参照系

比较场域以相对的坐标为参照系，是差异比较的四维或多维场域。如图7—1所示，x、y、z代表空间，t代表时间，M代表状态，T代表条件等。该比较场的坐标对某一种比较而言必须是全面的，不可有缺漏的坐标项。比较场不是固定不变的、通用的，它是为一种比较而制定的，对不同比较而言其比较场之坐标也不同。

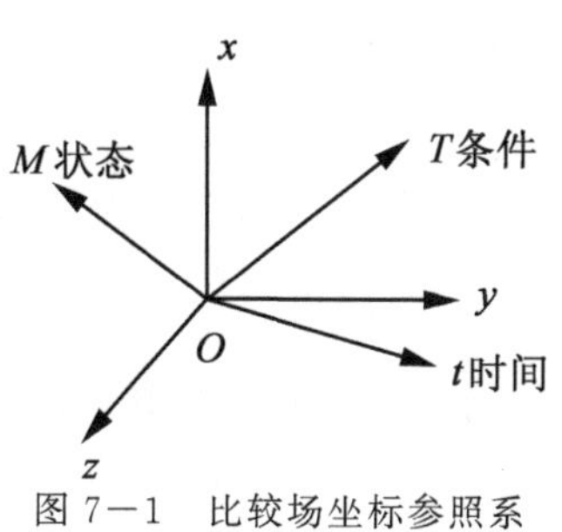

图7—1　比较场坐标参照系

三、比较场的作用

比较场域就是比较活动的坐标参照系，比较活动是受比较坐标参照系的制约和控制的。比较活动是否合理和正确，比较活动结果能否达到比较的目标，主要依靠比较场的作用。选择正确、合理的比较场域很重要，否则就达不到比较目的或得出错误的比较结论。

现在人们常常说，比较方法也不是万能的，它也有局限性等。其实这不是比较科学与方法固有的缺陷，经建立差异比较场概念之后，将比较对象放在合适的比较场内比较，就会有效地防止“混比”“混场”错误出现。因此，差异比较场是比较活动的关键所在。

四、比较活动

差异对象之比较活动都是在差异比较场内进行的，不论其主观是否意识到，比较场都是客观存在的。因此，比较场的选择是否合理、全面、科学就十分重要。比较场的选择允许有个过程，坐标参照系会逐渐完善。

比较活动只能在指定比较场内进行，而且场内对象都要受场坐标制约。一次比较活动只能在一个比较场内活动，在比较活动时不可出场或跨到另一比较场内进行活动，否则比较活动无效。

尽管差异对象完全一样，但在不同的比较场活动得出的结论不同也是正常的，几个不同场比较出的结论不可相互比较，这属于“混场”或“混比”错误。

通常，人们进行比较活动，比较场在脑子里，由于以前没有建立比较场的概念，常出现用N个指标制约A对象，用M个指标制约B对象，硬把A和B同放在一个比较场内，尽管 N 和 M 指标数大部分相同，只有少数或 1 个指标不同，但这仍旧是“混比”，本质上还是把两个不同的比较场活动硬拉在一起，自然还是“混场”。这种错误现象的发生常常因为疏忽和想当然，不过也不排除有时坐标漏项或选对自己观点有利的差异比较场进行比较。

差异比较方法只是多种方法之一，但是一种较好的方法。方法只是有力工具、武器，工具、武器也并非万能，如果运用得不好或者不熟练也同样不能成功。

第二节　建立近代比较科学

本节介绍的是以比较科学为核心，综合已有的方法为基础，引进现代的先进系统科学为新内容，形成当代最先进的科学与方法，我们称之为近代比较科学。

科学研究横跨自然科学和社会科学，涉及多领域，反映出社会、国情、民情、技术、经济、历史、现代和未来的特点。能同时反映这些特点的首推比较方法和近代的系统科学方法，两者交叉形成一门边缘科学——近代比较科学与方法。它将两者的缺点相互弥补，充分发挥两者的优势，这就是我们新学科与方法的生命力所在。

系统科学是现代科学与方法的集成，它包括系统理论、信息理论、控制理论与耗散结构理论、突变理论、超循环理论、混沌理论等。这些最新理论起源于自然科学，发展至今其适应范围已跨越到社会科学。它不但能解释自然，还能成功地解释社会。系统科学的基本概念是差异，差异理论是系统科学的基础，而比较方法又是差异论的核心方法，这是两者的内在联系。比较方法更能使系统科学在各个领域里发挥优化、协调、平衡和竞争等作用，使其为自然科学、社会科学的发展做出更新的贡献。

所以，一个新的学科诞生了，就是这里提出的，以比较科学理论及其方法为核心，综合采用旧有的调查研究、归纳、演绎、分析等方法的同时，引进近代系统科学和方法为新内容，构成一个崭新的科学与方法，我们称该现代化的比较科学为近代比较科学与方法。

一、近代比较科学与方法

近代比较科学与方法是最新科学，是一个多领域、多功能的、较全面的科学与方法，它是比较研究方法与近代系统科学方法交叉的成果，形成一门新兴的学科。它可称为破解一切不解之谜的宝贵钥匙。

比较思维研究方法先行于实践，无论自然科学还是社会科学都在采用，它已成为当代超出传统思维方式、合乎科学发展潮流的“时髦”。

比较科学的理论基础是差异论，没有差异就无法比较，就没有比较科学，故差异论是比较科学的理论支撑。比较科学理论就是比较对象在多维比较场内进行比较活动的规律。这是一种有特殊价值的、其他方法无法代替的科学方法。正如马克思、恩格斯在谈到比较解剖学、比较植物学、比较语言学时曾说:“这些科学正是由于比较和确定了被比较对象之间差别而获得巨大的成就,在这些科学中比较具有普遍意义。”

比较科学作为各门学科的基础,为各领域带来巨大的实际效应,如借鉴效应——他山之石可以攻玉;择优效应——方案比较择优选取;竞争效应——平等竞争优胜劣汰;联想效应——举一反三引发扩展;进化效应——差异运动进化不止;控制效应——比较控制动态稳定;等等。

当然,比较方法及其效应也不是万能的,也有局限性。为了避免其不足之处,我们引进系统科学与方法作为基础,并综合旧有的方法,取长补短,从而形成更完善、更先进的比较加系统科学与方法,我们也称它为近代比较科学与方法。名称本身就表明了这门新兴学科和一般的比较科学与方法之不同,这是它的独到之处。

二、近代比较科学之建立

近代比较科学就是在现有的科学研究方法基础上,加入近代系统科学,构成新的比较研究理论与实践的一门科学。

1. 建立的必要性

由于近代科学的发展和需要,目前已具备了建立近代比较科学的条件,今天比较研究不再单纯是工具、方法,而是自有研究对象、范围、理论和方法的独立科学体系,其各分支已形成单独学科,如比较解剖学、比较植物学、比较语言学、比较教育学、比较经济学、比较社会学、比较法学、比较文学、比较艺术、比较政治学、比较财政学、比较史学、比较宗教学、比较审计学等。

比较研究已成为具有多学科的庞大领域,并具备了指导社会科学和自然科学的科学体系,如果它只处在比较研究方法阶段不再向前发展,就会贻误已形成的分支学科的成长壮大及更多新分支学科诞生的时机。近代比较科学已能避免比较方法的局限性,具有更广泛的指导和推动其他科学的作用,对于科学技术、国民经济以及社会发展,都将成为重要的基础科学。

2. 建立的可行性

世间万物存在与发展的基础是差异性,这些多角度、多层次的共同性和特殊性的辩证统一成为比较科学建立的重要科学依据。这门科学是建立在辩证唯物主义与历史唯物主义牢固的基础之上的。

众所周知,世间一切事物的发展是运动的,运动的基础也是差异性的,事物发展的平衡、不平衡、迂回曲折性都说明了事物是在运动中发展、在差异中前进的,这就为比较科学的建立提供了客观世界运动和进化的前提。

又由于世间万物的存在都是经过差异比较而再现的,都是相比较而言的,任何事物的存在都离不开时间、空间及周围事物的条件,这就为比较科学的建立提供了物质存在依据。

总之，辩证唯物主义的世界观、运动观、进行观、物质观等均为近代比较科学的建立奠定了坚实可靠理论基础。

3.限制性的弥补

比较方法的局限性表现为：使用者会受到社会、环境影响，只适用于某一范围，比较的相对性、近似性，比较的孤立化、绝对化，比较有时会牵强附会。

上述局限性之存在是相对已有的诸方法和近代系统科学与方法而言，所以只要以已有的诸方法为基础，引进现代系统科学新内容，加入笔者的差异场理论，以比较研究与方法为核心，则所构成的近代比较科学将是目前最全面最先进的科学方法，因为它集中了已有的方法与现代先进的诸科学方法的优点于一身，并在一个有限的、多维坐标差异比较场内有效。当然，这仍不会完美无缺，再先进的科学与方法也不会永远正确。

三、近代比较科学的内容、任务、范围与方法

1.内容

近代比较科学内容包括近代比较科学结构、分支学科、理论依据、创造方法论、比较思维观。

(1)近代比较科学结构。

以已有的方法作为结构的方法基础，引进老三论、新三论等系统科学新内容，以比较研究为核心，并建立参照多维坐标系统——比较场。

(2)分支学科。

目前国内、外已经在社会、经济、政治、法学、史学、医学、文学、艺术、宗教、教育、语言、财政、审计等方面形成比较分支学科。相信不久的将来还会有一些新的比较学科诞生。

(3)理论基础。

近代比较科学的理论基础是差异论，包括差异对象、差异场论、差异原理等。

(4)创造方法论。

近代比较科学的方法具有独到的创造方法论，它以已有的方法为基础，如综合法、归纳法、演绎法、分析法、调查研究法、统计方法等，再引进系统科学与方法作为新的内容，突出比较研究方法并以此为核心，这就是创造方法论之特点。

(5)比较思维观。

比较思维由来已久，是人们非常熟悉的思维方式，久而久之形成一种比较思维观念。有两个或两个以上的事物对照着观察，就会发现哪个大、哪个小，哪个重、哪个轻，哪个美、哪个丑，哪个高、哪个低，哪个香、哪个臭，哪个贵、哪个贱等，这是众所周知的，但正确掌握比较思维方法，树立正确的比较思维观并非简单之事。人们需要正确选择差异比较对象、建立正确的多维坐标比较场、分析比较对象的差异和相同之处

的本质所在、熟练运用差异原理建立正确的差异比较关系式，以解出正确答案。这里自然有个比较思维素养问题，这种素养也需要锻炼、培养才能有所提高。

2. 任务

近代比较科学的任务为：了解现状、总结经验和探求规律。

（1）进行调查研究、了解和掌握事物现状。

包括不同国度、地域，不同时期，不同其他参数下的各种情况的可靠数据。

（2）全面综合分析、总结经验。

将已有的成绩或有利方面、存在问题或不利方面、其他正面或侧面或相反方面进行多层次、多角度、多种方法的分析、总结经验与教训。

（3）探求规律，求解疑难问题。

将选好的诸差异比较对象带进已建好的指定坐标的比较场内进行比较研究，求同、求异，找出其本质所在，达到他为我用、他山之石可以攻玉的目的，并按差异原理付诸实施。

3. 范围

近代比较科学与方法包括的范围极其广泛，这里归纳为以下几点。

（1）凡可比较的事物（指广义的概念），即能进入差异比较场内，进行比较并寻求规律性的一切内容。

（2）自然科学与社会科学领域里的所有项目，包括已形成的各比较分支学科及待形成的比较分支学科的一切研究课题。

（3）各行各业诸多领域中的理论问题与实际中的创造、发明、革新、技改、工作、学习等方面。

4. 方法论

近代比较科学有独到的思维观与研究方法论。前文提到，它是由方法基础、引进新内容、理论依据、比较场域及以比较研究为核心等五部分组成。这里着重介绍一下比较研究这个核心内容。

（1）比较类型。

异中求同，异中求异，同中求同，同中求异，同中求异同，异中求异同，异同中求同，异同中求异等类型。其中异者表示大、小差异，同者则表示相同或近似、相当之意。

（2）比较场。

一切比较对象均须进入比较场内，其比较活动方才有效。进入比较场内的比较对象均要受到比较场诸坐标系约束作用。时间、空间、环境状况等诸单项参数组成多维坐标系。

（3）比较方式。

按一定的比较目标，选择指定的比较物及其坐标参数，然后进行比较活动。其比较方式选择可按世界国度、地区与本国、本地区方式比较；按纵向历时与横向同时方式比较；按宏观总体与微观局部方式比较；按运动状态与静止状态方式比较；按平衡态与非平衡态方式比较；按单层、单级、单角度与多层次、多级数、多角度方式比较；按线性与非线性方式比较；按孤立平行与渗透交叉方式比较等。

四、前景展望

近代比较科学是新世纪未来的希望，作为基础学科建设，有望拓宽新领域乃至成为各领域、各行业的有力工具。

1. 基础学科建设

近代比较科学不再是一般的比较方法，而是已发展成为各个学科的基础，并具有以下三个特点。

(1)普遍性。

由于近代比较科学兼有通用综合方法和基础学科的特点，因此对于各学科和各领域具有普遍的适应性，包括自然科学、社会科学及国民经济各行业。

(2)创新性。

近代比较科学已经避免了原有比较方法的局限性，发展到在各领域中创立了许多新分支学科，并将扩至更多学科和领域进行创新性开拓。

(3)预见性。

近代比较科学本身除具有发现和预见真理与规律的功能外，就国际范围讲，这是首次提出作为一门基础性科学进行建设，必将受到各国科学家和学者的支持。

2. 拓宽新领域

近代比较科学的建立，还将其研究领域拓宽至广泛的人类行为和相互作用上，创立了人们在日常工作与生活中做出的每项决定，都按差异比较思维方式来进行的比较科学理论。

与此同时，研究了各种机构、组织、人或家庭怎样把比较科学原理运用到大量决策与日常生活中，还力图解决自然科学乃至社会科学中的一些问题。

这一科学建立将会鼓励更多的科学工作者、社会工作者与其他人士去从事更新的探索，拓宽自己的事业，用近代比较科学或差异比较思维方式来解决社会型、经济型、科学型、技术型乃至政治型(包括人与人之间、单位或组织之间乃至国家之间的相互关系)等各种问题。

3. 各领域或各行业的有力工具

近代比较科学作为一把金钥匙，将成为各领域和各行业的有力工具。诸如，原理建立、规律发现、科研攻关、新产品开发、专利发明、技术革新、更新改造、生产管理、教育培训、市场竞争、公安政法、国际军事、商业服务等。

第三节　建立比较复合材料学学科

本节提出建立比较复合材料学新学科，介绍该学科之构想，包括学科的任务、内容、方法及前景展望。

复合材料发展至今已呈现为多种功能材料复合在一起的新兴材料，集材料成分、性能与结构复合于一体，是现代科学技术、材料科学、制造技术、控制技术等多学科交叉的成果，是现代系统科学在微观材料学基础上拓展至宏观材料学领域之多元协调整体优化设计的新成就。因此，复合材料的出现是材料科学领域中的一场革命，它将同信息、能源、生物技术一起成为人类文明大厦的四大支柱。

近年来国际上比较科学热再度兴起，这股浪潮在社会科学领域辗转已久，诸如比较教育学、比较语言学、比较史学、比较社会学、比较政治学、比较经济学、比较财政学、比较美学等均已形成或正在建立单独学科，但迄今为止，尚未波及自然科学和技术科学领域。这里，我们领先一步提出建立"比较复合材料学"学科之构想。

我们将在比较科学中引进现代系统科学，建立先进的系统比较科学，将这一科学和现代复合材料科学进行交叉，建立比较复合材料学科。它完全具备独立性、创新性和系统性等方面特征，可以构成一门全新的学科。

比较复合材料学科是运用比较研究科学与方法来研究复合材料的科学与分支学科。它至少包括两个方面：一是运用比较科学对复合材料科学进行研究之后所取得的具体成果，这是比较复合材料的实践方面；二是如何运用比较科学对复合材料科学进行研究的理论，即比较复合材料的方法论方面。

比较科学的理论基础是"差异论"，没有差异就无法比较，没有比较就没有鉴别。这是一种有特殊价值的、其他方法无法代替的科学与方法。

关于比较复合材料学的任务、内容、方法和前景，简要叙述如下。

1. 比较复合材料学的任务

比较复合材料学的任务是通过不同时期、不同地域（国家、地区、地方）、不同基体复合材料的差异比较分析，揭示其相同、相异、相近、相当、对应、对立现象之本质所在，找出其原因和规律性，探索该科学与技术发展的内在差异运动与国情、社会、环境条件之关系。在研究过去、掌握现状的基础上，为制定本国、本地区、本地方的复合材料科学发展战略、政策、法规、科技与工业化生产规划，完善科研与管理、科研机构与体系，为建立具有中国特色的复合材料科学技术与工业化体系提供科学依据。

2. 比较复合材料学的内容

比较复合材料学的内容极其广泛，涉及复合材料领域科学之分类（天然类和人造类）和分支学科（有机树脂基、无机黏结剂基、金属基、陶瓷基等）。这些研究课题又分为基础研究（学科结构、学科理论）、技术研究（制品分类、工艺、设备、设计、性能等）、管理研究(政策、发展、规划、情报、教学等)、开发研究(开发、应用、推广、市场)、方法研究以及同其他学科发展的比较研究等。

3. 比较复合材料学的方法

比较复合材料学的特点,是以比较科学方法为核心,以原有的、传统的研究方法(调查研究方法、综合法、归纳法、演绎法、分析法、统计方法、概率法与模糊方法等)为基础,引进现代系统科学与方法(包括系统论、控制论、信息论与耗散结构理论、突变理论、超循环理论、混沌理论等)这一人类最先进科学成就,突出复合材料(复合与材料)的特殊性,构成独特的方法论。

4. 前景展望

在复合材料领域的研究、设计与开发应用中,比较科学方法有广阔的开拓前景。

无论在设计方案优选、材料设计与开发、制造工艺与设备改造方面,还是新学说理论建立以及不断创新方面,比较科学的具体应用都会有新的突破。这是因为复合材料领域里,我们总要借用已有的理论、公式、设计、工艺、设备等,即使在技术革新或专利发明方面也概莫能外。因为所谓革新或发明不可能一切都从头开始,只不过是在某一方面或某一局部有所创新而已。要将原有的理论、公式、设计、工艺、设备等用于新的课题,就需要进行比较和分析,尤其要比较和分析它们之间的差异。找到了差异实质,就明确了创造方面。事实上,一切新的东西都是从与旧的基础相比较而提出来的,所以比较科学的应用面很宽,具有普遍意义和广阔的未来。

比较复合材料学的建立,应用于具体项目进行创新和开拓性工作,其异同、超越、相似、相当、对应、模拟、仿制、仿真、仿生等科学借鉴与启迪性方法都是简便可行的。这些方法不仅用于复合材料新产品、新设备的设计、研究、制造、开发方面,还可以扩大至经营、销售与市场开拓。

我们相信,比较复合材料学学科的建立与推广不仅会使复合材料工业与科学登上新台阶,还会波及整个材料工业与科学领域。

第四节 档次差异开发与功能梯度设计

我国玻璃钢工业始于军工高标准起点,面对当前民用工业开阔的大市场中诸多低价材料的激烈竞争,玻璃钢产品取胜的关键所在便是档次差异开发与功能梯度设计,这就是本节要介绍的内容。它将成为复合材料市场开拓的一条准则。

我国的 GFFWRP(纤维缠绕玻璃钢)工业起源于两弹一星,制品的性能要求轻质高强,原材料选择上层、制造工艺讲究,质量控制极其严格,因此它的开发是高档次的,设计是精益求精、万无一失的。

虽然这种高档次、高质量的军工用 GFFWRP 制品在我国航天、武器工业上应用赢得了极高信誉,但档次越高的制品随之价格也极高,其应用面也很窄。所以,照此下去很难大量推广到民用工业上去。这当然也是 GFFWRP 尚不能形成大规模产业的原因。

随着国民经济的发展,民用工业上大量应用 GFRP(玻璃钢)制品已提到日程上来。民用 GFRP 制品特点是量大面广,性能要求远不如军工产品,造价也不像军工产品那样成本高,价格低廉在市场上才有竞争能力。所以,根据民用 GFRP 制品不同用途、等级层次,进行档次差异开发与功能梯度设计,使“物尽其用”是十分必要的。

一、档次差异开发

所谓档次差异开发就是根据市场不同档次需求、承受能力,开发出以档论质、分质论价、恰如其分的制品。

档次高低之分是根据现行潮流、美观要求、耐久时间、价格高低等诸因素综合确定的。

通常档次差异可分三型:

1. 高档型

豪华型、新潮型、美观型、高强型、耐久型、特性型等往往属于高档型产品。

2. 中档型

通用型、一般化、不讲究、经济实惠、无特殊性能要求等属于中档型产品。

3. 低档型

暂设型、短时用、无强度要求、过得去的、支撑住本身形状即可的、价格较低的,属于低档型产品。

以上这三种档次就可概括 GFRP 制品的全貌,按高、中、低三档开拓市场,适应市场不同档次的需要。

二、功能梯度设计

根据材料结构层次功能梯度不同进行设计,形成“层尽其才”的合理结构,称为功能梯度设计。这种功能梯度设计原理就是使材料结构各层次均按功能分工,然后进行复合设计,使材料结构达到最佳、最理想状态。

例如某一玻璃钢制品要求耐老化、不渗漏、防腐蚀、耐磨,并具有一定强度、刚度和颜色。我们按功能梯度设计原理,根据制品性能要求设计防老化层、防渗层、耐磨层、强度层、刚度层、防腐层和颜色层等,然后进行复合设计。复合设计是将上述各功能层组合为最优化结构,通常防老化层和耐磨层在表面,即在耐磨胶衣层外涂一层防老化层。防渗漏层为含胶最大的毡层,胶量达 85%以上。如果选耐腐蚀树脂,两层可合二为一。强度层中玻璃纤维量含量要高达50%～65%,有时尚须加入其他强力纤维。刚度层是厚度的概念，通常是把各功能层厚度加起来后再行校核，当发现刚度还不够时，需设置夹芯层增加厚度。颜色层常以颜料糊形式掺在所要求的层次中。如图 7－2 所示，内面有防腐、防渗要求；外层有防潮、防老化、耐磨的要求，这里防老化层选耐磨胶衣放入颜料糊；中间设强度层和刚度层（泡沫层、蜂窝层或夹砂层）。

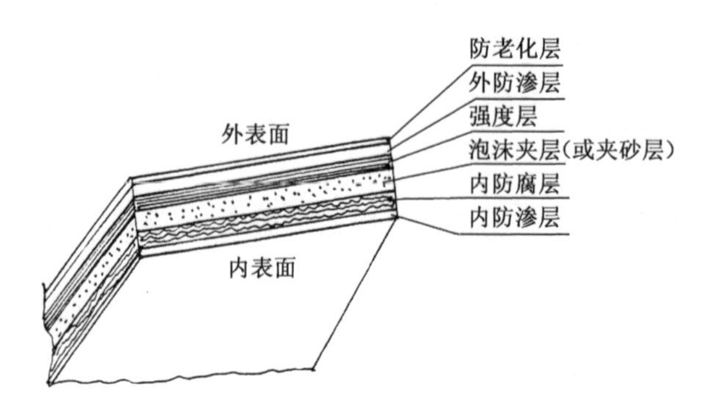

图 7－2　功能梯度设计断面图

因此，为了使复合设计获得最理想效果，通常每一梯度层都兼有多项功能，从而以尽量少的层数获得更优异的性能。当然，在选择各功能层材料时，要与产品档次相一致，以获得造价经济的效果，这正是 GFRP 大口径夹砂压力管道四十多年前引进用于给排水工程的原因。

三、市场竞争取胜的开发与设计

材料市场竞争激烈，传统的钢材、木材、玻璃、混凝土等诸多材料成本价格均低于玻璃钢。这就给玻璃钢市场开拓带来困难。如何在竞争大潮取胜呢？关键是对玻璃钢产品进行档次差异开发，对玻璃钢材料进行功能梯度设计。

目前市场上玻璃钢产品由于面临低价竞争形势，出现两种错误做法，一为往树脂中大量增加填料，乃至树脂含量过低，失去整体黏结力使玻璃钢强度严重下降；二为采用低劣树脂和土坩埚拉丝玻璃布，纤维表面带蜡很快与树脂脱粘而破坏。这两种办法尽管可以降低造价，但质量也大大下降了，在短期内开裂、脱粘、渗漏乃至破坏而失去必要的功能，造成损失，影响极坏。

可以看出这种由于价格竞争而一味降低造价、不顾质量的做法，是一种不可取的做法，其制造者缺乏必要的玻璃钢基本理论知识，既不懂档次差异开发，也不懂功能梯度设计。所以，大力提倡玻璃钢制品档次差异开发与功能设计已经迫在眉睫，否则玻璃钢作为新材料很快就会威信扫地而失去用户市场。

“档次差异开发与功能梯度设计”既是理论又是原则，它不仅适用于玻璃钢制造厂家，也适用于设计者与用户。有些用户以及非玻璃钢专业设计者并不了解玻璃钢的“复杂性”,误认为玻璃钢也像钢材一样,从钢锭到轧出型材只有形状不同,其材质都一样(钢材材质也不同,只不过人们一般只见到通用钢材)。谁家报价低,自称产品质量好,就订他的货,这是不科学的。俗话说:“一分钱一分货,十分钱买的也不错。”当然这里绝非说只有高价才能买高质量产品(这有伪劣假冒问题),但总不会有专门赔钱的工厂吧。

其实玻璃钢是人工复合材料,原材料的选择与铺层设计有很大区别,其性能、耐久性各不相同。例如,玻璃钢采光屋面,就其性能要求也可分为高、中、低三个档次。就原材料讲,高档树脂阻燃、透光率高、防大气老化、日晒不变深色、抗变形能力强,风吹雨淋不产生微裂纹;中档树脂不阻燃、不耐老化,初期透光率高,过几年色变深,风吹雨淋后日久有微裂纹产生;低档树脂色深透光率低,不耐老化、抗变形能力差,很快开裂,风吹雨淋脱胶破坏。玻璃纤维高档的是无碱成分,透光率高,表面带偶联剂,与树脂黏结力强;中档的玻璃纤维是中碱成分,透光率稍差,表面带处理剂;低档玻璃纤维系土坩埚生产,有碱成分,透光率差,表面无处理剂有蜡,与树脂不粘接。把原材料组合起来进行复合功能梯度设计也同样按产品档次进行,一般高、中档次进行铺层设计,如防老化层、防渗漏层、强度层、刚度层的合理布局;而低档次遮光板实际上原材料称不上透光档次,无所谓功能铺层设计。

四、结语

档次差异开发与功能梯度设计是一个新的概念。它不仅是玻璃钢制品在市场激烈竞争中得以生存的生命线,而且将彻底结束玻璃钢的原始时代,即所谓“玻璃钢简单,就是老太太一层布挨一层布糊的技术”,使玻璃钢在市场竞争中进入先进材料行列。这一新概念的提出及时纠正了社会上流传的一些错误认识,为玻璃钢选用设计师、使用者及制造厂商在市场竞争中带来长远的实际利益。这一新概念的正式确立对玻璃钢市场正常开拓将起到“正本清源、拨乱反正”的作用,使人们在玻璃钢的档次与功能上找到了共同的标准和依据,对我国玻璃钢工业发展将是一次观念上的新突破。

第五节　复合材料领域里的比较科学

本节在复合材料领域研究与设计中,综合现有的通用方法,结合运用现代先进方法同时引入比较科学,并建立比较复合材料学科。

复合材料学是材料科学领域里的新秀,它属自然科学类,但它也反映社会、国情、民情、技术、科学、经济、历史、现代和未来的特点。

因此,在复合材料领域的设计与研究中,运用现有的调查研究方法——归纳演绎方法、分析方法、综合方法和近代先进的科学方法的同时,引进一个重要的理论——

比较科学与方法，并以它为核心形成一门新的学科，我们称它为比较复合材料学。

一、比较科学与方法

比较科学与方法是新科学的标志之一，它是在诸多领域中具有多功能的科学方法，所以可称之为一把金钥匙。

众所周知，我国的比较研究已经兴起，但比较科学还在孕育之中，比较思维方法先行于实践，无论自然科学还是社会科学都已采用，它已成为当代超出传统思维方式、合乎科学发展潮流的“时髦”。

比较科学的理论基础是差异理论，没有差异就无法比较，差异论是比较科学的理论支撑。比较科学理论就是比较对象在多维比较场内进行比较活动的规律。而复合材料领域比较科学就是复合材料的比较对象在该领域比较场中所进行的比较活动的规律。比较科学与方法在复合材料领域应用有着广阔的前景，因此建立复合材料领域比较科学是完全必要的。

二、复合材料比较科学的建立

复合材料比较科学就是运用比较方法对复合材料进行比较研究的科学，也是对不同国家、地区和不同历史时期的复合材料以及与其他材料、技术进行科学比较的一门科学。它是在多维坐标（时间、空间、宏观、微观、内部、外部、平行、交叉、正面、侧面等）比较场中进行的。

从纵的方面看，可以是不同历史时期复合材料发展变化的比较；从横的方面看，可以是同一时期世界各国复合材料情况的比较；从其他方面看，诸如与其他现代先进材料、技术，古老材料、技术，天然材料、技术及仿生材料、技术进行比较等。

复合材料科学是复合材料的理论和技术的概括，各个国家、各不同时期复合材料理论、工艺、设计等都反映了具体国家当时的国情，同时也揭示了不同理论、工艺、设计产生的历史、经济背景及当时的科技发展。深刻了解其理论观点，在此基础上进行科学比较和分析，方能找出其实质性的和规律性的东西。

比较科学与方法不是万能的，也有它自己的适应范围。为了发挥比较科学的作用，避免其局限性，我们将它与现代系统科学交叉结合起来。因此，比较复合材料科学不单纯是把不同的复合材料理论、工艺、设计作为自己的研究范围，只停留在现有的复合材料理论、设备、工艺、设计水平上进行简单的比较，而是采用现代系统科学方法，对世界各国的复合材料总体进行由表及里、去伪存真的深入分析辨别，掌握其差异实质，进行深刻探索研究，揭示出各国复合材料的共性和个性，从而建立具有我国特色的新时期的复合材料比较科学。

三、比较复合材料科学的内容、任务与方法

1.比较复合材料科学的内容

比较复合材料科学的内容极为广泛，涉及复合材料领域科学之分类(天然类和人造类)和分支学科(有机树脂基、无机黏结剂基、金属基、陶瓷基等)。这些研究课题又分为基础研究(学科结构、学科理论)、技术研究(制品分类、工艺、设备、设计、性能等)、管理研究(政策、发展规划、情报、教育等)、开发研究(开发、应用、推广、市场)、方法研究以及同其他学科发展的比较研究等。

2.比较复合材料科学的任务

通过不同历史时期，不同国家或地区(包括大、小地域)的复合材料科学、技术和政策之异、同的比较，找出其大小差异、相同相近、同中有异、异中有同的原因和规律，在掌握过去、研究现在的基础上，制定本国、本地域、本单位未来复合材料的发展方向和具体规划，做出赶上、持平、超过的决策，从而达到了解国际、面对世界、他为我用的目的，使我国复合材料科学水平和工业实力达到国际先进水平。

3.比较复合材料科学的方法

我们主张以比较方法为主，综合原有的、传统的方法并引进先进的科学方法来研究比较复合材料科学。

传统的调查研究方法仍是复合材料比较研究的基本方法，因为根据我国国情的实际，经过调查研究掌握大量的第一手数据资料，是比较方法的基础。

将调查搜集来的大量资料进一步归纳、演绎、综合与分析，并引进现代科学方法，如系统理论、信息理论和控制理论方法，应用于复合材料设计与理论研究。而当前更新的科学理论方法，如耗散结构理论、突变理论、超循环理论和混沌理论已引起科学工作者为之努力，将它们应用于复合材料研究与设计方面，并借鉴它们在其他学科领域所取得的成就，对复合材料理论与实践的发展做出突破性贡献。

比较复合材料科学方法的特点，是以比较科学方法为核心，以原有的、传统的研究方法为基础，并引进现代最新的系统科学理论与方法，突出复合材料的人工复合材料的特殊性，构成该学科的独特的近代比较科学与方法论。

四、比较科学在复合材料实践中的应用前景

比较研究已广泛地应用于各科学技术领域，在复合材料领域中的应用也同样会有广阔的前景，这里就其开发、实践应用的几个方面举例如下。

1.设计方案优选

设计方案优选通常用下述指标来衡量。

(1)技术功能指标。

按技术要求列出各项功能指标,通常有比重、强度、比强度、刚度、比刚度、耐老化、耐腐蚀、耐辐射、耐温性、阻燃性、耐燃烧、防渗漏、耐摩擦、透明度、透电磁波、吸收电磁波、电绝缘、电导率、隔热性、隔声性等物理、化学、机械、电学、光学及生物学等材料设计指标。

这些比较参数只是指材料本身设计而言,制成制品之后,还有颜色、表观色泽、光亮度、感观及制品本身一些其他适用功能等。

(2)方案实施的可能性。

方案的实施很重要,必须进行方案在技术上实施的可操作性和方案在人力、财务、物力实现的可能性两方面难易程度的比较,全面分析才能得出正确的结论。

(3)工程造价。

工程造价主要是指完成该工程所花的费用,包括原材料价格、产地运输费、工艺制造加工费、成品机电加工费、设备折旧费、人工管理费、劳务费、水电费以及合同签订、执行与产品推销交易费用等,成品的库存、运输、安装费用也要考虑在内,使用年限和维修花费,由维修停产造成的生产损失费用也不可忽视。

此外,工程投产、循环周期及经济和社会效益也是重要的比较内容,有时甚至是主要内容。

2.结构设计与新产品开发

结构设计与新产品开发范围极其广泛,这里不可能详细全面讲述,只就其中一个方面略提一笔以期得到启迪。我们将天然复合材料、人工复合材料在物件、结构及增强方式上进行比较,借鉴其特征和优点,进行创造性设计与开发应用,就可获得全新的复合材料的结构形式,例如:

(1)加筋增强结构构件。

早在20世纪60年代,我国南方曾试验过竹筋混凝土,这是借鉴了钢筋混凝土,但前者的结合力、耐久性远不及后者,这是要害之点。亚运会大型建筑中出现了钢筋增强木结构之件,国外已在强磁场和海水腐蚀严重的基底采用了玻璃钢筋增强混凝土。电杆横担要求受力大变形小,我们创造性地设计了玻璃钢筋增强玻璃钢梁。根据上述例子比较分析,我们设想用超高强拉力玻璃钢拉挤杆做筋来增强木质或其他材质结构,可以制造出用于体育、游乐厅馆的大跨度斜梁和拱,如图7-3、图7-4所示。

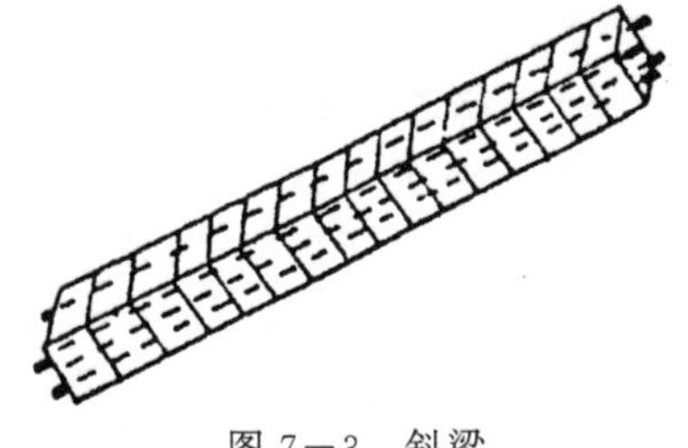

图 7－3　斜梁

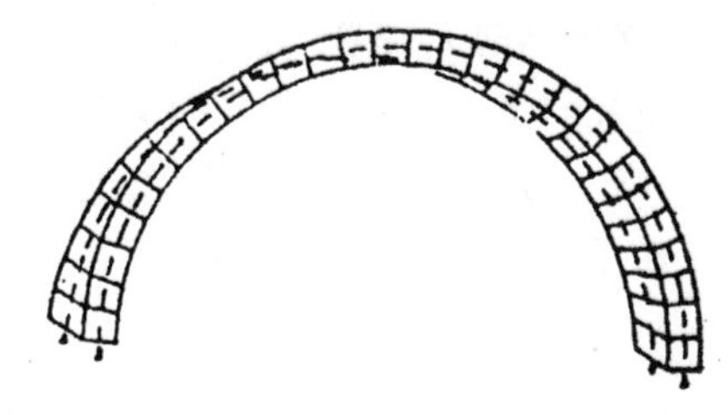

图 7－4　拱

(2)大跨度悬索结构。

用拉挤玻璃钢杆和钢筋比较,前者拉强度大于后者 2～3 倍,因此可以发展玻璃钢悬索大跨屋盖体系,其质量轻、耐腐蚀、没有锈蚀问题。库壳透明玻璃钢板,可用来建成码头大型防雨库房与大型飞机库等,如图 7－5 所示。这种结构施工简单,造价也较低,不过要注意防风设计和锚固问题。当然,这也是对原有悬索结构的借鉴,国外已有大跨玻璃钢悬索桥,提供了较好的比较例证。

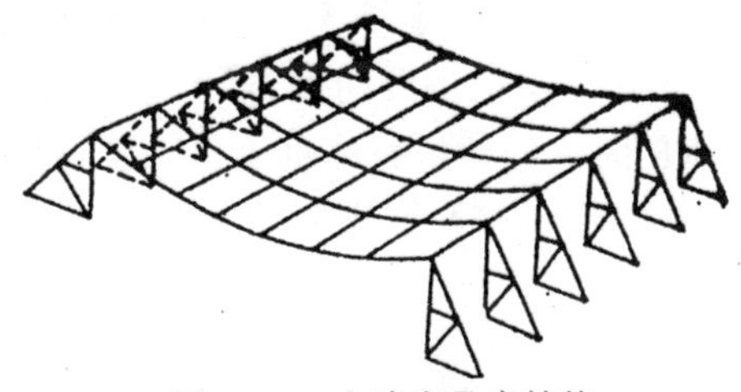

图 7－5　大跨度悬索结构

目前流行的大型金属管制空间网架结构如图 7－5 所示,其体型美观、轻巧,无疑是一种有发展前景的新结构形式。在保持优异的结构形式的情况下,玻璃钢、木材、竹材旗杆代替钢管是否可行呢？这也是一种比较和借鉴。

3. 新型材料的发展与研究

(1)分子工程学的出现。

半个世纪以来,分子设计与分子工程已有不少成功先例,分子生物学已捷足先登,作为材料科学进行比较,材料也能进入分子层设计。人类利用分子工程方法组装分子,可以制造出具有新性能的人工超分子,用于制造全新的功能材料。

(2)天然材料到人工材料、复合材料。

最典型的天然材料发展到人工材料要算石材与混凝土,后者称人工石。

最早的复合材料是天然的“草筏子”,即草根带黏土成块挖出来砌墙建屋,后来人们把草秆掺在黏土中砌土坯墙,这就是原始人工复合材料。现代的钢筋混凝土以及钢纤维、碳纤维增强水泥等无机复合材料相继发展。有机复合材料中天然的木材、竹材等都有纤维增强功能,最早的人工复合材料是中国人发明的纸及古代糨糊粘接的纸糊、布糊制品,发展为漆糊器具枪甲如马王堆出土文物。当今的现代复合材料如玻璃纤维、碳纤维、芳纶纤维增强树脂基体等,也都是在历史的比较、借鉴中发展的。

(3)新产品研究开发的借鉴。

这里我们举一个采用比较研究的成功实例。1960 年国家 321 项目急需研制厚度 500 mm以上的超厚玻璃钢大块,接到任务后,我们分析出主要矛盾,解决了超厚大块传热与加压浸胶材料滑移问题。后来,经过反复总结思考提高才弄明白,这是一个比较研究问题。回想当初所掌握的成熟资料,是正在生产的厚度 20 mm 的压制玻璃钢绝缘板。把要研制的超厚大块和已实践的玻璃钢压制薄板进行比较,发现它们之间的主要差异是尺寸不同,解决由尺寸差异带来的不同之点,利用原有的相同之点,我们利用原进口设备加一些改进措施,如远红外线加热与利用挡土墙原理,防止层间滑移难题,我们的课题历时两年成功了。1964 年哈尔滨建工学院(刚从哈工大分出后又回来)玻璃钢端头项目获国家三委工业新产品一等奖。

4. 工艺与设备的进步

(1)缠绕。

我国古代发明的木管火炮,就是以麻丝纤维浸渍猪血或生漆缠绕成型的,其纵向受力由木纤维承担,环向受力由麻丝纤维承受。这就是缠绕复合材料的雏形。丝绸纺织绕线机与升天"二踢脚"是中国祖先发明的,借鉴缠绕机与土火箭使美国火箭技术领先。两年后我国 GFRP 固体发动机壳体也搞出来了,这是对中国发明的火箭和丝绸绕线技术进行借鉴的成果。1964 年我们完成了第二个北极星火箭发动机大壳体。

(2)拉挤。

拉挤成型先将纤维在胶槽浸渍通过,这完全和湿法缠绕胶一样。下一步是纤维拉入模腔通道加热固化,这和模压固化、层层固化本质上一样,只不过拉挤是在动态中固化,而模压是在静止状态下固化。固化好的型材杆件由模腔拉出来,又和冷拔钢丝相似。因此,这种新工艺与设备的出现也是在原有工艺、设备基础上进行比较、借鉴才诞生的。

(3)其他。

其他工艺,如喷射工艺是借鉴喷漆成型,不同点是多一个喷短切纤维的喷口;树脂传递法无疑是借鉴注射热塑性塑料工艺;而模压工艺及其设备与金属锻压、冲压比较有很多相同之处。

5. 应用前景

在整个复合材料领域中,比较科学方法都有广阔的前景。无论在方案优化、结构设计、材料研制、工艺设备更新还是新学说理论建立、不断创新方面都离不开比较科学与方法。

这是因为在复合材料领域里,我们总要借用已有的理论、公式、设计、工艺、设备等,无论技术革新还是专利发明都无例外,前人的成果是基础,好像高楼大厦不会凭空而立。掌握了这个基础就可进行比较和分析,找出基础和创新之间的差异。只要找到了差异实质,就明确了创造方向,经过努力问题就会解决。

在比较科学与方法应用于具体项目时，还应根据客观实际情况，进行创新和开拓工作，其中异同、超越、相似、相当、对应、模拟、仿制、仿真、仿生等科学比较、借鉴与启迪性方法都是简便可行的。这些方法的应用不仅限于复合材料新产品、新设备的设计、制造、开发，还可以扩展至定型产品和设备的经营、推销与市场开拓。相信比较科学的应用，会使复合材料未来发展登上一个新的台阶。

第六节　建立比较工程技术学学科的构想

本节提出建立比较工程技术学（简称：比较工程学）新学科，介绍该学科之构想，包括学科的任务、内容、方法及前景展望。

工程技术发展至今已是多种科学技术的复合体，集信息、材料、结构、工艺、设计于一体，是现代科学、技术、制造、控制等多学科交叉的结果，是现代系统科学、多元协调、整体优化的新成就。

比较工程技术横跨自然科学与社会科学多领域，并反映出社会、国情、民情、技术、经济、历史、现代和未来的特点。它是比较系统方法与现代工程技术相结合和交叉而形成的一门边缘科学——近代比较工程技术科学与方法。它将使我国工程技术紧跟世界先进水平，充分发挥本国具有的优势。这是这门新学科与方法的生命力所在。

同时，近代比较工程技术科学是现代科学与方法的集成，它通过比较，融合了系统理论、信息理论、控制理论、耗散结构理论、突变理论、超循环理论、混沌理论等现代最新科学成果。这些最新理论起源于自然科学，发展至今其适应范围已扩展到工程技术。它不但能解释自然科学还能成功地解释工程技术。比较科学的基本概念是差异，差异理论是比较科学的基础，而比较方法又是差异理论的核心方法，这是两者的内在联系。比较方法更能使比较科学在各个领域里发挥优化、协调、平衡和竞争等作用，使其为工程技术科学的发展做出更新的贡献。

所以，一个新的学科在孕育，就是我们这里提出的比较工程技术科学。

一、近代比较工程技术科学

近代比较工程技术科学与方法是新科学的标志，是一个多领域、多功能、较全面的科学与方法，它是比较研究、近代系统科学方法与工程技术交叉的成果，它将是一把解开工程技术不解之谜的宝贵钥匙。

众所周知，我国的比较科学正在形成和建立之中。比较思维研究方法先行于实践，无论是自然科学还是社会科学已都在采用，它已成为当代超出传统思维方式、合乎科学发展潮流的“时髦”。

比较科学的理论基础是差异论，没有差异就无法比较，就没有比较科学，故差异论是比较科学的理论支撑。所谓比较科学理论，就是比较对象在多维比较场内进行比较活动的规律。这是一种有特殊价值的、其他方法无法替代的科学与方法。

二、近代比较工程技术科学的建立

所谓近代比较工程技术科学，就是在现有的工程技术科学基础上，加入近代比较科学与方法所构成的新的比较工程技术研究理论与实践的一门科学。

1. 建立的必要性

由于近代工程技术和科学的发展和需要，目前已具备了建立近代比较工程技术科学的条件。今天比较研究不再单纯是简单的方法问题，而已逐渐形成比较科学，它与各专业结合形成新的学科。工程技术作为自然科学的一大领域引入比较科学，重新确定研究对象，划分研究范围，建立理论，形成独立的科学体系，已是大势所趋，是完全必要的。看不到这一科学进展，就会妨碍在工程技术领域中正在形成的比较分支学科的成长壮大或更多新的分支学科诞生。

2. 建立的可行性

世间万物存在与发展的基础是差异性，这些多角度、多层次的共同性和特殊性的辩证统一是比较工程科学建立的重要科学依据，也就是说这门科学是建立在辩证唯物主义与历史唯物主义牢固的基础之上的。

众所周知，世间一切事物的发展是运动的，运动的基础是差异性，事物发展的平衡、不平衡、迂回曲折性都说明了事物是在运动中发展、在差异运动中前进的，这就为比较科学的建立提供了客观世界运动和进化的前提。

又由于世间万物的存在都是经过差异比较而再现的，都是相对比较而言的，任何事物的存在都离不开时间、空间及周围事物的依赖条件，这就为比较科学的建立提供了物质存在的依据。

总之，辩证唯物主义世界观、运动观、进化观、物质观等均为近代比较科学建立的坚实可靠的理论基础。

3. 限制性的弥补

比较方法的局限性表现为：使用者会受到社会、环境影响；只适用某一范围；比较的相对性、近似性；比较的孤立化、绝对化；比较有时会牵强附会。

上述局限性之存在是相对已有的诸方法和近代系统科学与方法而言，所以只要以已有的诸方法为基础，引进现代系统科学与方法，以比较科学研究方法为核心所构成的近代比较工程科学，将是目前研究工程技术领域最全面和先进的方法。它集中了已有的方法与现代先进诸方法的优点于一身。因此，它将成为重要的基础科学，具有更广泛的指导和推动工程技术科学发展的作用，对科学技术、国民经济以及社会发展都具有重要意义。

三、比较工程科学的内容、任务、范围与方法

1.内容

近代比较工程科学内容包括近代比较工程科学结构、分支学科、理论依据、创造方法论、比较思维观。

(1)近代比较工程科学结构。

以已有的工程技术方法作为结构的方法基础,引进现代系统科学新内容,以比较研究为核心,并建立多维参照坐标系统。

(2)分支学科。

目前国内、外已经在社会、经济、政治、法学、医学、史学、文学、艺术、宗教、教育、语言、财政、审计、会计与管理等方面形成比较分支学科。相信不久的将来还会有一批新的比较工程技术学科诞生,如比较材料工程学(包括比较复合材料学、比较建筑材料学、比较工程材料学等)、比较建筑学、比较城市规划学、比较工程力学、比较机械工程学、比较电子工程学、比较电气工程学、比较交通工程学、比较石油工学、比较地质学、比较热能工程学、比较环境保护学、比较生物工程学、比较工程控制学、比较给水排水学、比较工艺技术、比较工程结构、比较设计原理等。

(3)理论依据。

近代比较科学的理论依据是差异论,因为没有差异就无所谓比较。它包括差异对象、差异场论与差异论原理等。

(4)创造方法论。

近代比较科学方法具有独到的创造方法论,它以已有的方法为基础,这些方法如综合法、归纳法、演绎法、分析法、调查研究法、统计法等也还是当前较有效的方法。我们引进现代系统科学与方法,将人类最新科学成就作为崭新的内容,同时突出比较研究方法,以此为核心,这就是比较工程学的创造方法论之特点。

(5)比较思维观。

比较思维由来已久,是人们非常熟悉的思维方式,久而久之形成一种比较思维观念。有两个或两个以上的事物对照着观察,就会发现哪个大、哪个小,哪个重、哪个轻,哪个硬、哪个软,哪个强、哪个弱,哪个贵、哪个贱,哪个耐久、哪个短命等。这是众所周知的,但正确掌握工程比较思维方法、树立正确的工程比较思维观并非简单之事。需要正确选择工程差异比较对象,建立正确的多维坐标比较场,分析工程比较对象之差异与相同之处的本质所在,熟练差异原理建立正确的工程差异比较关系式,以解出正确答案。这里自然有工程比较思维观的素养问题,这种思维观的培养也需要锻炼才能提高。

2. 任务

近代比较工程科学的任务为了解现状、总结经验和探求规律。

(1)进行调查研究、了解和掌握事物现状。

调查研究包括不同国度、地域、不同时期、不同分支学科的工程差异比较分析，揭示其相同、相异、相近、相当、对应、对立现象之本质所在，找出其成因和规律性，探索该科学与技术发展的内在差异运动与国情、社会、环境条件等关系。在研究和掌握工程技术现在过去情况之后，便可得出各种可靠资料和数据。

(2)全面综合分析、总结经验。

在获得大量的可靠数据之后，便可进行综合分析，总结其多层次、多角度、正面、侧面、反面的经验，为制定本国、本地区的工程技术科学发展战略、政策、法规、科研与生产规划，完善其科研、管理机构与体系，为建立具有中国特色的工程技术科学与工业化体系提供科学依据。

(3)探求规律、求解疑难问题。

在进行上述工程技术比较分析、研究与求同、求异的同时找到其本质所在，以达到洋为中用、古为今用，他为我用，他山之石可以攻玉的目的，并按差异若干原理进行求解实施，从而探索出规律和疑难问题的答案。

3. 范围

近代比较工程技术科学与方法包括的范围极其广泛，这里归纳为以下几点。

(1)凡可比较的工程事物(广义概念)，即能进入差异比较场域，进行比较并寻求规律性的一切内容。

(2)工程技术科学领域里的所有项目，尤其是已形成的各比较分支学科及待形成的比较分支学科的一切研究课题。

(3)工程技术中诸多领域中的理论问题与实际生产中的创造、发明、革新、技改、工作与学习等方面。

4. 方法论

近代比较工程科学有它自己独到的思维观与研究方法论。前面提到，它是由方法基础、引进新内容、理论依据、比较场域与以比较研究为核心等五个部分组成。这里着重介绍一下比较研究这个核心内容。

(1)比较类型。

异中求同；异中求异；同中求同；同中求异；同中求异同；异中求异同；异同中求同；异同中求异等类型。其中异者表示一切差异，同者则表示相同或相当、近似之意。

(2)比较场。

一切比较对象均须进入比较场内，其比较活动方才有效。进入比较场内的比较对象均要受到比较场诸坐标系的约束作用。如时间、空间、环境状况等诸单项参数组成多维坐标系。

(3)比较方式。

按一定的比较目标，选择指定的比较场及其坐标参数，然后进行比较活动。其比较方式选择可按世界国度、地区与本国、本地区方式比较；按纵向历史与横向发展方式比较；按宏观总体与微观局部方式比较；按运动状态与静止状态方式比较；按平衡与非平衡态方式比较；按单层、单级、单角度与多层次、多级数、多角度方式比较；按线性与非线性方式比较；按对称与非对称方式比较；按孤立平行与渗透交叉方式比较等。

四、前景展望

展望近代比较工程科学前景，有望形成庞大的分支学科群，作为基础学科建设拓宽新领域，以至成为工程技术各专业的科研、开发、生产、经销等有力的工具。

1. 基础学科建设

近代比较工程科学不单是一般的工程技术比较方法，它已发展到作为各分支学科的基础，并具有以下三个特点。

(1)普遍性。

由于近代比较工程技术科学兼有通用综合方法和基础科学的特点，因此它对各分支学科和各分支领域具有普遍的适应性，无论工程技术领域内还是相邻或交叉渗透学科，国民经济相邻领域均有普遍意义。

(2)创新性。

近代比较工程技术科学已经避免了原有比较方法的局限性，发展到整个工程技术领域中创立更多的新分支学科，并将扩展至更多分支学科和领域进行创新性开拓、比较，使其跟踪国内、外先进水平，始终保持领先一步。

(3)预见性。

近代比较工程科学本身除具有发现和预见真理与规律的功能外，就国际范畴讲，这是首次提出作为一个基础性科学进行建设，必将得到各国工程界科学家、学者和工程师们的广泛支持。

2. 拓宽新领域

近代比较工程技术科学的建立，还将其研究领域拓宽至从事工程技术与科学的人的行为和相互作用上，将创立人们在工程技术工作中做出的每项决定都按工程差异的比较思维方式来进行的比较科学理论。

并将确立各种机构、组织、科学家、学者、工程师等怎样把比较科学原理运用到大量决策与日常工程技术活动上，力图用来解决相邻和交叉的各自然科学乃至社会科学中的一些问题。

这一科学的建立将会鼓励更多的科学家、学者、工程师与一般工程技术人员从事更新的探索，拓宽自己的事业，用近代比较科学或比较思维方式来解决科学型、技术型乃至技术经济、技术社会型(包括人与人之间、单位或组织之间乃至国家之间的相互关系)等各种问题。

3.工程技术是各行业发展的有力工具

近代比较科学为解开一切工程技术的不解之谜提供一把金钥匙,它将成为工程技术领域和各行业的有力工具。

诸如,原理建立、规律发现、科研攻关、新产品开发、专利发明、工艺革新、技术改造、生产管理、教育培训、市场竞争、经营促销、标准与政策、广告宣传等都会受益于比较工程科学。

相信比较工程技术科学(包括其诸多分支学科群)的建立、应用、推广,将会对我国国民经济建设及中国特色社会主义现代化建设起积极的推动作用。比较工程技术科学走出课堂、面向社会实践,一旦为广大工程技术人员掌握,成为他们手中的有力武器,我国工程技术及其科学必然会有一次较大的发展。

第七节 比较科学方法在城市总体规划中的应用①

城市规划是一门综合性很强的学科,它涉及社会学、经济学、地理学、生态学、工程学、几何学等多个领域的研究。这种研究需要利用现代的科学技术手段和方法以适应新技术革命的迅猛发展。比较科学方法的应用使城市规划的发展进入一个新的阶段,并将逐步形成比较城市规划学这门新学科。

城市总体规划的编制是城市规划的一个重要组成部分,城市总体规划的主要任务是确定城市的性质、规模及发展方向,对城市中各项建设的布局和环境面貌进行全面安排,选定规划定额指标,并制定规划的实施步骤和措施。从现行的城市总体规划编制与审批程序来看,其主要过程如下:

(1)基础资料调查;

(2)资料分析评价;

(3)规划大纲制定;

(4)编制总体规划;

(5)鉴定审批;

(6)实施管理。

城市总体规划要符合实际,是一个综合反映国情、民情、经济、技术、历史、现代和未来的特点而制定总体规划的过程,是一个不断比较优化的过程。因此,比校科学方法在总体规划中占有很重要的地位,下面介绍的是黑龙江省安达市总体规划编制中比较科学方法的应用。

---

①本节由哈尔滨建筑大学建筑系硕士研究生袁青执笔编写。

一、城市人口规模确定

城市人口规模是城市规划的基础指标，是编制城市各项建设规划不可缺少的基石。通过调查得知安达市当年人口 44.3 万人，其中城市建成区人口 17.67 万人（1992 年底）。已知安达市 1980 年至 1992 年十余年间人口变动情况，自然增长率与机械增长率变化情况。以这些资料为基础，我们综合运用了增长率法、线性回归法、指数回归法以及人口百岁图法分别进行 2015 年城市人口预测。

根据以上几种方法，我们可以预测 2015 年安达市的人口规模。综合考虑国家政策、城市人口政策以及城市发展情况及城市迁移人口影响等方面，将以上几种方法预测的人口规模加以比较分析，最后预测到 2015 年安达市市区人口将达到 31 万人。这一人口规模预测为规划城市用地规模打下坚实的基础。

二、城市性质的确定

判定城市性质，需要综合分析城市的主要功能和发展方向。安达市地处松嫩平原中部，处于哈尔滨一大庆一齐齐哈尔经济带的中间位置，是一座工农并举的中等新兴城市。经济发展快，农业经济初步形成了良性循环，畜牧业亦很发达；毗邻大庆油田，化学工业前景广阔；商贸服务发展迅速。在未来的二十年中，安达市的经济产业结构和社会经济发展情况的预测将是城市总体规划的一个重要前提，它将直接影响到城市总体空间布局规划。

确定安达市城市性质主要依据是对未来 20 年其经济发展主导产业的预测。我们主要采用定性分析和定量分析方法，以及相互比较、综合确定的方法。

首先进行定性分析。即根据调查搜集安达市的现状地理位置情况、自然资源配置情况及现有社会和经济产业的发展情况，全面进行分析，说明城市在经济、社会生活中的作用和地位。初步确定安达市是一座以石化工业和畜产品加工业为主导产业的中等规模的工贸城市。

其次，采用定量分析方法。该方法与前方法比较，可避免分析与比较过程规划设计者的主观倾向。定量分析通过建立安达市社会经济发展的系统动力学模型，并借助于电子计算机的帮助来完成。当然，定量分析还包括模拟分析、对策分析、类比分析与最优化法分析等方法。这里，我们主要是运用系统力学的分析方法，建立安达市社会经济发展数学规范模型，包括工业子模型、农业子模型、交通子模型、建筑业子模型、商业子模型及其他第三产业子模型等。利用规范的数学模型，综合考虑各产业及其内部行业有利因素及制约因素，将投资方向作为额外政策变量加以考虑，做多方案比较，得出 2015 年安达市人均国民收入、国内生产总值及社会总产值等各项经济指标的不同预测结果。最后，通过不同方案经济效益及社会效益的比较，确定最佳产业结构及投资方向，即形成以石化工业和畜产品加工业为主导的产业体系，采用倾斜发展模式，在投资政策上重点向两大支柱产业及其关联产业倾斜，同时适应改革开放、市场经济的需求，大力发展商贸业使安达市成为座中等规模的工贸城市等政策建议。

由此可见，比较方法不只限于定性分析及定量分析两种方法间的比较，而且在定量分析方法中多方案比较中也可以得到充分应用。

三、城市用地的评价与选择

城市用地条件的综合评价是城市总体规划中一个重要的步骤。为了选择安达市适宜的新增规划用地，首先对拟选地区的自然环境条件等进行分析评定，并作出用地评定图，然后结合城市规划与建设对用地的建设条件等方面的考虑，对用地条件进行综合评价，分析比较了两个用地选择方案，通过对两个用地方案的地形地质水文、气候等自然条件和技术经济、城市现状等建设条件的比较，选择了安达市新增规划用地向东南方向发展的方案。

四、城市总体布局的确定

城市总体布局能反映城市各项用地之间的内在联系，是城市建设和发展的战略部署，关系到城市各组成部分之间的合理组织，以及城市建设投资的经济性，所以城市总体布局一般须多做几个不同的规划方案，综合分析比较各方案的优缺点，加以归纳集中，探求一个经济上合理，技术上先进的综合方案。

在进行安达市城市规划布局时，我们主要对两个方案进行比较分析，比较的项目有：

(1)占用农田情况；

(2)生产协作情况；

(3)交通运输情况；

(4)环境保护情况；

(5)规划结构及各主要用地间关系。

最后选出一个较优的方案作为安达市城市总体规划布局方案。

至此，我们不难看出，在上面提出的每一过程中，都离不开综合比较的科学方法，在规划设计的各个阶段中都有多种方法的比较及多次反复的方案比较，无论是方法比较．还是方案比较均体现了比较科学方法应用于城市总体规划中的重要性，只有通过综合比较分析才能防止解决问题的片面性和简单化，才能得出符合客观实际、可以用以指导城市建设的总体规划方案。

比较方法目前已成为新科学的标志，是一个多领域多功能的科学方法。现代比较科学方法相较于古老的比较方法有较大发展，它除吸收调查研究方法、归纳演绎方法、分析方法及综合方法外,已引入系统论信息论、控制论和模糊数学耗散结构理论超循环理论、非线性理论与混沌理论。

现代比较科学与方法进入城市规划这门学科后,将会使城市规划发展到一个新的阶段,最后形成比较城市规划学新学科。

城市规划学是城市规划的理论概括,各个国家、各个不同历史时期规划原理的学说都反映了具体国家当时的国情,因此城市规划也揭示了不同原理学说产生的历史、经济背景及人们的居住情况。深刻了解他们的理论观点,在此基础上对它们进行比较分析,找出其实质性的、规律性的东西。

比较城市规划学把不同的城市规划原理学说作为自己的研究范围,它并非只停留在现有城市规划、设计原理、学说的水平上进行简单的比较,而是对世界各国的城市规划学说、理论进行由表及里、去伪存真的深入分析辨别,掌握其差异实质,进行深刻的研究探索,揭示出各国城市规划的共性和特性,从而建立具有我国特色的社会主义新时期的城市规划学科。

第三篇　实际应用篇

第八章　应用实例

第一节　国内外的几个实例

差异论作为自然科学与技术科学的基础理论，将广泛地应用于自然科学、技术科学与经济建设诸领域。下面我们简单举几个例子。

一、诺贝尔经济学奖获得者科斯的交易成本理论

美国芝加哥大学教授罗纳德·科斯创立了已有经济学中所没有的交易成本理论，获得1991年诺贝尔经济学奖。

他的成功无疑是典型的差异比较案例。打个通俗的比方，在家附近的牛奶小店去买牛奶比去热闹的市中心贵一点，但却省去许多时间和路费，结论是前者花费少。这种额外花销就是经过差异比较发现的，它就是交易成本理论。在正统的经济学中没有交易成本的位置，交易成本理论填补了古典经济学的空白，对市场经济的发展做出了突出的贡献。

二、我国平衡针灸学的发展

我国平衡针灸学的应用已初具规模。建立了中国老年学学会平衡针灸学委员会，召开了全国平衡针灸学学术研讨会。平衡针灸主要是利用人体的信息系统和针刺技术效应反馈原理，以针灸为手段，依靠病人自己的免疫系统功能，达到自我修复、自我调整、自我治愈疾病的单穴平衡疗法。无疑，这是通过针灸使患病的差异系统进行协调，使该系统重新保持健康的差异平衡状态。

三、血管里的“分洪工程”

肝硬化病人为什么会吐血呢？原来患肝硬化后，血液不易进入肝组织，致使门静脉内血液压力增高，血液进不去便改道流回食道静脉血管，导致食管静脉曲张破裂出血。北京友谊医院肝胆外科的医生们，采用了古人对付水患因势利导、修建分洪工程

的方法，在门静脉上开个口子，并在下门静脉上开一孔对准缝合，使门静脉一部分血液分流减压，保持食管静脉不再受压而破裂。

四、世界上最大的沉浮式防洪闸门

荷兰的鹿特丹港防洪工程中，建造了两个世界上最大的球窝式铰链装置。这两扇巨型钢质空心箱形结构门长达 210 m，它们被固定在堤岸的球窝式铰链装置上，能在垂直、水平和旋转三个方向上自由转动。平时停放在运河堤岸的船坞里，一旦出现海潮洪峰时，船坞电机将闸门推入 17 m 深运河里，打开闸门充水下沉截断航道。洪峰过后，排出闸门中水，闸门便重新浮出河面。

显然，这种装置无疑是比较了现有的大门开启、铰链转动和沉箱原理而得到设计启发的，同样是差异比较相当原理的成功应用。

五、建筑设计的应用

英国《建筑设计》杂志以编者按形式在 1977 年《建筑设计》发表了查尔斯·詹克斯的首版《后现代建筑语言》的摘录。在后现代的范式一段中讲道："柏林德国住宅展中，许多建筑师受到鼓励，去创造差异。而 1980 年威尼斯双年展展示的东西成为新的规范，它的新奇街道是作为一个差异的系统而构成的。"

显然，这是把建筑设计对象作为一个差异的系统来看待，它和我们的差异学原理是完全一致的。

六、日本的仿生设计研究

日本通产省专门成立了"仿生设计调查委员会"，组成跨学科专家研究团体开展各种仿生设计研究。和田教授发现珍珠有一种特殊的本领，当贝壳破损时，其破损部分能产生钙化，并能很好地自我修复，如果能仿照珍珠的这种自我修复功能来设计工业产品，尤其是飞机机身，在机身产生龟裂时能自行修复，将对减少空难做出重大贡献。尾田教授从事"最佳设计结构"的研究，他通过研究兔子骨骼开小洞可自行修复，竹子内侧、外侧纤维排列不同而耐风、雪的弯曲负荷不同，两竹节之间存在一种防龟裂结构等而受益很大。

这种仿生设计研究，就是采用差异相当原理来进行先进的人造复合材料及其智能化研究的。

七、化学分析与镜下剖析的应用

在化学分析中常用的方法是相对测定原理，以国家标准对比或以标准试样做差异比较而给出分析结果。而显微镜下剖析和动物、植物解剖学一样，都是通过差异比较而获悉其微观细胞状态的。

无疑这又是利用差异学原理的典型例证，它可以全面地用到差异平衡、差异相当、大差异、小差异原理。

八、高新技术侦破案例

某市外商住宅楼在 15 天内连续 4 次白天被撬门而入。群众举报，案发当天一群外国小孩在公寓前草坪上玩摄像机。但画面上没有发现可疑线索，只是在一组跳舞的镜头中传出很不协调的声音，“师傅，请再等一下……”的一段录音。在被列为犯罪嫌疑人的 10 多人中，进行声纹鉴定，唯独刑满释放人员马某的声纹与录像带的完全一致，结果抓获了罪犯。声纹鉴定是利用每个发声器官的差异、发音和音调的不同进行鉴别。而每个人都有自己特殊的声纹，这与做 DNA 检查一样，成千上万人也不重复。

利用声纹的鉴别也同样是应用差异学原理的成功案例。它与利用指纹学鉴别犯罪是同样的道理，都是利用差异的异同比较而获得证据的。

上面列举了各领域诸方面的应用实例。总括起来，我们可以说它在基础理论、学科建设、专利发明、计算公式、图纸设计、材料研制、工艺创新、超越突破、创造发现、产品开发、实验模拟、解剖化验、器械革新、方案优选、计划预测、企业管理、规划决策、信息研究、整体布局、统筹协调、调查分析、经营发展、战略谋划、工程维护等方面皆有广泛应用。

这里根据作者自身的实践先介绍相当实例：差异相当假设异型缠绕规律的建立、相当圆原理的提出，即异型横截面筒身段的缠绕角计算相当圆原理证明，在第二节实际应用篇都是本人研究的实例，会更详细一些。

第二节　差异相当假设——异型缠绕规律的建立

一、概述

本节介绍差异模糊性假设在理论与规律建立中应用的一个实例。该假设将很复杂的异型截面缠绕化为一简单的等周长圆形缠绕问题，首次建立了异型缠绕规律。还叙述了异型缠绕差异分析、“相当圆”原理提出、异型缠绕计算、“相当圆”原理证明以及差异模糊性假设的应用前景与展望。

当年，玻璃钢制品在工程上的应用日益扩大，除圆筒形高压容器已用纤维绕外，其他异形截面容器和管道的缠绕成型也提到日程上来。具体产品有矩形截面波导管、鼓型截面车厢、椭圆截面油罐车、机翼型截面的制品及偏开口高压容器等，都需要用纤维进行连续缠绕。但当时国外尚无这方面计算理论文献发表。1974 年我们曾采用差异模糊性假设提出“相当圆”原理，首次成功解决异型缠绕规律问题，并荣获1978 年全国科学大会重大贡献奖，还被学报称为冷氏“相当圆”原理。摘要一段如下：

哈尔滨建筑工程学院(后回哈工大)学报 1994 年 4 期相当圆原理研评

作者：张东兴　谢怀勤　(复合材料教研室)

“相当圆”原理的意义：“相当圆”原理的建立为我国复合材料纤维缠绕工艺的发展做出了重要贡献。

冷氏“相当圆”原理的提出在国内尚属首次，国外还未见相应的论文发表。在复合材料缠绕工艺领域具有开拓性意义，开创了异型缠绕理论，将纤维缠绕工艺由回转体圆形截面拓宽至非回转体异形截面制品，这在理论上无疑是个突破。

冷氏“相当圆”原理，把本来很复杂的纤维缠绕计算问题简化，化非均匀缠绕问题特殊情况为均匀缠绕普通情况。在理论上架起了“相当圆”这座桥梁，使非回转体缠绕顺利地过渡到回转体缠绕。这是冷氏成功地采用了“以同比异，异中求同”的分析方法，找到了圆形截面和非圆形截面螺旋缠绕的异同。凡相同的地方，都采用同一种缠绕机械进行螺旋缠绕。与截面形状无关的参数，如缠绕速比、线型、中心转角等，在建立异型缠绕基本原理时仍然适用。两者本质的差异是：圆形截面周边各点到中心轴距离相等，单位旋转中心角相对应的弧长相等，侧面缠绕角沿周边分布是均匀的；而异形截面周边各点到中心轴距离不相等，单位旋转角所对应的边(弧)长不相等，侧面缠绕角沿周边分布是不均匀的。巧妙地引入“螺距系数”求解了侧面缠绕角。

“相当圆”原理实用、简单、方便。它在保证一定工程精度的前提下，避开了繁杂的数学演算，并可应用较简单的机械式缠绕机实现异型缠绕，这已为多种异型截面制品缠绕的实践所证明。从而为拓宽纤维缠绕制品的生产与应用，为缠绕工艺的发展起到了重要的推动作用。

“相当圆”原理证明了异型截面的理论测地线和“相当圆”缠绕测地线是一致的。异形截面侧面实际缠绕角不超过其理论螺旋缠绕角的范围，并毗邻于“相当圆”缠绕角的范围。异型截面和实际螺旋缠绕纤维的稳定位置很贴近“相当圆”纤维轨迹。因此，“相当圆”缠绕角就代表了异型截面纤维分布情况，在结构设计上具有实际使用意义。

采用“相当圆”假设，证明其在数学上具有相当的合理性，无疑这种证明方法彻底地摆脱了古典证明模式，这对应用性理论来讲，也是实用和新颖的。

二、异型缠绕的差异比较分析

圆筒形制品螺旋缠绕在国内、外已实践多年，积累的丰富经验是可贵的。因此，研究异型缠绕规律自然要选圆形缠绕作为差异比较对象。我们对圆形截面与异型截面缠绕进行差异比较分析，发现两者相同的地方都是螺旋缠绕排线，都使用纤维缠绕机械；两者不同之处，即两者质的差异是圆筒形截面周边各点到旋转中心轴距离相等，单位旋转中心角相对应的边(或弧)长相等，而异型制品横截面周边各点到缠绕旋转轴距离不相等，单位旋转角其各处相对应的边(或弧)长不相等，缠绕角沿横截面周边分布是变化的。

所以，凡属两者相同方面的规律，即与截面形状无关的螺旋缠绕原理，如缠绕速比、线型和中心转角等，在建立异型缠绕原理时仍然适用。就是说异型制品螺旋缠绕的基本原理是以经过多年实践的圆筒形螺旋缠绕基本规律中的螺旋缠绕基本原理作为基点的。两者不相同处，如筒身缠绕角的计算可通过纤维轨迹展开求得。

第三节 “相当圆”原理的提出

这里，我们提出一个“相当圆”假设作为圆筒形和异型制品螺旋缠绕之间的联系。“相当圆”就是异型制品筒身的任意垂直缠绕旋转轴的横截面之周边长化为一个相等周长的圆，用这个“相当圆”进行缠绕计算，作为平均参数，使复杂的异型缠绕计算化为普通圆筒形制品缠绕计算，我们称它为“相当圆”原理。

“相当圆”是由圆形和异型截面缠绕之差异比较而来，而且带有很强的模糊性。所以，“相当圆”原理的实质是圆形与异型截面缠绕进行差异比较的模糊性假设，后来被实践和理论证明是可行的而成为“相当圆”原理的。

这种差异模糊性假设的提出是在异型缠绕计算很难(国外也未曾见到有这方面理论报道)的基点上产生的。当时只有圆筒形缠绕规律是已知的，异型缠绕还是个谜，如果说异型缠绕也能成功，那将是科学猜想，但玻璃钢矩形截面波导管的研制又急需缠绕，于是便借用了圆加“相当”二字。究竟相当到什么程度，提出等圆周长的概念，差多少不行，差一点(多或少)行不行，差多少就不行了，界限不清晰，带有较大模糊性。所谓“相当”者无非是接近、近似、差不多而已。其隶属度不过是1至0.8左右，但是“相当”二字都是差异模糊性假设的关键，就是这个关键，建造了圆形缠绕与异型缠绕之间的桥梁，从而解开了异型缠绕规律之谜。

第四节 几种异形横截面身段缠绕角的计算

1. 正方形截面缠绕角的计算

将截面为正方形的缠绕筒身展开，如图8—1所示。

(1)筒身缠绕角。

缠绕角各面相同，皆为

$$\tan\alpha_{相}=\tan\alpha_a=\frac{4a}{l_1} \tag{8—1}$$

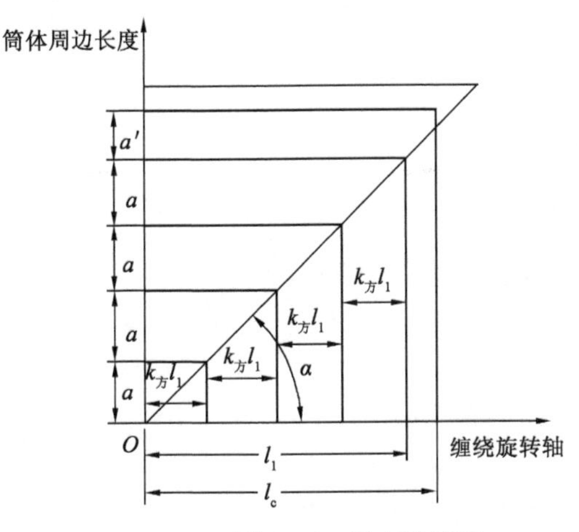

图 8－1 正方形截面

或者

$$\tan\alpha_a=\frac{a}{\frac{1}{4}\cdot l_1}$$

$$=\frac{a}{k_{方}\cdot l_1} \tag{8－2}$$

式中 $k_{方}=\frac{1}{4}$；

a——正方形截面边长。

(2)缠绕中心角。

根据“相当圆”原理,采用已有的公式

$$\theta_c=\frac{l_c\tan\alpha_{相}}{\pi D_{相}}\times 360^\circ$$

式中 $$\pi D_{相}=4a$$

所以 $$\theta_{c方}=\frac{l_c\tan\alpha_{相}}{4a}\times 360^\circ \tag{8－3}$$

2.矩形截面缠绕角的计算

矩形截面和正方形截面不同,其边长 a 和 b 不等,a 和 b 两边相对应的中心角大小对其边 a 与 b 是不均匀分布的。芯模旋转一个 a 边对应的中心角 A,其前进的螺距 l_a;芯模旋转一个 b 边对应的中心角 B,其前进的螺距 l_b,两者均可用下式表达:

$$\frac{A}{360^\circ}=\frac{l_a}{l_1} \tag{8－4}$$

$$\frac{B}{360^\circ}=\frac{l_b}{l_1} \tag{8－5}$$

同理,所以 $$l_a=k_a l_1 \tag{8－6}$$

$$l_b = k_b l_1 \tag{8-7}$$

式中　k_a, k_b——螺距系数。

$$k_a = \frac{A}{360°} \tag{8-8}$$

$$k_b = \frac{B}{360°} \tag{8-9}$$

对应矩形四个边前进螺距总和为一个正螺距，即

$$k_a l_1 + k_b l_1 + k_a l_1 + k_b l_1 = l_1 \tag{8-10}$$

消去 l_1 以后得

$$k_a + k_b + k_a + k_b = 1 \tag{8-11}$$

即

$$k_a + k_b = 0.5 \tag{8-12}$$

如图 8－2 所示，矩形各侧面上的缠绕角为

$$\tan \alpha_a = \frac{a}{k_a l_1} \tag{8-13}$$

$$\tan \alpha_b = \frac{b}{k_b l_1} \tag{8-14}$$

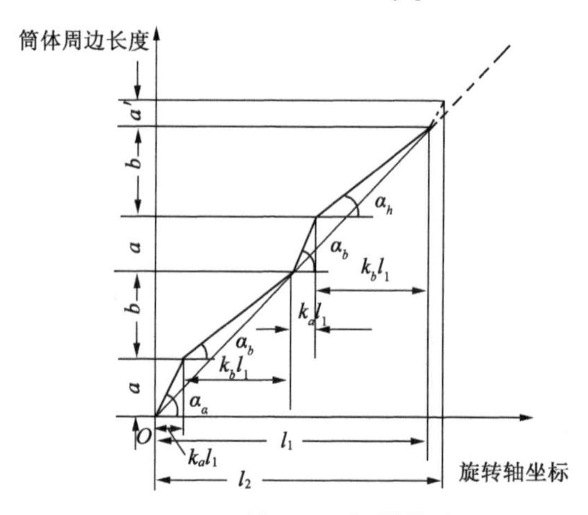

图 8－2　矩形截面

筒身“相当圆”的缠绕角为

$$\tan \alpha_{相} = \frac{a+b+a+b}{k_a l_1 + k_b l_1 + k_a l_1 + k_b l_1} \tag{8-15}$$

把式(8－12)代入，则

$$\tan \alpha_{相} = \frac{2(a+b)}{l_1} \tag{8-16}$$

“相当圆”缠绕角和各面缠绕角之间关系式可由式(8－13)、式(8－14)代入式(8－16)求得，即

$$a = k_a l_1 \tan \alpha_a \tag{8-17}$$

$$b = k_b l_1 \tan \alpha_b \tag{8-18}$$

$$\tan \alpha_{相} = \frac{2(k_a l_1 \tan \alpha_a + k_b l_1 \tan \alpha_b)}{l_1}$$

消去 l_1，则

$$\tan \alpha_{相} = 2(k_a \tan \alpha_a + k_b \tan \alpha_b) \tag{8-19}$$

矩形截面缠绕中心角可用和公式(8－3)相同的公式，即

$$\theta_{c矩} = \frac{l_c \tan \alpha_{相}}{2(a+b)} \times 360° \tag{8-20}$$

3.任意凸多边形截面缠绕角的计算

(1)筒身缠绕角。

根据上述公式推导可得

$$\tan \alpha_a = \frac{a}{k_a l_1} \tag{8-21}$$

$$\tan \alpha_b = \frac{b}{k_b l_1} \tag{8-22}$$

$$\tan \alpha_c = \frac{c}{k_c l_1} \tag{8-23}$$

$$\vdots$$

$$\tan \alpha_n = \frac{n}{k_n l_1} \tag{8-24}$$

$$k_a + k_b + k_c + \cdots + k_n = 1 \tag{8-25}$$

$$\tan \alpha_{相} = \sum_{1}^{n} k_i \tan \alpha_i \tag{8-26}$$

上式中的 $\alpha_a, \alpha_b, \alpha_c, \cdots, \alpha_n$ 分别为 $a, b, c, \cdots, n$ 各侧面缠绕角，$k_a, k_b, k_c, \cdots, k_n$ 为相应各边的螺距系数。

对正凸多边形

$$k = \frac{1}{n} \tag{8-27}$$

$$\tan a_i = \tan \alpha_{相} = \frac{n \cdot a}{l_1} \tag{8-28}$$

式中　a——截面为正凸多边形一个边长；

n——正多边形边数。

(2)缠绕中心角。

任意凸边形缠绕中心角为

$$\theta_c = \frac{l_c \tan \alpha_{相}}{\sum (a+b+c+\cdots+n)} \times 360° \tag{8-29}$$

对正凸多边形而言，缠绕中心角应为

$$\theta_{c正} = \frac{l_c \tan \alpha_{相}}{n \cdot a} \times 360° \tag{8-30}$$

第五节 “相当圆”原理的证明

在异型截面制品的螺旋缠绕计算中，我们曾经成功地采用了“相当圆”原理。这一原理经过多年实践，证明是简单易行的。

但是，为什么要采用“相当圆”原理，下面我们在理论上予以证明。

1.“差圆”与“相当圆”假设之比较

将任意非回转体截面周长化成一个非等周长的圆，称为“差圆”。

首先，证明一下采用“差圆”假设做螺旋缠绕计算的情况。

设任意凸多边形截面的各边长为 $a,b,c,\cdots,n$，则

$$\pi d_{差} = \frac{a+b+c+\cdots+n}{N} \tag{8-31}$$

式中 $d_{差}$——“差圆”直径；

N——“相当圆”与“差圆”周长之比。

而“相当圆”周长为

$$\pi D_{相} = a+b+c+\cdots+n$$

将上式代入式(8-31)得“相当圆”和“差圆”之间的关系式为

$$D_{相} = N d_{差}$$

式中 $D_{相}$——“相当圆”的直径。

凸多边形侧面之理论缠绕角与采用“差圆”还是采用“相当圆”假设无关：

$$\tan \alpha_a = \frac{a}{K_a l_1}$$

$$\tan \alpha_b = \frac{b}{K_b l_1}$$

$$\tan \alpha_c = \frac{c}{K_c l_1}$$

$$\vdots$$

$$\tan \alpha_n = \frac{a}{K_n l_1}$$

式中 $\alpha_a,\alpha_b,\alpha_c,\cdots,\alpha_n$——$a,b,c,\cdots,n$ 各侧面的缠绕角；

l_1——螺距，即芯模轴转 360°绕丝嘴在轴向前进的距离；

$K_a,K_b,K_c,\cdots,K_n$——各侧面之螺距系数，即各侧面所对之中心角被 360°除。

将螺矩系数乘至左端，然后相加，得

$$\sum_1^n K_i \tan \alpha_i = \frac{a+b+c+\cdots+n}{l_1}$$

$$=\tan \alpha_{相} \tag{8-32}$$

将式(8－31)代入式(8－32)，则

$$\sum_{1}^{N} K_i \tan \alpha_i = \frac{N\pi d_{差}}{l_1}$$

化简，则

$$\tan \alpha_{相} = N\tan \alpha_{差} \tag{8-33}$$

式中 $\alpha_{差}$——“差圆”缠绕角。

链长公式为

$$L = i_r l_{1max} \tag{8-34}$$

式中 L——带动绕丝嘴的封闭链条长；

i_r——实际绕速比；

l_{1max}——最大螺距，对等截面多面体之“差圆”而言，则

$$l_{1max} = \pi d_{差} \cot \alpha_{差} \tag{8-35}$$

将式(8－35)代入式(8－34)，则链长公式为

$$L_{差} = i_r \pi d_{差} \cot \alpha_{差} \tag{8-36}$$

再将式(8－33)代入式(8－36)，则“差圆”缠绕之链长应为

$$L_{差} = i_r \cdot \pi D_{相} \cot \alpha_{相} \tag{8-37}$$

式(8－37)也是“相当圆”之链长公式。

从上述证明可以看出，对于各侧面之缠绕角，封闭链条长度，“差圆”假设与“相当圆”假设所给出的结论是一致的，即采用“差圆”假设也是正确的。

2.“相当圆”缠绕角的代表性

设由芯轴到各侧棱边距离分别为 $R_a, R_b, R_c, \cdots, R_n$，其中最大距离为 R_{max}，最小距离为 R_{min}，即

$$R_{min} \leqslant R_a, R_b, R_c, \cdots, R_n \leqslant R_{max}$$

从平面几何学作图可知，以 R_{min} 为半径画的圆一定在凸多边形以里，即

$$2\pi R_{min} \leqslant 2\pi R_{相} \tag{8-38}$$

式中 $R_{相}$——“相当圆”半径。

反之，以 R_{max} 为半径画的圆一定在凸多边形之外，即

$$2\pi R_{max} > 2\pi R_{相} \tag{8-39}$$

联合式(8－38)、式(8－39)，则

$$2\pi R_{min} < \pi D_{相} < 2\pi R_{max} \tag{8-40}$$

此外，还知凸多边形各棱边之缠绕角公式为

$$\tan \alpha_i = \frac{2\pi R_i}{l_1} \tag{8-41}$$

将式(8－40)除以 l_1 再与式(8－41)比较，则

$$\tan \alpha_{min} < \tan \alpha_{相} < \tan \alpha_{max}$$

或

$$\alpha_{\min}<\alpha_{相}<\alpha_{\max} \tag{8-42}$$

式(8－42)说明“相当圆”缠绕角在凸多边形周边各点之最大与最小缠绕角之间。

下面再看“差圆”缠绕角：

将式(8－31)代入式(8－40)，得

$$2\pi R_{\min}<N\pi d_{差}<2\pi R_{\max} \tag{8-43}$$

用 N 除上式，则

$$\frac{2\pi R_{\min}}{N}<\pi d_{差}<\frac{2\pi R_{\max}}{N} \tag{8-44}$$

再用 l_1 除式(8－44)与式(8－41)比较，可得

$$\frac{1}{N}\tan\alpha_{\min}<\tan\alpha_{差}<\frac{1}{N}\tan\alpha_{\max} \tag{8-45}$$

从式(8－45)可见，只有当 N 接近于1时，$\alpha_{差}$才可能在 $\alpha_{\min}\sim\alpha_{\max}$之间，而当 $N=1$ 时，“差圆”就等于“相当圆”了。

因此，比较一下“差圆”和“相当圆”两种假设，就整个截面缠绕角的大小而言，“相当圆”具有较好的代表性。而“差圆”通常不能代表整个截面的缠绕角大小。即“相当圆”缠绕角的大小在整个截面各侧面的最大与最小缠绕角之间，而“差圆”缠绕角有时则超出这个范围。因此，“相当圆”缠绕角有设计意义，可以用它做设计参数，以说明异型截面制品筒身各侧面缠绕角的情况。

3.异型截面的理论测地线

例如异型截面边长为 $a,b,c,\cdots,f$，其螺旋缠绕纤维线型轨迹展开如图8－3所示。芯模转360°绕丝嘴缠绕前进距离 l_1。实际缠绕纤维展开图为折线 $OABCDEF$，这条折线不是理论测地线。其理论测地线为一条直线 OF。

因此，理论测地线(不计摩擦)的缠绕角为

$$\tan\alpha=\frac{a+b+c+\cdots+f}{l_1} \tag{8-46}$$

式中

$$a+b+c+\cdots+f=\pi D_{相}$$

代入式(8－46)，得

$$\tan\alpha=\frac{\pi D_{相}}{l_1}=\tan\alpha_{相} \tag{8-47}$$

上式测地线缠绕角 α 即为“相当圆”缠绕角。

结论：任意异型截面的螺旋缠绕线轨迹之理论测地线就是该截面的“相当圆”测地线，或称异型截面的短程线。

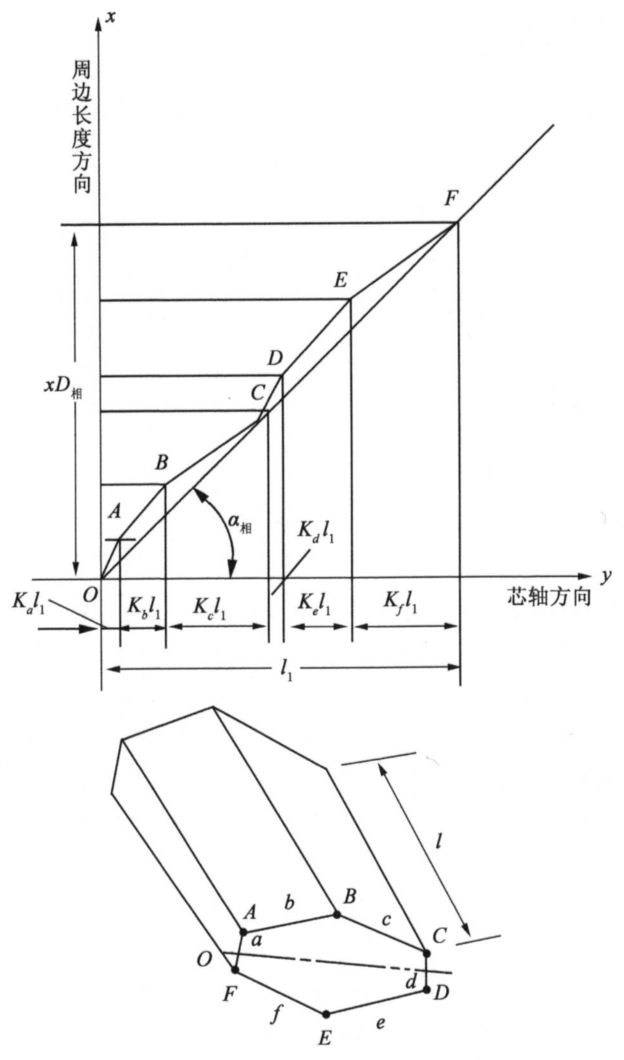

图 8－3　截面为六边形筒身面缠绕展开图

4.异型截面的实际稳定缠绕角

如图 8－4 所示，截面为四边形之非回转体缠绕展开图。螺旋缠绕纤维轨迹展开，其理论短程线为直线 OD，而理论上的螺旋线轨迹展开折线为 $OABCD$。

前者认为芯模表面与缠绕纤维之间没有摩擦，所以纤维轨迹展开为直线，即“相当圆”情况；而后者，则认为摩擦非常大，即摩擦系数为 1.0 的情况，纤维展开轨迹为折线。它相当于缠绕纤维由 O 点起缠绕 a 侧面，纤维遇到第一个棱线，稳定地落在 A 点上，之后缠绕 b 侧面又稳定地落在第二条棱线之 B 点上……直到 D 点。这样的由纤维最初落纱点形成的缠绕纤维展开的折线 $OABCD$，称为异型截面理论上的缠绕轨迹。

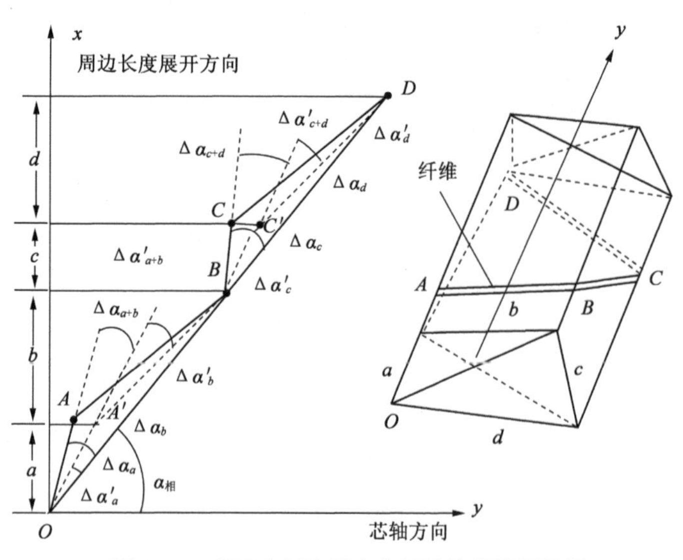

图 8－4　截面为四边形之非回转体缠绕展开图

但实际情况并非如此，纤维与芯模表面或缠绕之两层纤维之间摩擦系数通常介于 0～1.0 之间，例如没有浸树脂的玻璃纤维之间的摩擦系数为 0.13。因此，实际上缠绕纤维从 O 点起，缠绕完第一个侧面 a，纤维落在第一条棱线于 A 点位置。但由于纤维张力作用使纤维拉紧，理论上 A 点便开始向理论短程线 OD 方向移动，又由于摩擦力存在使 A 点还不能完全靠到 OD 线上，即 A 点滑动至 A' 点位置后稳定不动。同理 C 点滑移至 C' 点稳定不动。故实际纤维的轨迹为展开折线 $OA'BC'D$。

在△OAB 和△$OA'B$ 中可知

$$\left.\begin{aligned}\Delta\alpha_a > \Delta\alpha'_a\\ \Delta\alpha_b > \Delta\alpha'_b\end{aligned}\right\} \tag{8－48}$$

式中　$\Delta\alpha_a$、$\Delta\alpha_b$——a、b 侧面理论上的缠绕角与理论测地线缠绕角之差；

$\Delta\alpha'_a$、$\Delta\alpha'_b$——a、b 侧面实际缠绕角与理论测地线缠绕角之差。

而三角形外角等于两内角之和，即

$$\left.\begin{aligned}\Delta\alpha_{a+b} = \Delta\alpha_a + \Delta\alpha_b\\ \Delta\alpha'_{a+b} = \Delta\alpha'_a + \Delta\alpha'_b\end{aligned}\right\} \tag{8－49}$$

将式(8－48)代入式(8－49)，则

$$\Delta\alpha'_{a+b} < \Delta\alpha_{a+b} \tag{8－50}$$

式中　$\Delta\alpha_{a+b}$——缠绕纤缠由 a 面绕过 b 面理论上缠绕角之差；

$\Delta\alpha'_{a+b}$——缠绕纤维由 a 面绕过 b 面实际缠绕角之差。

同理：

$$\Delta a'_{c+d} < \Delta\alpha_{c+d} \tag{8－51}$$

上述结论说明，异型截面当两相邻侧面不等宽时，每缠绕过一条棱线时，其实际上缠绕角之差必小于理论缠绕角之差，即异型截面每个侧面之实际缠绕角大小均不超过其相应的理论上异型截面缠绕角之范围,并毗邻于"相当圆"缠绕角之左右。

5. 纤维缠绕轨迹的实际位置计算

取图 8—4 中 a 和 b 两侧面(单位宽度为 1.0)缠绕纤维微段 ΔS,其受力平衡状态按非测地线稳定公式给出如下结果:

$$\cos \Delta a'_b - \cos \Delta a'_a = \frac{2}{K} \cos \theta \cdot f \cdot \cos (\phi + \Delta a'_b)$$

取缠绕不滑线安全系数 $K=2$,可得

$$\cos \Delta a'_b - \cos \Delta a'_b = f \cos \theta \cos (\theta + \Delta a'_b) \tag{8-52}$$

由式(8—52)可见:

在 $f=1.0$ 时

$$(\cos \Delta a'_b - \cos \Delta a'_a)_{\max} = \cos \theta \cdot \cos (\theta + \Delta a'_b) \tag{8-53}$$

在 $f=0$ 时

$$(\cos \Delta a'_b - \cos \Delta a'_a)_{\min} = 0 \tag{8-54}$$

因此,实际缠绕角两侧面之余弦差为

$$0 \cdot \cos \theta \cdot \cos(\theta + \Delta a'_b) < \cos \Delta a'_b - \cos \Delta a'_a < 1.0 \cdot \cos \theta \cdot \cos(\theta + \Delta a'_b) \tag{8-55}$$

上式左端 $f=0$,即"相当圆"情况,右端 $f=1.0$,即理论上异型截面缠绕情况。一般能够作为缠绕之摩擦系数在 0~0.4 之间,如玻璃纤维为 0.13。所以,实际上异型缠绕纤维之实际位置不是在理论缠绕线位置与"相当圆"缠绕线位置之平均值处,而是更贴近"相当圆"缠绕线的位置。

6. 结论

通过以上论证,可以看出"相当圆"假设是合理的。尽管"差圆"假设与"相当圆"假设对异型截面各侧面之缠绕角以及封闭链长的计算并无影响,但就整个异型截面缠绕角情况来讲,"差圆"没有代表性,只有"相当圆"缠绕角有代表性,即"差圆"缠绕角 $\alpha_{差}$ 不能作为设计参数,而"相当圆"缠绕角 $\alpha_{相}$ 便可作为参数供设计上使用。

我们还证明了异型截面的理论测地线就是"相当圆"的测地线。由于异型截面实际稳定缠绕角位置不超过其理论上螺旋缠绕角的范围,并毗邻于"相当圆"缠绕角之左右。同时,我们进一步证明了,异型截面的实际螺旋缠绕纤维的稳定位置,很贴近于"相当圆"纤维轨迹。所以"相当圆"缠绕角就代表了整个异型截面的纤维分布情况,在结构设计上具有使用意义。上述证明从理论上说明了:把异型截面化为一个等周边长的圆——"相当圆"之假设在数量上具有相当之合理性。

如上所述,这种证明方法也同样具有较大的模糊性,即用模糊的方法证明了模糊性假设。实践证明,这种方法同样具有严肃性与科学性。

第六节　前景与展望

科学发展历史上有很多科学假设都带有较大的模糊性，如哥伦布发现新大陆，他原本假设地球是圆球，所以他就能向西航行到达东方。其实，这完全是一个模糊性假设，哥伦布当时不可能知道这高低不平的地球究竟圆到什么程度。牛顿 24 岁时（1666 年）发现了万有引力定律 $F=Gm_1 \cdot m_2/r^2$。他的引力常数 G 和适于质点的假设也同样是模糊的。牛顿的《自然哲学的数学原理》出版后 100 年间，仍没有任何人能解决万有引力常数的测定问题。直到 1798 年英国物理学家卡文迪许才确定了万有引力常数 G 值为 $6.717\times10^{-8}\mathrm{cm}^3 \cdot \mathrm{g}^{-1} \cdot \mathrm{s}^{-2}$。后来将万有引力定律推广至天体，就存在着许多技术困难，该定律只适合于质点，天体的体积如此庞大，是否还存在质点呢？那么体积大小和其间距离比例的界限是多少也是模糊的。

很多科学定律的成立，都必须具有一定理想条件，为达到这个理想化系统必须引入一系列的简化假设，把现实系统中的某些不很重要的，或者由于理论上和技术上的限制还无法考虑的影响因素排除在假设之外，从而能获得一个比较简单的系统。这种简化假设自然就带有较强的模糊性。因此，差异模糊性假设也是建立理论和规律不可缺少的前提。也就是说，任何一个理论与规律都有一定适用范围，即给定理想化假设，而该假设又和模糊性结下缘分，密不可分。

尽管如此，差异模糊性假设还是有自己的模糊性较强的特点，抓住模糊性强这一特点为其相适应的复杂理论与规律的建立，可以获得较强的实践意义，即使非常复杂，乃至多参数的理论也可以适当地简化，使人们直接跨越诸多理论鸿沟，从而迅速、顺利地建立起所需要的理论和规律。

除工程技术应用外，也可以应用于国民经济建设的其他领域，如工业、农业、商业、教育、技术乃至社会的诸多相关方面都可推广应用。我们相信，差异模糊假设在各行业中的应用都有广阔的发展前景，尤其在理论建立和规律发现上更是具备独特价值。

第九章　差异比较相当法与借鉴法实例

第一节　玻璃钢微波天线反射面的研制

在工程技术工作中，我们总要借鉴已有的理论、公式、设计、材料、工艺、新产品等，即使在技术革新或创造发明中也概莫能外。因此，技术革新也好，发明专利也好，不可能一切都是新的，只不过是在某一方面、某一局部有所创新而已。要将原有的理论、公式、设计、材料、工艺和产品等用于新课题，就需要进行比较分析，尤其要比较和分析它们之间的差异实质，找到差异实质也就明确了创造方向。这就是比较借鉴。

借鉴的目的是为了超越和创新，即博采众长、融合提炼，为我所用。取他人之长，补己之短，根据对比经验进行科学加工和创新，从而产生出新的知识、技术和新成果，我们从事的项目就会提高到一个新阶段和新水平。从科学和技术的发展历史看，用借鉴的方法达到超越和创新的目的，也是世界上任何一门科学和重大课题在自然科学和社会科学领域中取得重大成功的普遍规律。周总理指示铝反射面的微波站量大能否改成玻璃钢反射面。

下面就具体介绍一下采用差异比较借鉴上玻所研制玻璃钢微波天线反射面的实例。

一、差异分析与借鉴

1970 年春，为建设一项重要工程，我所派人前往上海参加了大型玻璃钢天线反射面(抛物面)的研制工作，这为我们后来承担 3.2 m 口径代替铝反射面的玻璃钢反射面的研制打下了基础。同年夏天，中央即向东北地区下达微波天线建设任务，由我所承担玻璃钢反射面的研制。国家电讯总局派西安五〇三所、五〇四厂的人员来东北，并指导我省施工工作，还带来整套直径 3.2 m 铝天线反射面的测试仪器和图纸资料，这又使我们熟悉了该反射面的电气设计理论、测试技术以及工艺制造过程，摸清了各项有关参数。

这样，我们在研制直径 3.2 m 口径玻璃钢天线时，便很自然地有了两个可供比较的差异对象，一个是直径 3.2 m 铝天线反射面，一个是口径十几米的蜂窝玻璃钢反射面，于是便对同直径、不同材料以及同材料、不同尺寸的反射面，进行了两种差异比较分析。

首先，我们对当时已生产应用的直径 3.2 m 铝天线抛物面和将要研制的 3.2 m 玻璃钢抛物面进行了比较。

在这两者之间完全相同的地方：反射面的用途、技术性能指标、口径尺寸旋转抛物面曲率；电气反射原理、设计公式；总体支架结构及其各部件尺寸等。

近似或相当之处：抛物面本身支撑圈及其连接形式；反射面之安装运输及抗风荷载抵抗变形的刚性；微波站抗风雨耐自然老化和使用年限；反射面的总质量；等等。

完全不相同的地方：铝（即金属）与玻璃钢（即非金属）的材质不同，两者抗变形能力不同，即弹性模量区别较大，铝为 6.6×10^5 kg/cm^2，玻璃钢为 $(1.0\sim1.5)\times10^4$ kg/cm^2；反射体不同，铝天线可直接反射电波而玻璃钢需贴附铜网反射电波；厚度不同，铝天线为 3～4 mm 实心板，而玻璃钢必须做成厚 20 mm 蜂窝夹层结构；工艺制造方法不同，铝反射面是由小块拼焊再放在阴模里打气加压成型，其胎具设备复杂，而玻璃钢用手糊法制造，低压成型，其设备、技术均较简单；经济效益不同，采用玻璃钢从原材料来源、加工费、生产效率及工本核算来看均较铝天线优越。

其次，我们对上海已制成的大型玻璃钢抛物面和我们要研制的 3.2 m 玻璃钢抛物面进行了比较。

在这两者之间完全相同的地方：玻璃钢抛物面起支撑反射体铜网的作用，原材料厂家和工艺配方；制造工艺，气袋加压成型；蜂窝夹层结构尺寸；脱膜剂与脱模片采用等。

近似或相当之处：都可采用阴阳模形式，他们用旋转曲线样板刀磨水磨石阳模抛物曲面和我们以往采用的抛物线旋转刮刀回转刮制阳模的成型方法相近；在阴模里粘贴蜂窝夹层上蒙皮，然后翻转 360°扣压在已铺好在阳模上的蜂窝芯子上，加低压固化，使蜂窝夹层粘牢的工艺方法等。

完全不相同之处有：抛物面口径、曲率、口面深度与整体组成形式等等。

以往的科研实践经验和通过调研取得的资料，常常为我们提供宽阔的差异比较领域和甚多的差异对象，在这里不再赘述。

通过上述技术差异比较可以做出如下结论：凡完全相同之处，便可直接照搬过来；凡近似或相当之处，可稍加改进后利用；完全不相同之处，则需另加改进措施或另拟方案实施。这样，我们就利用差异理论建立了设计直径 3.2 m 玻璃钢微波天线反射面曲率、结构、工艺及总体等方面所需的差异关系式。下面就是我们为确立直径 3.2 m 玻璃钢抛物面技术方案而进行的求解过程。

二、设计与实施

第一，玻璃钢抛物面曲率设计。

由于玻璃钢靠内表面一层铜网做反射体，其作用与铝天线内表面完全相同，故两者的内曲率和口径尺寸亦应完全一致，采用同样的设计公式——双曲抛物面方程：

$$x=a(\sqrt{1+y^2/b^2}-1) \tag{9-1}$$

反射面焦距

$$F=\frac{D}{4}\cos\frac{\psi_0}{2} \tag{9-2}$$

第二，玻璃钢结构。

我们的反射面曲率、口径与原铝天线相同，材料尚比铝天线质轻，所以也可以像铝抛物面一样设计成整体方案。同时，还可以采用像大蜂窝玻璃钢反射面那样的夹层厚度、蜂格孔径、铜网规格、铺放位置等。

三、抛物面工艺制造方案

工艺制造方案在主体上与上海的大反射面相同，同时根据我们小反射面的特点，也相应采用一些灵活性措施，例如由于我们的小反射面与上海的大反射面曲率差异较大，通过气袋加压粘贴蜂窝夹层上蒙皮，传递压力的上模（阴模）曲面板也应取不同厚度。由于反射面曲率大，压力传递不易均匀，故上模厚度减薄至 2 mm～3 mm，做成软的带临时固定支撑的能翻转的阴模。又譬如，我们北方与上海气候差异较大，在树脂配方中促进剂的用量也应有区别，于是我们总结了一套北方条件不同温度下的配方经验曲线（或表格）。

四、抛物面总体支架

总体支架结构是照搬西安 3.2 m 铝天线的，玻璃钢节点连接构造则是照搬上海大玻璃钢反射面的方案。

由于我们在这里只选了两个差异对象，难免有些方面从这两个差异对象难于找到借鉴。即使再选择更多的差异对象做更多的差异比较，到头来也总还会有些找不到可借鉴的方面或者预计不到的新问题。要解决这些不断出现的新问题，就必须再去寻找新的差异对象，建立新的差异关系。

这样，通过差异分析，我们便确定了直径 3.2 m 玻璃钢天线反射面的技术方案和工艺制造措施。

当然，一项新产品的研制是否真正合格，即我们设计的差异关系式是否真正实现，还必须经过实验室检验与现场实际使用的考验。

就我们研制的直径 3.2 m 玻璃钢微波天线反射面而言，它的电气性能应达到铝天线反射面的要求，即

3.2 m 玻璃钢天线⊥铜丝网＝3.2 m 铝天线

首先，我们在所内对直径 3.2 m 玻璃钢天线进行了电气测试。这种测试也是用

差异比较的方法，将两种同为直径 3.2 m 的标准铝天线和玻璃钢天线在相同的场地条件下，通过微波发射与接收的实际测试对照进行。测试结果，直径 3.2 m 玻璃钢天线完全达到了规定指标的要求。下面列出电气增益与极化去耦度两项主要数据比较表，见表 9－1、表 9－2。

表 9－1　两种天线电气增益测试结果

技术要求	误　差	ϕ3.2 m 铝天线	ϕ3.2 m 玻璃钢天线	注
＞38 dB	±0.1 dB	(38.16±0.3)dB	(38.23±0.3)dB	数据取多次平均值

表 9－2　两种天线极化去耦度测试结果

技术要求	ϕ3.2 m 铝天线	ϕ3.2 m 玻璃钢天线	注
＞30 dB	＞35 dB	＞34 dB	数据取多次平均值

其次，我们又在微波站和广播电台上实际使用了直径 3.2 m 玻璃钢天线。在使用一段时间后，经对吉林省微波总站及其支线三十号、三十四号、三十六号、五十四号站和吉林市电视台等单位的调查，一致反映效果良好。

通过这一研制任务，我们感到在任务确定之后，要首先搞好调研摸底，回顾与总结已有的实践经验，了解国内的有关情况，掌握国际上的当前水平，这些都是以合理地选择差异对象为先决条件。从这一研制过程中还可以看到，差异比较中的主要差异因子总是相对于某一差异关系存在的，因此，它在不同阶段的地位也在发生变化。如在上述过程中可以很明显地看到在抛物面制造实施阶段就出现了一些新问题，为解决这些问题又必须找出新的主差异因子，建立一些新的差异关系。如蜂窝芯子原是手工漏板法，生产效率低。怎么改变这种落后局面呢？我们分析了手工漏板刮胶条与印刷胶辊印胶条之间的差异实质，建立了两者的差异相当关系，制造了一台带凸缘的印刷胶辊模型。实验证明，印刷胶条宽度均匀稳定。于是，我们很顺利地设计和制造了我国第一台大型双槽辊玻璃布蜂窝芯制造机（见《科学实验》杂志 1970 年第 8 期），比手工生产提高效率几十倍。

当时，玻璃钢微波天线反射面研制成功了，并投产 88 副，装备了 44 个微波站遍及全国，创造产值 44 万元，还荣获 1978 年全国科学大会重大贡献奖。

这里我们还要提及一点是，使用者一定要有一个科学态度。因为借鉴本身就是一种创新的探索活动，没有一个老老实实、科学求是的精神就不可能取得成功。

此外，还要有一个正确的借鉴方法。没有一个正确、科学的借鉴方法，仍不能取得良好的效果。正确科学的借鉴方法，总体来讲是要学习与超越相结合、借鉴与创新相结合、移植与独创相结合、吸收与发展相结合。

第二节 可粉碎冷氏式芯模的发明

1962 年发明端头任务后，熊占永老师带领我们开始研究纤维缠绕大壳体。这时熊老师等了解到美国北极星已用缠绕发动机壳体，也是我国首次自立的尖端项目，两年时间里完成了中国第一枚玻璃钢缠绕大发动机壳体样品。1965 年受到钱学森部长赞扬。哈建工学院三室发明了切点法缠绕规律、链条式缠绕机、可粉碎拆卸式芯模。1965 年后期转为建材部哈玻所。1974 年进口 W－250 数控缠绕机，可拆卸式芯模无法进口。部里主管局长问：进口缠绕机没有进口可拆卸式芯模怎么缠绕呢？郭所长回答："冷兴武他们用石膏隔板外放铝管捆草绳涂石膏泥，用精确刮刀车削土法制出精度高达 1/1 000 mm 可拆卸式芯模。"原来德国 W－250 型缠绕机民用大罐制品没有发动机专用高精度芯模，大型导弹发动机壳芯模没有市场产品。自造高精度芯模又省一大笔外汇，所以祁局长就高兴地说："好，那就叫冷氏芯模吧。"有一次我到部里科技司出差见到王祖德处长，他见面就握着我的手说："哇！热芯模来了。"

没有大车床土法上马。先到石膏像厂参观石膏像制作，从泥胎旋转手工刮形得到启发。回所后买回石膏，用钢轴上装石膏隔板外捆铝管，先用草绳、后改线绳缠紧涂石膏，后用我到机加车间车床组学习的千分尺进刀技术。当时没有大千分头，听说哈量具厂有年初订货，年产六台大千分尺军品。听说哈玻所急需两米直径大卡尺，车间主任答应送给一套千分尺卡尺头 20 元，卡尺架外单位卖 300 元，花 320 元买回相当价值万元军品大卡尺。我和祁锦文用三轮车拉回来，请七级钳工战师傅装好，量大芯模直径精度高达 1/1 000 mm，这就是土法相当高精车削的可拆卸粉碎式芯模。此后，全中国上千发升天大发动机壳体都无偿采用冷氏芯模，哈玻所两论起家功不可没，荣获 1978 年全国科学大会压力容器成型设备奖。

第三节 大庆油田水井泵房的研制

泵房漂浮在沼泽地水面上，相当于一条固定的长船屋。长年漂浮在水面上，分 4 段，每段长 11 m 便于运输。其特点是方孔瓦楞夹层结构，壁厚 7 mm 至 8 mm，如图 9－1、图 9－2 所示。

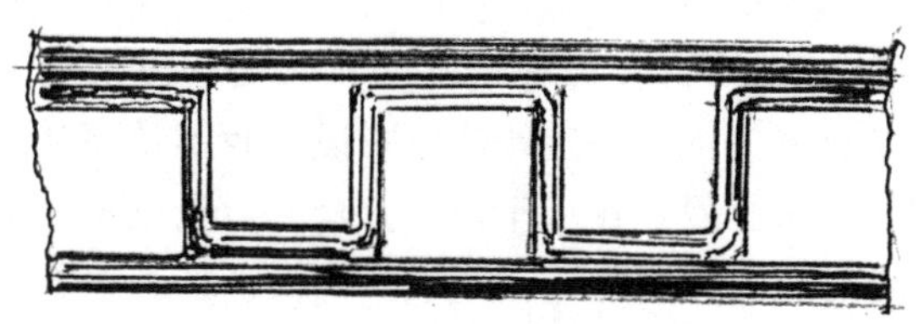

图 9－1 方孔瓦楞夹层结构

图 9－2　长 44 m(分四段运输)玻璃钢水井泵房在大庆的
沼泽地上一次整体安装试车成功(袁青绘)

该水井泵房按 11 m 长分 4 段运到工地，现场连接成整体。底座两条大工字钢梁骨架支撑由大庆油田制作。这是中国首座玻璃钢漂浮水井泵房，中央电视台拍了录像。我们小组设计制作花半年时间。1978 年全国科学大会，大庆油田玻璃钢水井泵房获重大贡献奖，大庆油田给我所合作单位传来喜报。袁青是总设计师。

第四节　全玻璃钢雷达罩定型设计

说起雷达罩定型，这不是第一部。1975 年春天，空军某部姜连长来所，同组的还有 208 小组哈建工学院赵景海老师接待。他们部队一年有半年时间因风大放倒天线而停机，战士们在山坡处砌一道道挡风墙，很多战士冒险拉天线。听说可以用玻璃钢罩，所以来求助于我们。最可爱的人有困难，我们责无旁贷接下任务。两个月后，空军某部派高、陈二位参谋来所。王春昌老师(二室主任)带领我们去大连兰固山阵山调查，部队反映大连阵地风大天线放倒停机。我们表态一定能干好，大家都同意，在阵地上王春昌老师代表所里签订了合同，没想到回到所里支部书记坚决不同意。党委书记李先盛、老所长郭遇昌与新所长张贵学只好召集二室开大会。二室支书(他是从机加室调来的行政干部)担心，一部雷达好几百万，高山风大要把雷达罩刮坏了，要军法处置谁来负责任？(十年后，我调开发部其他人接手没做验算，确实刮坏一部大罩，损失很大。)一时间鸦雀无声。我猛地站起来说：“我不怕军法处置，不能在十一准时完成任务砍我脑壳，我宁愿战死在工作台上。”众人目光立刻转向我，我自然当上课题组长。借鉴“秋林公司超大玻璃窗透亮原理”，我设计的最大板块 9.75 m×3.85 m 固定在六条钢梁上的方案得到空军支持，由大连工学院力学专家钱令希院士设计，大连造船厂负责生产。我本人全面负责玻璃钢球形曲面蜂窝夹层板设计、制作、安装等。先在制成厚 2.5 cm、长 9.75 m×3.85 m(铁路过桥尺寸)蜂窝夹层板上取样3.85 m×1.5 m,两端固定在铰支座上。后用钱学森一卡门压瘪公式,参数参考上玻所和查国外资料。白天没空,晚上借回家手摇计算机,在公共厨房里计算,用砖块一层层直到压瘪为止,设计 39 层失稳。实验结果到第 5 层实测数据开始停止修正曲线走向。一直到 36 层砖荷载突然失稳破坏,误差在 10%左右。科研科陶主任一拍大腿说:哎呀!叫这小子蒙对了。张所长宣布:"行了,通过!"众人赞成鼓掌!总算一块石头落地!跟军队汇报,首长赞同。我国首部高山玻璃钢雷达罩准时于 1975 年 10 月 1 日启用,结束了十多年无雷达罩停机的窘境。接着民航局传来消息,引一2 罩刚上马就立大功,两架民航客机由北京飞往沈阳,沈阳风大天线放倒,民航局联系大连空军,飞机相继在普兰店机场安全着陆,油已耗尽,两架飞机上的百十多生命幸免于难。该罩经实测透波率达到大玻璃窗透波率的 98%,为国际最高水平,国外只有 83%。

1994 年包头召开第二届全国系统科学学术研讨会,我应邀做大会报告,题为"差异、矛盾、系统"。当讲到一块 9.75 m×3.85 m 蜂窝夹层玻璃钢球形大板块参数模糊不明情况,36 级荷载与预计 39 级很接近,迎来一片热烈掌声。会后,主办人太原工业大学杨桂通校长与我握手说:"冷工,真是天才呀!"会后,《系统辩证学》学报约稿 1995 年第一期刊登《差异学说与实践的意义》,后来又在"纤维复合材料"季刊 2004(2)发表题为《大型玻璃钢制品不确定信息复杂系统预报的比较函数解法》。"中国工程技术创新文库"从 3 万篇期刊文章中评出 256 篇授奖,其中 10 篇获特等奖,我的《大型玻璃钢制品不确定信息复杂系统预报的比较系数解法》名列其中。

系列雷达定型罩:我任组长,是设计者及制造指挥者,部队一位参谋长带队来所参加制造。我没白天无黑夜领着战士们在最凹处糊雷达罩。1976 年 7 月 1 日全玻璃钢罩在院内拼装成功,在庆祝会上军队首长、基教队长与所领导上台讲话祝贺,后运到鸡东阵地安装成功于十一准时开机,以应对每天 300 架外机越境。

这部雷达罩是在引一2 罩基础上改进的,将原引一2 罩抗风工字钢骨架去掉改成薄木板糊成玻璃钢肋骨架。原钢骨架过于安全,蜂窝夹层改成薄板,透波率相当。

经大量计算木肋板糊玻璃钢面积阻挡减小,计算书厚达 4 cm,实际使用寿命增加一倍,哈玻所首次申请了专利,到 1990 年时已完成 30 部雷达罩,后又成立雷达罩公司投产出口国外。在哈玻所六十周年纪念庆祝会上,宣布已生产大量各种雷达罩,早已出口全世界,令人兴奋不已。冷兴武被称为高山雷达罩的创始人。

第五节　碳纤维几项试制品的研制

由于技术进步,轻质高强材料从玻璃纤维应用发展到碳纤维复合材料。下面介绍碳环氧羽毛球拍杆、风云 2 号外网格圆筒壳、波导管与高速转筒的研制。

一、碳纤维复合材料羽毛球拍杆

为发展我国民用碳复合材料，赶上世界先进水平，哈尔滨玻璃钢研究所、哈尔滨文体用品研究所、哈尔滨球拍厂联合研制小组于 1983 年 3 月开始试制碳纤维缠绕复合材料羽毛球拍杆。试制的羽毛球拍在国内、外比赛中使用效果良好，并于 1983 年 9 月由黑龙江省对箭牌 DAS－203 碳杆轻合金羽毛球拍进行了技术鉴定，获轻工部重大贡献三等奖。

我们的研制方针是立足本国，使用国产 618 号环氧树脂、国产高强 2 号碳纤维，在哈尔滨玻璃钢研究所制造的 DSC－1 型缠绕机上制造。

1. 技术方案比较

两种方案进行比较，一是全碳环氧复合材料杆，二是薄壁钢管芯外缠绕碳环氧复合材料结构杆。前者质量更轻、性能更好，后者碳纤用量少、造价稍便宜，从总体实验来看前者为佳。

2. 生产工艺流程示意

芯模准备→涂脱模剂→机械缠绕→固化→脱模→磨削加工→烤漆→装拍。

3. 缠绕线型计算

管身长度 320 mm，端头高 2.5 mm，钢芯模直径 3.4 mm，缠绕外直径 7.0 mm，缠绕角为

$$\sin\alpha=\frac{3.4}{7.0}=0.485\ 71$$

缠绕角 $\alpha=32°17'$，取 $\alpha=32°$。

缠绕中心角为

$$\theta_t=\left(\frac{320\times\tan 32°}{\pi\times 7.0}\right)\times 360°+2\left(90°+\arcsin\frac{2\times\tan 32°-34'}{7.0}\right)$$
$$=3\ 448°$$

$2\theta_t=6\ 896°$，取 360°整数倍，$2\theta_t=6\ 840°$

缠绕速比为 $$i=\frac{6\ 840°}{360°}=19$$

二、外网格结构碳纤维缠绕例题

连续网格缠绕可做多孔过滤管、筒，也可以做夹层网格缠绕和缠绕内、外肋加强圆筒结构件，如风云 2 号卫星外网格肋圆筒结构件（图 9－3）。网格缠绕很简单，特点是增量为零，但是国外第一个网格结构筒壳不是缠绕成形制品，而是先将圆筒分成几块板，用计算机编成网格肋，然后几块板粘成圆筒，结构整体性能与制作方法落后。

我们用一束纤维在最原始的缠绕机上缠绕出整体网格壳体，是国际首创的最先进理论与技术。《航空学报》1987 年 No8 公开报道了此项技术。我们已做过试验是直径 150 mm、高 165 mm、圆筒重 265 g，结果是光筒 1.52 吨失稳，三角肋外网格壳 4.66 吨破坏，菱形外网格壳 3.2 吨失稳，三角肋网格性能最好。

1. 计算公式

$$\pi D_i=\frac{b+\Delta l}{\cos\alpha_i}m \tag{9-3}$$

由图 9—4 可得，式中　D_i——芯模缠绕层直径；

m——缠绕增量等分芯模圆周的份数；

Δl——纤维相邻边缘间距；

b——纤维纱片宽度。

图 9—3　外网格加强肋圆筒薄壳

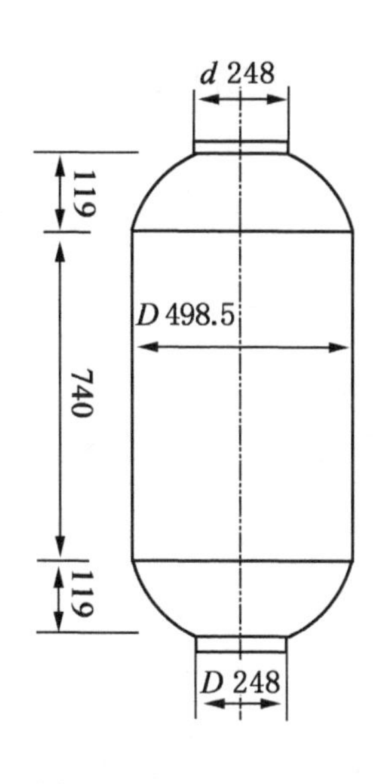

图 9—4　两端封头芯模

2. 微速比

$$\Delta i=\frac{b+\Delta l}{\cos\alpha_i} \tag{9-4}$$

式中　α_i——缠绕角。

3. 相邻纤维中心线在圆周方向之间距(即网格在圆周上之宽度)

$$s_i=\frac{\pi D_i}{n} \tag{9-5}$$

式中　n——缠绕切点数；

4. 理论缠绕速比

$$i_{理}=\frac{2\theta_t}{360^\circ} \tag{9-6}$$

式中　θ_t——单程缠绕中心角。

$$i_{理}=\frac{k}{n} \tag{9-7}$$

式中　k——完成一个完整循环芯模的转数。

5.网格缠绕计算

两端开口直径 d

$$d=D_i\sin\alpha=498.5\sin 30°=249.25$$

考虑到极孔处纤维堆积，取 $d=248$ mm。

缠绕中心转角为

$$\theta_t=\frac{740\tan 30°}{\pi 498.5}+2\left(90°+\arcsin\frac{2\times 119\tan 30°-248}{498.5}\right)=252°16'$$

$$\theta_n=2\times\theta_t=2\times 252°16'=504°32'$$

缠绕速比的近似值为

$$i_{理}\approx\frac{504°32'}{360°}=1.401$$

网格结构设计需 42 等分圆周，$n=42$，$k=59$ 代入公式(9－5)得

$$i_{理}=\frac{k}{n}=\frac{59}{42}=1.404\ 761\ 905$$

6.小结

(1)这里计算讲的是菱形外加环向构成三角形，是受力最稳定形式结构。

(2)本部分运用于链条式、最原始的缠绕机成功，现在已用先进的数控、全自动化缠绕机。

(3)它还是夹层缠绕的一种，在网格结构层表面层加环向层、纵向层后就是夹层缠绕，更是一种很合理的结构。

三、碳环氧波导管及消摇鳍

此管原是环氧玻璃钢波导管，后来发展碳纤维缠绕环氧波导管，其刚度、质量有所改善。

碳环氧波导管是通信用器材，原是全铜电镀的铜波导管，耗铜量大、费时间、成本高，后改成碳环氧仍为矩形截面，一头大一头小呈长方锥形，还是无端头缠绕，是异型缠绕的首例。计算采用“相当圆”原理，即两端截面当作等周长圆锥体计算较简单。

接着又有海军用的舰艇消除摇摆的消摇鳍机翼形截面，也是无端头，也获部级奖。后来转给四川一家工厂生产，根据需要改换成碳环氧，质量更轻，性能更好。

四、碳纤维复合材料高速转筒

新课题是二室梁树久高工接的项目，其突出特点是经得起超高速极限要求的

考验。

离心法关键设备是高速浓缩离心机，转筒是离心机核心部件。1978 年 10 月使用方向哈玻所提出研制碳纤维复合材料高速转筒，1980 年列为国家“六五”攻关项目，由梁树久高工负责。

1981 年 12 月 9 日由哈玻所提供 15 件高速转筒。1985 年 12 月 9 日超高转速试验达到极限转速标准。1985 年获国家“六五攻关”先进项目奖。

第十章　差异模糊比较函(系)数法的实验研究

本章介绍差异理论在工程设计与实验中应用的一种方法，称为差异模糊比较函(系)数解法，该法采用宏观试验与理论比较分析综合，解出计算和设计不明参数复杂而不确定的情况。实践证明这是一种科学、实用、有效的方法，便于掌握和推广。

20世纪70年代初，空军雷达阵地屡因风大致雷达天线被放倒而停止工作，严重影响正常值勤任务。国家急需要设计和安装玻璃钢雷达防风罩。但是，高山风大，雷达天线整体被大风刮垮的情况时有发生，损失巨大。

从国外进口玻璃钢雷达防风罩价格昂贵，如果自行研制，高山雷达天线防风罩的设计与制造在我国尚属首次。承担该项任务无论是上级还是基层均有不同看法。人们普遍感到该任务非同一般，有很大风险，多数人心抱怀疑，不托底。因此，急需一个具有说服力的实验，打消众人心中的疑虑。这就是当时本实验研究的目的。

第一节　基本概念

凡在差异模糊之处，进行理论与实验比较，并能得出有规律的比较函(系)数，皆可称之为差异模糊比较函(系)数法。

差异模糊比较函(系)数是有规律性的、有实验基础的和理论依据的实验通称函数。它概括了复杂的参数计算理论推导和诸多参数的不确定性的模糊界限的确定，从而大大简化了工程设计与计算过程，往往会比使用计算机编程求解获得更为满意和准确的结果。

差异模糊比较函(系)数理论是高度综合的系统理论，它把诸多参数及其相互作用的复杂性与不确定性都通过整体或系统(包括子系统)实验表现出来。因此，差异模糊比较函(系)数能够反映出整体或系统的实在性与真实性。

第二节　函(系)数的实验确定

差异模糊比较函(系)数的确定方法主要是用初始段实验曲线与理论计算曲线相应区段进行比较，修正理论计算中的若干参数，这种修正函数，我们称它为差异模糊比较函(系)数。

差异模糊比较函(系)数的解答有较大的不确定性,这是因为能符合理论计算初始段曲线的若干参数之修正有较大的随机性和模糊性,故比较函数的解答具有非唯一性和多答案性,这也是我们称它有模糊性的理由之一。

函(系)数的确定步骤通常为:

(1)选定研究对象,该对象就是我们要研究的整体或系统。

(2)给出系统的工作理论曲线,要求该曲线要有初始段、中间段和终止段,具有较好的完整性。

(3)对系统进行小负荷实验,获得相应的初始段曲线。

(4)将理论和实验的初始段曲线进行差异比较。

(5)修正理论计算的诸多参数,使其反映出的初始阶段的整体效应与实验曲线完全一致,两者比较的差异函(系)数便可确定。但由于答案非唯一性,因此需要选优。

(6)将修正的参数代入理论计算公式,进行曲线的中间段和终止段计算与绘制。至此,研究对象在工作状态下的发展趋势和结果预报就算完成了。

(7)实验操作,系统的实验,从初始段的重复开始直至终段完成。如果实验进行到中间段发现实验数据偏离预计理论曲线较大,应随时进行修正,建立新的差异模糊比较函(系)数,以保证预计的终段结果比较理想,反之如果发现较小就建立比较系数。

(8)一次实验没有把握,可以重复第二次实验。

第三节　实际应用举例

我们举 1975 年我国第一部军用玻璃钢高山雷达天线防风罩的研制试验情况为例。该罩呈半球形,直径 18.6 m,由固定在钢筋混凝土圈梁上的工字钢骨架和玻璃钢蜂窝夹层板(板块尺寸为 9.7 m×3.85 m)组成。

这里,我们进行了强度和稳定性两项设计计算与实验。分别确定两种差异模糊比较函(系)数,并较理想地预报了终端段的实验结果。

下面分别进行具体介绍。

1.强度计算与实验

我们在Ⅰ型罩最大的一块(9.75 m×3.85 m)玻璃钢蜂窝夹层中取一条壳板长 3.85 m 宽 1.5 m。由于矢高与跨长比小于二十分之一,采用扁拱计算理论,通过实验求得修正系数 ϑ,得出蜂窝夹层两端铰支座拱球形壳板的强度计算公式。如图 10－1 所示,其支座反力为:

$$V_A = V_B = \frac{ql}{2} \tag{10-1}$$

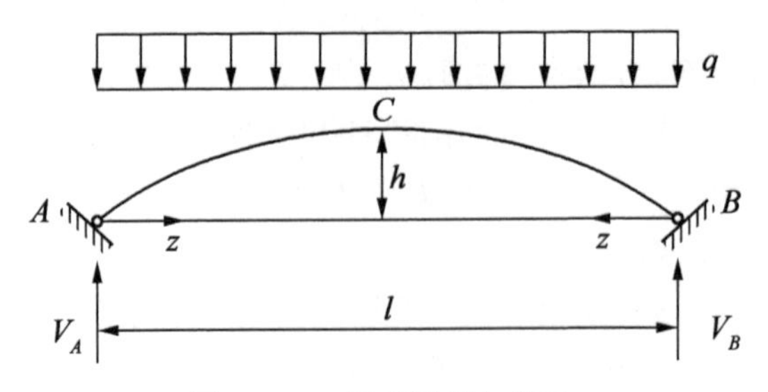

图 10－1　强度计算与实验

$$Z=\frac{ql^2h}{8h^2-15k} \tag{10－2}$$

式中　q——均布荷载；

V_A、V_B——两支座垂直支反力；

Z——两支座水平支反力；

h——拱中点矢高；

l——跨长；

k——与拱板、支座刚度有关的参数。

跨中点弯矩 M_c 为

$$M_c=\frac{ql^2}{8}-Zh \tag{10－3}$$

设蒙皮厚度为 t_f，芯材高 h_c，拱板宽 b，跨中央点上蒙皮弯曲应力 σ_c，则根据夹层结构材料力学原理：

$$M_c=\sigma_c t_f(t_f+h_c)b$$

$$\sigma_c=\frac{M_c}{bt_f(t_f+t_c)} \tag{10－4}$$

将式(10－3)代入式(10－4)，则

$$\sigma_c=\frac{ql^2-Zh}{bt_f(t_f+t_c)}$$

$$\frac{8\sigma_C bt_f(t_f+t_c)}{ql^2}=-\frac{15k}{8h^2-15k}$$

设

$$\beta=\frac{8\sigma_c bt_f(t_f+t_c)}{ql^2} \tag{10－5}$$

代入上式得

$$k=\frac{8\beta h^2}{15(\beta-1)} \tag{10－6}$$

取跨中点 C 处，当下蒙皮应力为零时，上蒙皮的应力中的弯曲应力和轴向压缩应力相等。因此，上蒙皮的弯曲应力为上蒙皮总应力之半，如图 10－2 所示。即

$$\sigma_c=\frac{\sigma_{弯+压}}{2} \tag{10－7}$$

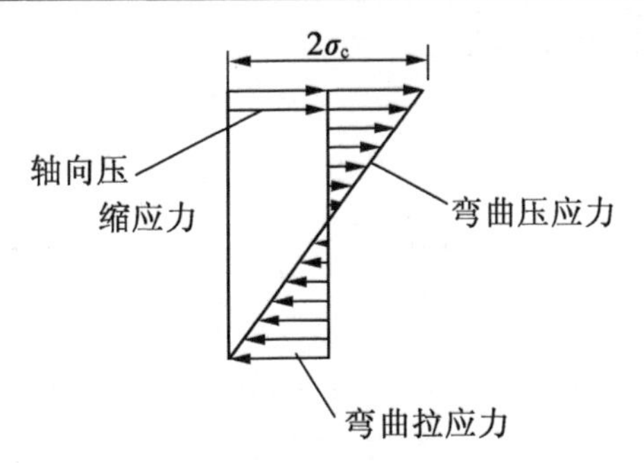

图 10－2　蒙皮的应力分析

矢高 $h=16.5$ cm 夹层壳板荷载实验结果证明，当荷载加至

$$q=6.54\times0.233 \text{ kg/cm}$$

时，实测下蒙皮应力为零，上蒙皮的应力

$$\sigma_{弯+压}=-47.71 \text{ kg/cm}^2$$

则上蒙皮中的弯曲应力为

$$\sigma_c=-\frac{47.77}{2}=-23.86\ (\text{kg/cm}^2)$$

蒙皮三层玻璃布厚 $t_f=0.105$ cm，芯高 $h_c=2.7\sim2.8$ cm，代入式(10－5)，则

$$\beta=0.041\ 189\ 3$$

代入式(10－6)，则

$$k=-4.750\ 893$$

再计算出蒙皮的压缩应力进行比较。

拱之轴向压力为

$$N=-P_S R\sin^2\theta \tag{10－8}$$

式中　P_S——拱板上受均布外压，6.54×0.233/150 kg/cm²；

　　R——拱板之曲率半径 1 062.26 cm；

$\theta=90°$，代入式(10－8)得

$$N=-1079.12 \text{ kg/cm}$$

上蒙皮受的轴向压缩应力为

$$\sigma_{f压}=\frac{N}{2t_r}=-51.38 \text{ kg/cm}^2 \tag{10－9}$$

跨中点上蒙皮的实测弯曲应力 σ_c 与理论计算 $\sigma_{f压}$ 两者比较，得应力比较修正函数：

$$\vartheta=\frac{\sigma_c}{\sigma_{f压}}=\frac{23.86}{51.38}=0.47$$

称 ϑ 为应力比较修正系数，代入式(10－8)，则

$$N_{计}=-0.47P_S R\sin^2\theta \tag{10－10}$$

由轴压计算蒙皮压缩应力为

$$\sigma_{f压}=\frac{N_{计}}{2t_f} \tag{10－11}$$

蒙皮在跨中的弯曲应力同式(10－4)：

$$\sigma_{f弯}=\frac{M_c}{bt_f(t_f+t_c)} \tag{10－12}$$

M_c 和 Z 同式(10－2)、式(10－3)。

综上所述，拱板跨中点上、下蒙皮的应力为

$$\sigma_{cmax}=\sigma_{f弯}+\sigma_{f压} \tag{10－13}$$

式中 $\sigma_{f弯}$——蒙皮中弯曲应力，对上蒙皮为负，对下蒙皮为正；

$\sigma_{f压}$——蒙皮中轴向压缩应力，对上、下蒙皮皆为负。

由式(10－13)计算的上、下蒙皮应力和实测结果相近，见表 10－1。

表 10－1 理论计算和实测的拱中点蒙皮应力比较表

荷载/(kg·cm⁻²)	上蒙皮应力/(kg·cm⁻²)		下蒙皮应力(kg·cm⁻²)	
	实测值	计算值	实测值	计算值
0	0	0	0	0
15	－5.3	－6.08	－1.05	－0.32
30	－10.86	－12.48	－1.35	－0.60
45	－12.86	－19.28	－0.5	－0.72
60	－23.93	－26.28	－1.4	－0.82
75	－32.43	－34.12	－2.0	－0.65
90	－41.7	－42.87	－1.35	－0.18
105	－52.83	－52.99	＋1.15	＋0.76
120	－67.73	－64.80	＋1.70	＋2.36
135	－83.06	－80.42	＋2.40	＋5.30
150	－107.93	－101.29	＋6.05	＋10.48
165	－134.93	－132.52	＋8.20	＋20.32

应当指出，这种理论计算公式是采用实验比较修正系数校正过的，即是建立在实验的基础上的。

我们曾经把前面试验板蒙皮又加厚两层 0.21 mm 斜纹玻璃布，矢高提高到 22.5 cm。进行荷载实验，荷载加到 525 kg/m² 之后结构破坏。蒙皮的应力实测与计算同样相近。结构破坏时上蒙皮实测应力为－241.5 kg/cm²，理论计算值为－262.295 kg/cm²。这和聚酯玻璃钢的压缩强度极限相差 7 倍多，说明扁拱是失稳破坏，所以稳定计算与实验就显得格外重要。

2. 稳定计算与实验

把前面所提及的扁平拱壳板简化为微弯梁受均布荷载进行稳定计算，根据铁木辛柯的理论认为两端铰支的微弯梁的挠度参数为

$$u=\frac{5}{584}\cdot\frac{ql^4}{E_{折}\ J_{折}\ h} \tag{10－14}$$

式中 u——挠度参数；

q——均布荷载；

$E_{折}$——夹层板的折算弹性模量；$E_{折}=\dfrac{1.89}{2\sqrt{3\times0.99\times2.282}}=3.629\times10^3(\mathrm{kg/cm^2})$；

$J_{折}$——夹层板的折算截面抵抗矩；

l——跨度；

h——中点矢高。

受荷后扁平拱中心线的挠曲方程式为

$$y=\frac{h(l-u)}{l-\alpha}\sin\frac{\pi x}{l} \tag{10-15}$$

式中

$$\alpha=\frac{Hl^2}{\pi^2E_{折}\ J_{折}} \tag{10-16}$$

H——拱的水平推力。

上述参数除已知外皆可由下式解出：

$$(1-u)^2=(1-m\alpha)(1-\alpha)^2 \tag{10-17}$$

式中　m——截面几何性质参数由下式确定；

$$m=\frac{4J_{折}}{Ah^2} \tag{10-18}$$

式中　A——拱截面面积。

在计算夹层结构截面折算参数时，考虑到大型壳体和小型试件在工艺上有所区别，取值应偏低更为接近实验结果。

微弯梁(扁平拱)下凸的临界屈曲荷载公式为

$$u_k=1+\sqrt{\frac{4(l-m)^3}{27m^2}} \tag{10-19}$$

当拱矢高提高到 22.5 cm，上蒙皮加厚到五层，下蒙皮加厚到四层 0.21 mm 斜纹玻璃布时，经 5 级荷载试验，修正折算厚度取 $t_{折}=5.2$ cm，折算弹性模量取 $E_e=3.629\times10^3\mathrm{kg/cm^2}$，$E_{折}=3.0\times10^3\mathrm{kg/cm^2}$；即实验给出 $E_{折}$ 比较系数 $k_E=3.629\times10^3/3.0\times10^3$ 为 1.2。

再由公式(10－18)算得的 $m=0.027$，代入式(10－19)则临界荷载参数为：$u_k=14.68$。

将 m 值代入方程式(10－17)，便可按每次加荷之大小解出其相应的挠度值来。我们把标准设计荷载每一级定为 15 kg/m²，从 0 级到 33 级之前每 3 级加一次荷载，到 33 级之后每次加一级荷载，实验到 36 级未完结构失稳破坏。试验结果与理论预报接近，达到实验目的。

按理论计算到第 39 级荷载时，荷载参数接近临界值。分析理论和实验值两者相差的原因有两点，一是原试验板矢量 22.5 cm 经过试验后有残余变形 0.3 cm，因此计算起始矢高应为 22.2 cm；二是设计加荷每组为 15 kg/cm²，而实际上偏高为 16.1 kg/cm²。因此，采用扁平拱挠曲稳定方程计算是可行的，为安全起见可打 10%

的安全系数。

蜂窝夹层壳板挠曲试验理论计算和实测挠度值见图 10－3 曲线。如果按最大风荷载 $W=162.5\ \mathrm{kg/m^2}$ 计算，则屈曲荷载的安全系数为 2.3 倍。

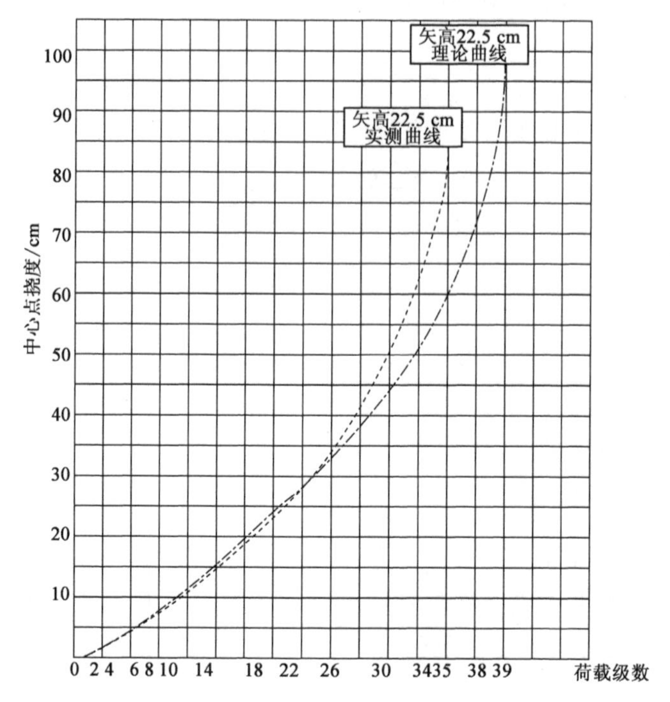

图 10－3　蜂窝夹层壳板挠曲试验理论计算和实测挠度值

3. 现场实测情况

于 1977 年 3 月 20 日至 3 月 30 日在引－2 型罩雷达站现场进行了风载变形实测。

所测玻璃钢蜂窝夹层板为最大的一块，其尺寸为 975 cm×385 cm，玻璃钢壳板中心点距地面约 260 cm。使用一台手提式自动振动记录仪和一台挠度计同时测板中央点之挠度。

风载挠度实测结果见表 10－2。

表 10－2　风载挠度实测结果

风速 M/S(级)	自动记录仪的挠度值 m/m	挠度计读出的挠度值 m/m
10.6(5 级)	0.12	0.10
13.3(6 级)	0.21	0.20
17.0(7 级)	0.31	0.30
21.4(9 级)	0.60	0.55

理论计算简化为矩形底面四周铰支球形扁壳受均布荷载的情况。

扁壳矩形底边为

$$a=\frac{927+823}{2}-7=868\ (\text{cm})(\text{螺孔到边距 } 3.5\ \text{cm})$$

$$b=382.5-7=375.5(\text{cm})$$

荷载参数方程为

$$q^{*}=\frac{\pi^{2}\left(1+\frac{1}{r^{2}}\right)^{2}}{192(1-r^{2})}\zeta+\frac{\pi^{2}x_{1}^{2}}{16}\zeta-\frac{\pi^{2}x_{1}}{1+r^{2}}\zeta^{2}+\frac{32\pi^{2}}{9(1+r)^{2}}\zeta^{3} \tag{10-20}$$

式中　ζ——相对挠度；

　　r——长宽比；

$$x_{1}=\frac{a}{Rt_{\text{折}}} \tag{10-21}$$

$$r=\frac{b}{a} \tag{10-22}$$

$$q^{*}=\frac{qa^{4}}{E_{\text{折}}\ t_{\text{折}}} \tag{10-23}$$

$$\zeta=f/t_{\text{折}} \tag{10-24}$$

该罩圆满成功并荣获全国科学大会重大贡献奖，现已超期服役 46 年以上。

差异模糊比较函（系）数法不但适用于一般受力结构件的破坏判断上，还可用于受力复杂的大型结构物，如大型桥梁、堤坝、地壳、冰川、塔基、屋盖、内外压容器等变形的预报上。

（上述该比较函（系）数解法刊登杂志后被中国工程技术创新文库从 3 万篇论文选出 10 篇特等奖选中。见附录 4）

第十一章　差异数学平衡法的研究——非测地线稳定缠绕的平衡方程式建立

差异数学平衡法是差异平衡原理的应用方法之一。本章以非测地线稳定缠绕的基本原理的平衡方程式为实例，并分为非测地线稳定缠绕的基本方程、弹性力学模型平衡方程、圆柱体非测地线稳定平衡方程、球面平衡方程、椭圆柱面平衡方程等进行叙述。

第一节　差异数学平衡法概述

差异数学平衡法是差异系统平衡理论实施的方法之一，也是基础理论和工程技术理论计算常用的方法。

差异平衡原理告诉我们：若 A 与 B 平衡或使其达到平衡，必须存在下面的差异平衡关系式：

$$A \underset{\cdot}{-} \underset{B}{\overset{A}{X}} = B$$

或

$$B \perp \underset{B}{\overset{A}{X}} = A$$

其解为数学平衡方程式，比较简单的表达式有：

1. 加减关系式

$$A - \underset{B}{\overset{A}{X}} = B$$

或

$$B + \underset{B}{\overset{A}{X}} = A$$

2. 乘除关系式

$$A \div \underset{B}{\overset{A}{X}} = B$$

或

$$B \times \underset{B}{\overset{A}{X}} = A$$

例如，牛顿第二定律：物体下降的加速度 a 固定不变，其所受惯性合力 F 大小与其质量 m 成正比，其数学表示式为

$$F=ma$$

因此，差异数学平衡方程式常常用于规律与原理的建立以及工程设计的计算公式。

化学反应规律之反应方程式也是差异数学平衡方程式之一，其形式有

$$A+B=C+D$$

或
$$A+B\rightleftharpoons C+D$$

例如：

$$2NaOH+CuSO_4=NaSO_4+Cu(OH)_2\downarrow$$

$$AlCl_3+3H_2O\rightleftharpoons Al(OH)_3+3HCl$$

可以看出，凡是能建立差异系统平衡的各种数学关系式的方法均属差异数学平衡法的范畴，无论其形式是数学、物理还是化学的。

下面就是作者在研发纤维缠绕复合材料过程中，首次建立非测地线稳定缠绕的平衡方程式，并利用差异数学平衡法的研究过程。

第二节　非测地线缠绕问题的提出

纤维缠绕基本原理中，对等截面圆柱体缠绕是短程线即测地线不滑线稳定缠绕，而不等开口变异截面筒体等会出现非测地线问题。作者冷兴武《带喷管玻璃钢火箭发动机壳体排线基本原理探讨》在玻璃钢资料 1978 年 20、21 期发表，提出 102 个计算公式，同时发现第 33 届国际塑料工业学会/复合材料有西德亚森大学关于《回转体非测地线缠绕》的论文，给出一个与我们相同的方程式。从差异论讲缠绕的张力引起滑移力用摩擦力抵抗，即滑移力≤摩擦力。

但他们用微分几何学获得了一个二阶微分方程解决。而我们已用手算简单方法解决，是通过摩擦系数随着树脂黏度在浸胶缠绕物实际变化的实践得出，成功地解决了国家急需的第一个大型电机绝缘环无端头缠绕不滑线问题。

第三节　非测地线缠绕(FW)稳定方程

测地线 FW 角为 α，非测地线 FW 角为 α'，稳定偏差 FW 角为 $\Delta\alpha$，则不滑线条件为

$$\Delta\alpha\geqslant\alpha-\alpha'$$

如图 11－1 所示，取其微元展开长度 ΔS、FW 张力 F 和摩擦阻力 T，方程如下

$$T=2F\sin\frac{\Delta\alpha}{2}\qquad(11-1)$$

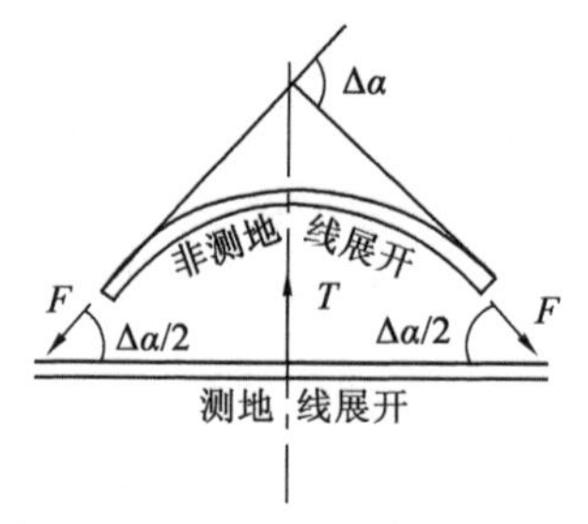

图 11－1　张力和摩擦阻力稳定图

第四节　稳定缠绕的弹性力学模型

图 11－1 取一段微元长 ΔS 纤维作垂直剖面，如图 11－2 所示。

微元 ΔS 纤维方向张紧力 F，垂直纤维方向的法向均匀压力 P_0 作用，取纤维方向与 x 轴垂直 y 轴方向的受力平衡方程式为

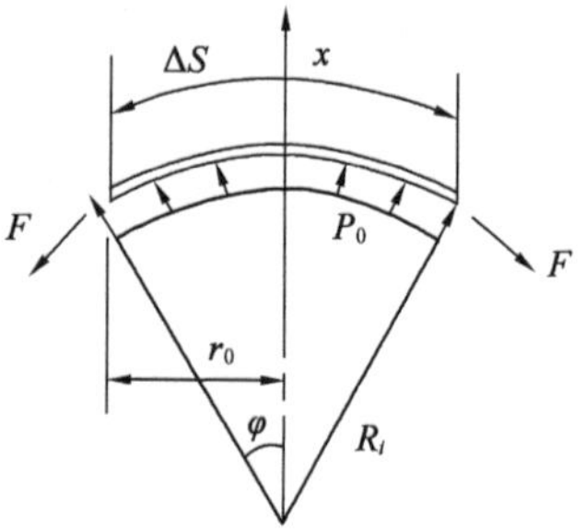

$$2F\sin\frac{\mathrm{d}\varphi}{2}-2r_0\cdot b\cdot P_0=0$$

纤维宽度取为 $b=1.0$，代入

$$\sin\frac{\mathrm{d}\phi}{2}=\frac{r_0}{R_i}$$

得
$$F=P_0R_i \tag{11－2}$$

图 11－2　垂直剖面图

如图 11－1 所示稳定方程(11－1)中摩擦系数 f 来自纤维的法向压应力摩擦阻力：

$$T=P_0\cdot\Delta S\cdot b\cdot f \tag{11－3}$$

式(11－2)、式(11－3)为理论上理想状态，纤维宽度取 b，过去发表的论文 f 取纤维受压宽度为 $2b$，已经考虑了式(11－2)、式(11－3)安全系数 $k=2$。

关于安全系数 $k=2$，我们考虑如下因素。

(1)非测地线底层纤维松散况且缠绕过程接触表面贴不紧，纤维张力有松紧之别，张力 F 小时，$T=17$ mg，$f_{静}=0.302$，而张力大时 $T=97$ mg，$f_{静}=0.27$。

(2)丝嘴小车有惯性但运速不均匀，尤其机械式缠绕机摩擦系数 $f_{静}=0.302$，而 $f_{动}=0.18$。当 $f_{静}=0.27$ 时 $f_{动}=0.14$，甚至 $f_{动}$ 更小。

(3)其他因素树脂配方黏度在车间混合会影响摩擦系数，张紧力 T 随缠绕过程浸胶丝嘴小，车动速度也会影响压紧力 P_0 等，所以安全系数选为 2，大点为好。以后各种情况改为再选小于 2。

故
$$P_0=\frac{F}{R_1R_i} \tag{11－2'}$$

随即确定：

$$T=P_u\frac{\Delta S}{K_2}\cdot f \qquad (11-3')$$

将式(11－2′)、式(11－3′)代入式(11－1)

$$\Delta S=\frac{2k_1k_2R_1}{f}\sin\frac{\Delta\alpha}{2}$$

式中取总的安全系数 $k_1k_2=k$，k 值范围为 1.0～2.0 为宜，故

$$\Delta S=\frac{2kR_i}{f}\sin\frac{\Delta\alpha}{2} \qquad (11-4)$$

式中　R_i——纤维微元段 ΔS 法线方向曲率半径(图 11－2)。

如果以 α 代表微元 ΔS 与芯轴 x 夹角，缠绕时则 ΔS 之 x 轴向长度应为 Δx，即有 $\Delta S=\frac{\Delta x}{\cos\alpha}$，将 $\Delta S=\frac{\Delta x}{\cos\alpha}$代入式(11－4)，则

$$\Delta x=\frac{2kR_i}{f}\cdot\cos\alpha\cdot\sin\frac{\Delta\alpha}{2}$$

极限

$$\mathrm{d}x=\frac{2kR_i}{f}\cos\alpha\mathrm{d}\alpha \qquad (11-5)$$

第五节　圆柱体非测地线稳定公式

图 11－3 取一段微元纤维长度 ΔS 非测地线之稳定方程，由式(11－5)求得：圆柱半径 R 的方程为

$$\mathrm{d}x=\frac{kR}{f}\cdot\frac{\cos\alpha}{\sin^2\alpha}\mathrm{d}\alpha \qquad (11-6)$$

式中　R——圆柱体半径；

α——缠绕角；

f——纤维层间静摩擦系数，对玻璃纤维取 0.10～0.13；

k——缠绕不滑线的安全系数。

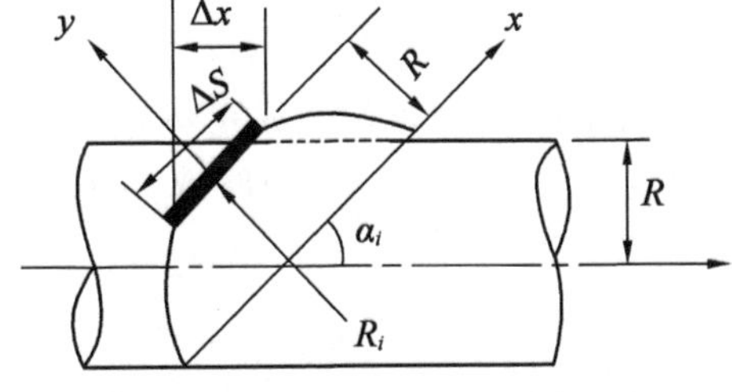

图 11－3　纤维沿圆柱体稳定缠绕示意

对公式(11－6)取积分可求出圆柱体非测地线稳定缠绕之计算段长度公式为

$$\int_0^L\mathrm{d}x=\pm\int_{\alpha_0}^{\alpha}\frac{kR}{f}\cdot\frac{\cos\alpha}{\sin^2\alpha}\mathrm{d}\alpha$$

$$L=\pm\frac{kR}{f}\left(\frac{1}{\sin\alpha_0}-\frac{1}{\sin\alpha}\right)$$

所以

$$L=\pm\frac{kR}{f}\cdot\frac{\sin\alpha-\sin\alpha_0}{\sin\alpha_0\cdot\sin\alpha} \qquad (11-7)$$

式中　L——圆柱体计算段长度；

α_0——圆柱体计算段长度 L 起点缠绕角；

α——圆柱体计算段长度 L 终点缠绕角。

安全系数 k 根据传动稳定与否，机械式缠绕机传动不稳可大些取 2，计算机控制的可小些。

第六节　球面非测地线稳定公式近似解

在图 11－3 中也可视为沿缠绕在球面上一条纤维，取其一段微圆弧长 ΔS，由公式(11－4)可解

$$\Delta S=\frac{2kR_T}{f}\cdot\sin\frac{\Delta\alpha}{2} \qquad (11-4')$$

式中　R_T——缠线在球面上微小段 ΔS 在其法线上或称切面上纤维轨迹的曲率半径。

$$\Delta S=\frac{2\pi R_i}{m}$$

代入上式，则有

$$\sin\frac{\Delta\alpha}{2}=\pm\frac{\pi R_j}{kmR_T}\cdot f \qquad (11-8)$$

式中　R_j——纤维缠绕在球面上其轨迹所形成的截面(假设为平面)之半径；

m——将截面圆周长分 m 等份仍取每份扩大的微元长度为 ΔS。

为简化使截面平面靠近球心，可得 $R_j\approx R_T\approx R$，R 为球之半径，如图 11－4 所示。此时公式(11－8)可简化为

$$\sin\frac{d\alpha}{2}\approx\pm\frac{\pi}{km}f \qquad (11-9)$$

例如：求圆球形端头稳定偏差缠绕角。当纤维绕过整个端头(半径)时取 $m=2$，由公式(11－9)，得

$$\sin\frac{\Delta\alpha}{2}\approx\pm\frac{\pi}{2k}\cdot f$$

取 $f=0.10$，$k=1.0\sim2.0$ 时

$$\sin\frac{\Delta\alpha}{2}=0.078\ 54\sim0.157\ 08$$

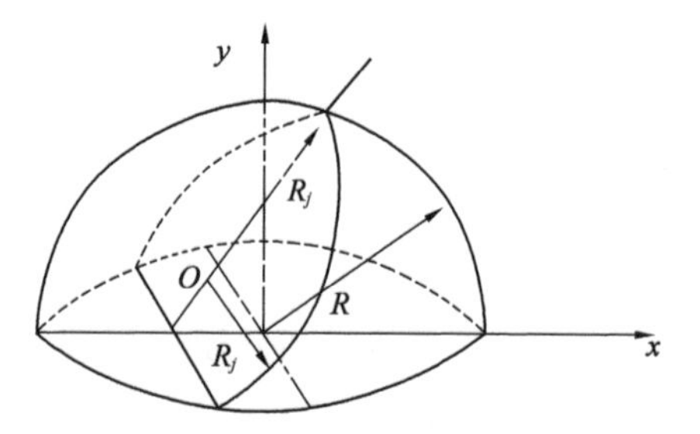

图 11－4　纤维沿球体稳定缠绕示意

所以

$$\Delta\alpha=\pm9°04'\sim\pm18°08'$$

如果纤维只绕过半个端头，则稳定偏差缠绕角为

$$\sin\frac{\Delta\alpha}{2}\approx\pm\frac{\pi}{4k}\cdot f\approx0.039\ 27\sim0.078\ 54$$

所以

$$\Delta\alpha=\pm4°30'\sim\pm9°$$

以上计算当 $m=2$ 相当于无极孔；$m=4$ 有极孔，切点处只能是测地线，缠绕角

为 90°。

第七节　纤维缠绕圆柱面滑线及其稳定位置的计算

圆柱式椭圆柱曲面结合鼓形截面实例进行公式推导与简单计算。

一、圆柱或椭圆柱面非测地线缠绕之稳定公式

由非测地线稳定缠绕原理得知，任意凸曲线截面筒体非测地缠绕的稳定公式为

$$L \geqslant \pm \frac{k}{f}\int_{\alpha_0}^{\alpha} R_i \cos \alpha \mathrm{d}\alpha \tag{11-10}$$

式中　L——缠绕曲面沿芯模轴方向最小稳定长度；

f——纤维层间的摩擦系数，对玻璃纤维取 $f=0.1\sim0.3$；

α_0、α——其一计算截面之测地线与非测地线之缠绕角；

R_i——垂直纤维密切面，取其微元段纤维 ΔS 之曲率半径；

k——缠绕不滑线安全系数。

若过垂直缠绕纤维密切面作斜截面的坐标为 z 和 y_1，y_1 与芯轴交角即缠绕角为 α，则曲率半径公式为

$$R_i = \frac{(\dot{z}^2 + \dot{y}_1^2)^{1.5}}{|\dot{y}_1 \ddot{z} - \ddot{y}\dot{z}|} \tag{11-11}$$

式中　$\dot{z}$、$\dot{y}_1$、$\ddot{z}$、$\ddot{y}_1$——分别为 z、y_1 对 t 的一阶、二阶导数

$$\left.\begin{aligned} \dot{z} &= \frac{\mathrm{d}z}{\mathrm{d}t}, \quad \dot{y}_1 = \frac{\mathrm{d}y_1}{\mathrm{d}t} \\ \ddot{z} &= \frac{\mathrm{d}^2 z}{\mathrm{d}t^2}, \quad \ddot{y}_1 = \frac{\mathrm{d}^2 y}{\mathrm{d}t^2} \end{aligned}\right\} \tag{11-12}$$

二、椭圆曲面槽车之公式推导

如图 11－5 所示槽车横截面为鼓形直面，高 1.4 m；椭圆曲面宽 2.0 m，其方程式为

$$\begin{cases} z = b\sin t \\ y = a\cos t \end{cases} \tag{11-13}$$

式中　a、b——分别为椭圆之长、短半轴长。

筒身缠绕角为 α，曲面曲率半径 R_i 由式(11－11)决定，式中有 z、y 对 t 的导数，需将 α 变为 t 的函数，由异型截面缠绕基本原理得知

$$\tan \alpha = \frac{2\pi r_i}{l_1} = \frac{2\pi\ \sqrt{z^2 + y^2}}{l_1} = \frac{2\pi}{l_1}\sqrt{a^2\cos^2 t + b^2 \sin^2 t}$$

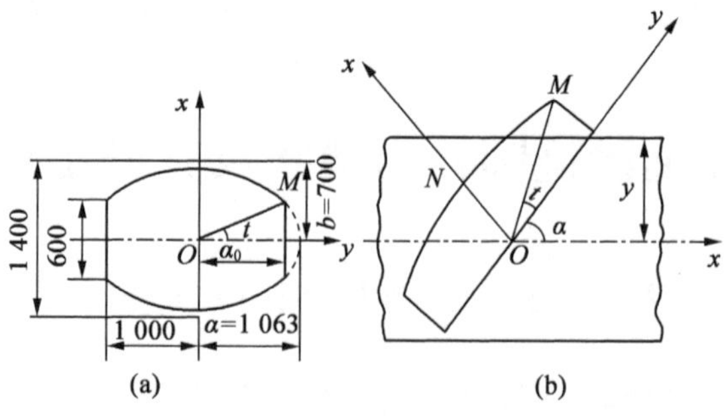

图 11—5　槽车横截面

$$=\frac{2\pi}{l_1}=\sqrt{a^2-(a^2-b^2)\sin^2 t} \tag{11—14}$$

式中　l_1——螺距由芯模每转 360°绕丝嘴沿芯轴方向前进之距离，链条直线时 l_1＝常数。

由式(11—14)代入可得

$$\sin\alpha=\frac{\tan\alpha}{\sqrt{l+\tan^2\alpha}}$$

将设

$$\Delta=a^2-(a^2-b^2)\sin^2 t$$

$$\frac{\sin\alpha}{2\pi}=\sqrt{\frac{\Delta}{l_1^2+4\pi^2\Delta}} \tag{11—15}$$

由图 11—5 可知

$$y_1=y/\sin\alpha \tag{11—16}$$

将式(11—13)、式(11—15)代入式(11—16)得

$$y=\frac{a\cos t}{2\pi}\sqrt{\frac{l_1^2+4\pi^2\Delta}{\Delta}} \tag{11—17}$$

由(11—15)可求出

$$\sin t=\sqrt{\frac{a^2-\Delta}{a^2-b^2}} \tag{11—15′}$$

将式(11—17)求导数过程省略化简为 y_1 为式(11—18)，进一步化简为式(11—19)最后化简为式(11—20)。

$$\dot{z}=b\cos t \tag{11—21}$$

$$\dot{y}=-b\sin t \tag{11—22}$$

将式(11—18)、式(11—20)、式(11—21)、式(11—22)代入式(11—19)可得

$$R_i=\frac{2\pi}{ab}\cdot\frac{\varepsilon}{|\zeta+\lambda|} \tag{11—23}$$

再分别求得：

ε 式(11—24)

ζ 式(11—25)

λ 式(11—26)

将式(11－23)代入式(11－10)得

$$L \geqslant \frac{2k\pi}{abf}\int_{\alpha_0}^{\alpha} \frac{\varepsilon}{|\zeta+\lambda|}\cos\alpha d\alpha \tag{11－27}$$

采用数字积分方法计算取

$$\phi=\frac{\xi\cos\alpha}{|\zeta+\lambda|}$$

设 $h=\frac{\alpha-\alpha_0}{n}$,取 $n=4$,则

$$\int_{\alpha_0}^{\alpha} = \frac{\varepsilon}{|\zeta+\lambda|}\cos\alpha d\alpha \approx \frac{h}{3}(\phi_0+4\phi_1+2\phi_2+4\phi_3+\phi_4) \tag{11－28}$$

三、槽车例题演算

1. 基本数据计算

已知 $l_1=12\ 436.6$ mm,$a=1\ 063$ mm,$b=700$ mm,则 $l_1^2=154\ 669\ 019.56$

$$\frac{l_1^2}{4\pi^2}=3\ 917\ 853.47,\quad a^2-b^2=639\ 969$$

$$l_1^2(a^2-b^2)=98\ 983\ 377\ 804\ 392.4$$

$$\frac{a^2}{4\pi^2}=28\ 622.45$$

$$\frac{l_1^2(a^2-b^2)}{4\pi}=7\ 876\ 923\ 400\ 000$$

$$\Delta=\frac{l_1^2}{4\pi^2}\tan^2\alpha=3\ 917\ 853.47\tan^2\alpha$$

$$\sin t=\sqrt{\frac{a^2-\Delta}{a^2-b^2}}=\sqrt{\frac{1\ 129\ 969-3\ 9178\ 53.47\tan^2\alpha}{639\ 969}}$$

代入式(11－24)、式(11－25)、式(11－26)得 ε、ζ、λ,代入 ϕ 式得缠绕角 $\alpha_i=19°34'$～$27°49'$之间的诸 ϕ_i 值

$\varphi=19°34'$　　$\phi_i=16.200\times10^8$

$=21°34'$　　$=4.886\times10^8$

$=22°56'$　　$=2.993\times18^8$

$=23°48'$　　$=2.031\times10^8$

$=24°18'$　　$=1.642\times10^8$

$=24°40'$　　$=1.370\times10^8$

$=25°44'$　　$=0.728\times10^8$

$=27°49'$　　$=0.206\times10^8$

将上式诸数字画成曲线,以便查出所需点 ϕ_i 值。

2. 滑线验算

验算由 M 点缠绕到 N 点是否滑线？

按纤维在空间缠绕落纱点计算理论缠绕角，在椭圆曲面中点 N 处为

$$\alpha_{\min}=19°29'$$

椭圆曲面棱线 M 点处为

$$\alpha_{\max}=27°49'$$

$$h=\frac{27°49'-19°29'}{4}=2.08\dot{3}$$

$$\frac{h}{3}=0.694°/60°=0.012\ \text{rad}$$

选取 $\alpha_0=19°29'$，$\alpha_1=21°34'$，$\alpha_2=23°39'$，$\alpha_3=25°44'$，$\alpha_4=27°49'$，其相应 ϕ 值 $\phi_0=16.2\times10^8$，$\phi_1=4.886\times10^8$，$\phi_2=2.14\times10^8$，$\phi_3=0.728\times10^8$，$\phi_4=0.206\times10^8$，代入式(11－28)得

$$\frac{h}{3}(\phi_0+4\phi_1+2\phi_2+4\phi_3+\phi_4)=0.522\ 88\times10^8$$

代入式(11－27)并取 $k=2$，得

$$L\geqslant\frac{4\pi}{abf}\times0.522\ 88\times10^8=8\ 784.4\ \text{mm}\geqslant2\ 214\ \text{mm}$$

M 点至 N 点沿芯轴线方向，故滑线。

3. 滑线后稳定位置

由于 M 点处棱面积小，纤维在此不易稳定，故 M 点处应取其侧面缠绕角 $\alpha_N=26°24'$ 作为 M 点的稳定缠绕角。

采用试算法可获得 N 点最终稳定缠绕角 $\alpha_N=22°56'$，其验算式为

$$\alpha_i=22°56',23°48',24°18',24°40',25°32',26°24'$$

$$\phi_i=3.90\times10^8,2.52\times10^8,1.65\times10^8,0.91\times10^8,0.483\times10^8$$

则 $L\geqslant0.000\ 168\times0.006\ 084\ 4(3.90+4\times2.52+2\times1.65+4\times0.91+0.483)\times10^8$

$=2\ 187.77\ \text{mm}<2\ 214\ \text{mm}$

故 N 点缠绕角 $22°56'$ 稳定不滑线。

四、圆柱曲面稳定公式导出

将圆柱半径 $R=a=b$ 代入椭圆曲面公式可很方便地导出圆柱曲面稳定缠绕公式。如式(11－24)、式(11－25)、式(11－26)可分别变为

$$\xi=\left[b^2\cos^2 t+\frac{a^2}{4\pi^2}\left(\frac{-2\pi\sin t}{\sin\alpha}\right)^2\right]^{1.5}$$

$$=\left[R^2(\cos^2 t+\frac{\sin^2 t}{\sin^2\alpha})\right]^{1.5}$$

$$\zeta=-\frac{2\pi}{\sin\alpha}$$

$$\lambda=0$$

代入式(11－27)

$$L\geqslant\pm\frac{kR}{2f}\int_{\alpha_0}^{\alpha}\sin 2\alpha\left(\cos^2 t+\frac{\sin^2 t}{\sin^2\alpha}\right)^{1.5} \tag{11-29}$$

由 M 点缠绕到 N 点(见图 11－5)，$t=90°$代入上式，则

$$L\geqslant\pm\frac{kR}{2f}\int_{\alpha_0}^{\alpha}\frac{\sin 2\alpha}{\sin^3\alpha}\mathrm{d}\alpha=\pm\frac{kR}{f}\int_{\alpha_0}^{\alpha}\frac{\cos\alpha}{\sin^2\alpha}\mathrm{d}\alpha$$

所以

$$=\frac{kR}{f}\left(\frac{1}{\sin\alpha_0}-\frac{1}{\sin\alpha}\right) \tag{11-30}$$

将槽车改为相当圆半径 909 mm 的圆柱体，其上一点 M 之 $\alpha_0=26°24$，沿芯轴长 $L=2\ 214$ mm，缠绕至 N 点，取 $k=2$ 时，则代入式(11－30)便可得 N 点缠绕角：

$$2\ 214=\pm\frac{2\times 909}{0.1}\left(\frac{1}{\sin 26°24'}-\frac{1}{\sin\alpha}\right)$$

$$\sin\alpha_{\max}=0.470\ 09$$

所以 $\alpha_{\max}=28°03'$。

$$\sin\alpha_{\min}=0.420\ 49$$

所以 $\alpha_{\min}=24°02'$。

注：由于槽车例题演算公式推导太繁杂，所以简化，有兴趣者请见《纤维缠绕原理》一书，1990 年山东科技出版社出版，由于只出 1 200 册，全国大图书馆藏量少，也可以查《复合材料学报》1991 年第 1 期和《宇航学报》1982 年第 3 期。

第八节 非线性科学与复合材料系统

复合材料是多组相、多技术、多理论的复合载体，存在着多种相互作用、正负反馈和物质、能量、信息的协调与交换，是一个涉及科学、技术、社会、人文和环境等诸多因素的典型的非线性复杂系统。本节旨在将非线性理论引入复合材料领域的研究，建立非线性复合材料系统，把复合材料乃至整体材料科学提高到一个新的层次。

非线性科学是国际最前沿课题，至今已发展到科学、技术、社会及国民经济各领域。它吸引一大批科学家在为之奋斗不息。

复合材料是个大的复杂系统，其间存在着大量的非线性关系，无论在复合设计、工艺成型、检验分析、使用维护仪器设备等方面，非线性理论内容都十分丰富。如果不改变观念，只停止在线性理论水平，将无法面对复合材料这个复杂系统所提出的问题。这方面工作国际上报道甚少，我们领先一步将非线性科学引入应用于复合材料领域，十分有意义。

国际上现有的复合材料理论多依附于其他学科，是个分散的集合体，尚无一个统一的规范场。从系统科学角度看，复合材料是个极其典型的复杂系统，其间关系只能

用非线性理论概括，这是其他任何一种理论所无能为力的。

由于非线性理论是专门探索复杂现象的科学，像复合材料这样的复杂系统引入非线性理论，无疑会给复合材料设计、发展、理论提高带来新的活力，把我国复合材料推向前沿。

一、非线性科学的发展

非线性科学是在 20 世纪 40 年代，由诸多学科研究中的非线性共性本质综合在一起形成的一门基础理论。

简单来说，非线性科学是研究那些不是线性的数学系统和现象的学科。线性与非线性是个数学概念，所谓线性是指两量关系成比例，呈直线关系，整体性质是部分的总和，可把问题分解成许多小问题，然后叠加求解；而非线性是指两量关系不成比例，呈曲线关系，整体性质不等于部分性质加起来的总和，不能由部分叠加求解。

非线性科学在 20 世纪 40 年代以组织理论，即控制论、信息论、一般系统论为代表；60 年代以自组织理论为代表，即突变论、超循环论、耗散论和协同论的发展；70 年代发展为非线性动力学，即以混沌学、分形几何、孤波理论为其前沿。科学家把它比喻为 20 世纪量子力学和相对论问世以来的“第三次大革命”。

材料科学家也早就在这方面开始了探索，1983 年以色列学者普菲弗(P. Pfeifer)等人提出了“介于 2、3 之间的非整数维化学”的概念，并建立了表面分形理论的框架与基础。

二、复合材料系统

钱学森教授将系统划分为复杂系统、巨系统和简单系统。我们据此将复合材料系统分为基体系统、填料与增强材料系统、工艺制造系统、理论设计与检验系统、使用与维护系统等。

1. 基体系统

基体可划为金属基、水泥基、陶瓷基和树脂基系统，树脂基又分为热固性和热塑性树脂系统，而热固性树脂又分为环氧、不饱和聚酯、酚醛树脂等子系统，每个子系统又有若干性能不同的牌号微系统，每一牌号又由若干组分构成。

2. 填料与增强材料系统

增强材料系统可分为金属纤维、陶瓷纤维、硼纤维、石墨纤维、碳纤维、芳纶纤维、超高分子量聚乙烯纤维、石英纤维、玻璃纤维、棉麻纤维及其他织物系统等。

3. 工艺制造系统

整体复合材料的工艺制造系统十分复杂，这里只举树脂基纤维复合材料工艺系统的划分。

(1)压制工艺。

①模压工艺；②层压工艺。

(2)手糊工艺。

①胶衣层;②表面层;③铺层。

(3)缠绕工艺。

①纤维缠绕;②布带缠绕;③缠绕加喷射。

(4)拉挤工艺。

(5)树脂传递法(RTM)。

(6)喷射工艺。

上述各工艺系统中又可分为模具、设备、成型工艺条件、加工等小系统。

4. 理论设计与检验系统

(1)设计系统。

①结构设计;②组成配比设计。

(2)检验系统。

①试件物理化学和力学性能检验;②制品的整体性能与环境考验试验。

5. 使用与维护系统

树脂基复合材料对环境要求很严格,根据不同性能要求来设计相应的制品。因此,一定要注意复合材料的使用环境,重要制品要做随时间变化的记录,一旦发现问题要及时维护,这是一个容易被人们忽略的系统。

三、复合材料系统中的非线性关系

复合材料系统是个多层次系统复合而构成的复杂系统,它包含着 5 个巨系统和若干简单系统和要素,它们在同一或不同层次上相互作用都存在大量的非线性关系。可以表示为:

$$复合材料系统 \supseteq \{(基体系统)\cdot(填料或增强材料)\cdot(工艺制造系统)\cdot(理论设计与检验系统)\cdot(使用与维护系统)\} \quad (11-31)$$

非线性关系还会一直贯穿到简单系统乃至要素之间的相互作用。

1. 填料、增强材料与基体之间关系

如图 11－6 所示,短纤维增强复合材料强度和纤维体积比关系,除抗拉强度近似线性关系外,压缩和抗剪强度均呈现非线性关系。

而长纤维复合材料弯曲强度与纤维体积比的关系除无捻粗纱石棉外,平纹玻璃布和缎纹玻璃布增强也都呈非线性关系,如图 11－7 所示。即便是呈线性关系部分也只限纤维体积比在 70% 以内,超过此值仍为非线性关系。

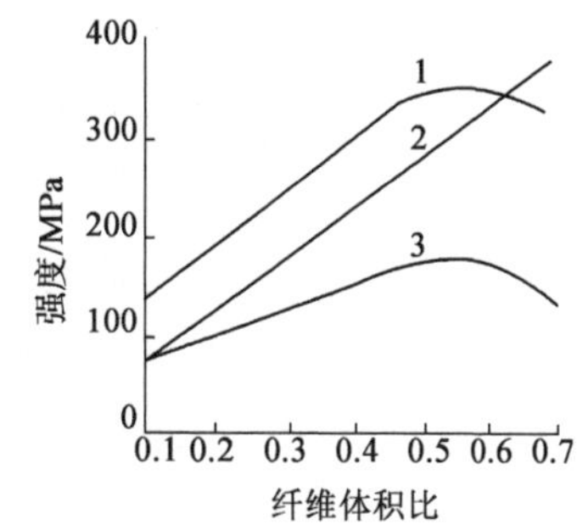

图 11－6　平面内 E－玻璃纤维杂乱走向的复合材料用 QLA 预报强度性能

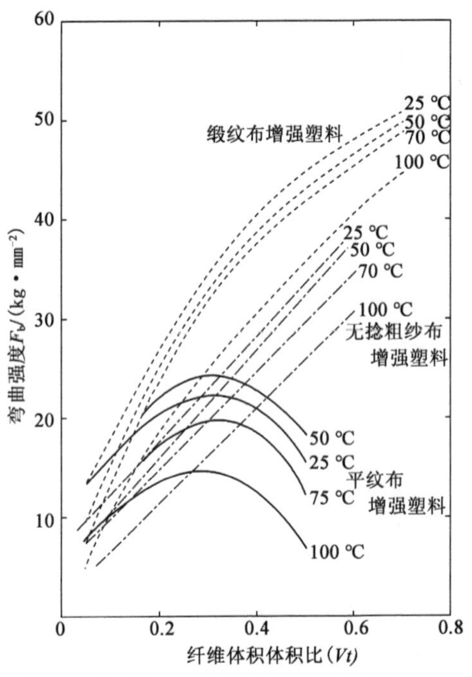

图 11—7　弯曲强度和纤维体积比的关系

2. 工艺系统参数间关系

模压工艺系统中的诸多参数，如放热峰、黏度、挥发分、固化剂、温度、压力、时间等影响均呈非线性关系。举一综合要素影响的压制工艺曲线，如图 11—8 所示，它包括了除图上给出的参数以外的诸多因素的综合，尽管局部线段人为地设计成直线，但实测也会发现它同样是波动的曲线。此外，工艺参数对制品性能的影响也呈非线性关系，如缠绕角对各种弹性系统的影响，全部都呈曲线关系，如图 11—9 所示。

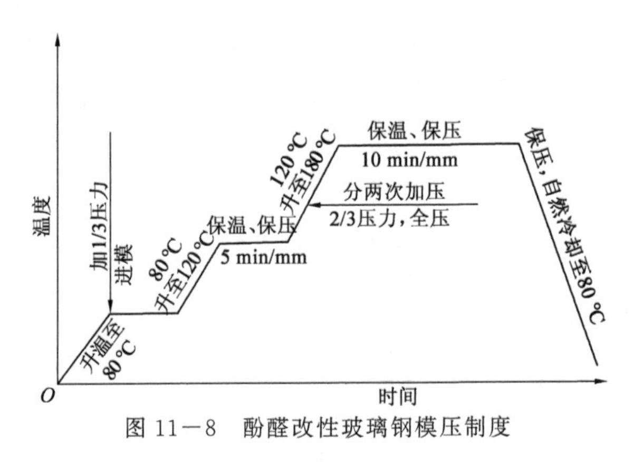

图 11—8　酚醛改性玻璃钢模压制度

3. 性能与检验系统

复合材料性能及其检验的诸参数，如分子量分布、纤维直径分布、固化度、可溶

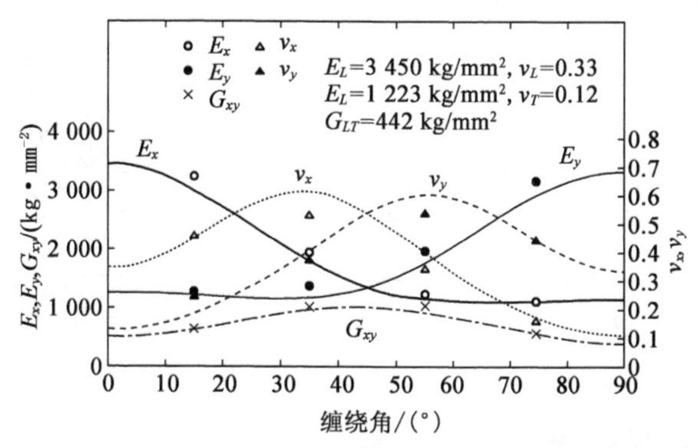

图11－9　纤维螺旋缠绕材料的弹性系数与其缠绕角的关系

分、孔隙率、抗拉、抗压、抗弯、抗剪强度、模量、泊松比等都呈现出非线性关系，同样包括上述参数反映到产品中的综合强度指标也呈非线性关系，如图 11－10 所示。这是我们曾做过的雷达罩大型蜂窝夹层壳板的变形和均布外压荷载的关系曲线，并用比较系数法求解非线性复杂系统。

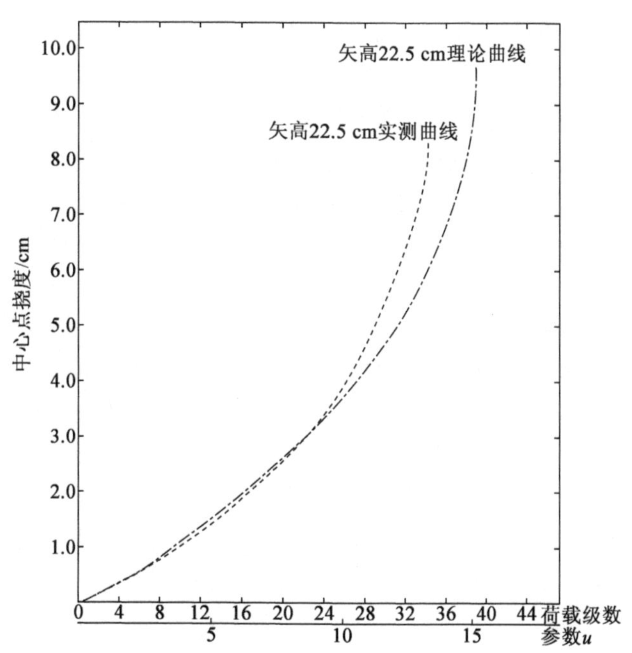

图 11－10　大型蜂窝夹层壳失稳的理论与实验曲线比较

4. 使用环境和维护系统

复合材料在使用环境作用下总体性能呈非线性下降，无论是温度、湿度、大气、阳光、海水、荷重、腐蚀等作用。图 11－11 所示是玻璃钢工作艇在水中 20 年老化性能曲线。总体来说，初期损失率大一些，正常使用期平稳下降，到末期性能会迅速下降变坏，如图 11－12 所示。可见，维护保养是延长寿命的有效措施。

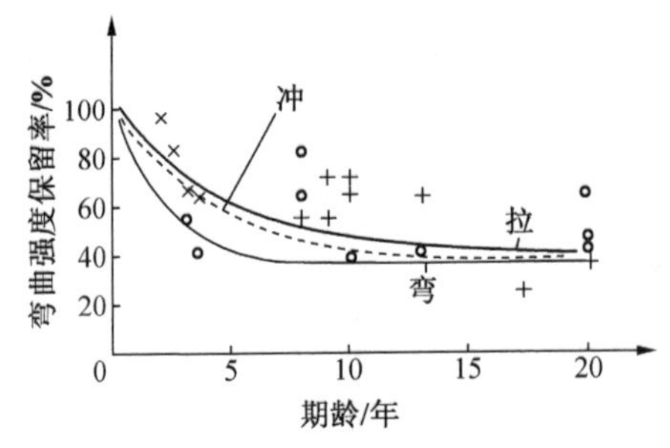

图 11－11　玻璃钢工作艇弯曲性能变化

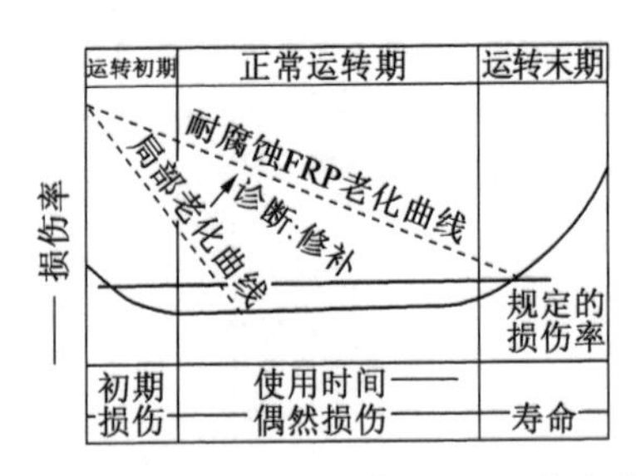

图 11－12　盐湿曲线和耐腐蚀 FRP 的老化曲线

四、非线性科学的渗透交叉研究

将非线性科学引入复合材料学科领域，其非线性关系的研究在我国也曾有过自发性的初步工作，如早年的纤维缠绕规律、异型缠绕规律、非线性稳定缠绕的基本原理的研究等，采用线性近似解答也曾满足过当时的科研生产实践的要求，在复合材料史上应该说是做出过贡献的。但这对当今新的复合材料发展，面对多相组、多功能、多技术、多工艺、多理论的复杂系统来说自然是远远不够的。

复合材料的宏观系统包括设计、工艺、检验、使用中的技术和管理工作，都应引入系统科学理论，只有用系统科学理论才能提高这些系统的效率，使之达到优化目标。

复合材料的微观系统包括配方、组相、界面、基体及其他组分的化学成分、微观破坏、流变、浸润等方面的研究设计应引入分形、分维与孤波理论。

在环境作用下的复合材料表现出的行为或寿命预报的复杂研究无疑会与混沌理论紧密地联系在一起。

这样，我们引入整体性原理、动态原理、时空统一原理、宏观微观统一原理、确定性与随机性统一原理等非线性理论做进一步交叉研究，不但能将复合材料系统中存在的大量非线性关系在理论上做圆满解释，而且能设计出这些实验行为，从而创造出更理想的、高层次的新复合材料系统。

非线性科学和复合材料系统的渗透交叉是 21 世纪的大势所趋，不但是非线性科学伸延到各领域的必然，也是复合材料复杂系统本身发展和提高的需要，同时也会给复合材料科学家与工程师带来一场思维观与方法结论的重大变革。

第十二章　数学、物理学理论的差异比较应用
——纤维缠绕定理、原理、推理与引理的创建

本章介绍专著《纤维缠绕原理》将几何学、物理学理论的比较研究方法具体应用于纤维缠绕复合材料领域中，首次建立了纤维缠绕定理 8 条、原理 6 条、推理 24 条与引理 1 条共 39 条理论，对纤维缠绕复合材料技术的发展起到了较大的促进作用。又举出人造卫星用纤维缠绕网格加肋壳体实例，应用了定理六中的推理 2 中的一条引理。该项目获部级科技进步二等奖。该成果获部级科技进步三等奖。

第一节　问题的提示

众所周知，数学(包括几何学)、物理学中有许多定理、原理和推理，这些定理、原理、推理与引理成为科学技术发展的基础理论。

那么，在工程技术领域中，具体到我们所从事的纤维缠绕复合材料中，是否也可以像数学、物理学那样建立一些定理、原理、推理和引理。

我们把上述两种情况进行差异比较，发现有相同的地方。在纤维缠绕复合材料实践的过程中，我们也同样发现有很多规律性可循，它们的成立并不以人的意志为转移。例如人们常常希望用机械化连续缠绕的方法一次缠绕出的管道和贮罐厚度均匀相等，但无论如何绞尽脑汁想办法，终究还是达不到目的。这说明科学规律是不可超越的。为了使从事纤维缠绕复合材料的技术人员清楚地认识这一点，以免在设计和制造时徒劳无功，我们在纤维缠绕复合材料领域中首次大胆地把一些规律性的原理提炼为像数学、物理学里一样的定理、原理、推理和引理共 39 条纤维缠绕理论。

但是当人们详细研究和实践这些理论时才发现，纤维缠绕的基本原理构成，无非是由数学中的几何学与物理学中的力学两部分共同组成的。既然数学和物理里有那么多定理、原理与推理，这两个学科联合起来应用于纤维缠绕中，怎么不可以建立起堂堂正正的定理、原理、推理和引理呢？应该说可以。

首次承认这些定理、原理、推理与引理的是大学里的老师，他们从学科建设角度认为这一理论的必要性。其次是专门从事纤维缠绕实践的生产、实验人员，他们在生

产、实验过程遇到的难题急需定理、原理、推理与引理来解决。1979年，我在全国第三届玻璃钢技术交流年会提出纤维缠绕定理、原理、推理与引理。会后，一位高校朋友说，你把问题总结到点子上了；另一位工厂的朋友说，你解开了我们多年总想解决而又解决不了的问题。原来端部缠绕角为90°成为定理，筒身缠绕角必小于90°。

下面介绍如何利用数学、物理学理论的差异比较研究建立纤维缠绕定理、原理、推理与引理的全部内容。

第二节　纤维缠绕定理与推理

纤维缠绕定理8条，推理14条，引理1条。

定理一　端部缠绕角必为90°。

该定理又称端部直角定理，即任何形状的纤维缠绕制品至少其两端缠绕角为90°。

这条定理和几何学中直角三角形直角必为90°，其他两角都要小于90°异曲同工，如图12－1所示，端部顶点是丝嘴返回处缠绕角90°。

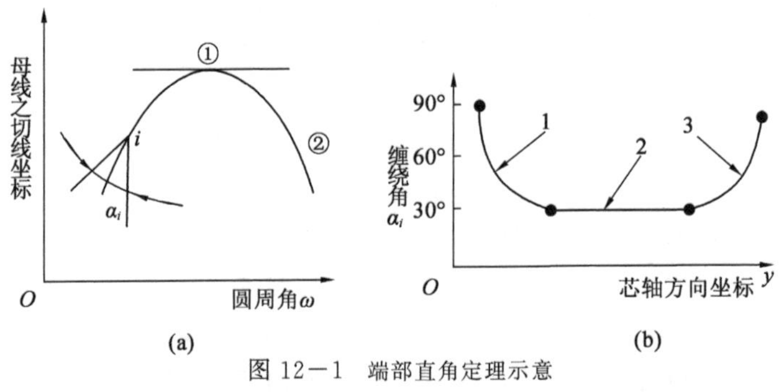

图12－1　端部直角定理示意

(a)①顶点，②缠绕轨迹投影；(b)1、3为端头段，2为筒身段

推理1　任何制品至少其两端顶部缠绕层较厚缠绕角最大为90°。

推理2　任何制品螺旋缠绕最薄处不在两端，而且一定在缠绕角最小而直径又是最大的地方。

定理二　缠绕速比决定总体线型。

这是一条关于立体几何学平面展开，诸几何元素之间关系的理论。也是一条纤维缠绕总体线型宏观定理。该速比i决定总体排线形式，即交叉点个数(切点数)或排成平行四边形的个数等。

其公式为

$$i=\frac{k}{n} \tag{12－1}$$

式中　k——完成一个完整缠绕循环芯模转圈数；

n——完成一个完整缠绕循环纤维在端头处之顶端或极孔周边之等分、切点数。

纤维交叉点为

$$M=K-1 \tag{12-2}$$

式中 M——纤维交叉点圈数。

平行四边形个数为

$$N=n(k-2) \tag{12-3}$$

推理 绕速比只决定总体线型,不决定局部线型。

定理三 缠绕对象之局部几何尺寸、局部缠绕角与切点数决定局部线型。

这一条定理是纤维缠绕局部线型的"微观"几何定理,如图 12—2 圆柱体排线平行四边形情况。

$$S_i=\frac{\pi D_i}{n} \tag{12-4}$$

式中 D_i——圆柱直径,对变截面回转体 i 处直径;

S_i——平行四边形沿圆周方向展开长度对变截面回转体 D_i 处局部平行四边形沿圆周向之对角线长度。

平行四边形沿缠绕回转轴方向对角线之半或纤维交叉点圈间距为:l_i——螺距;α——筒身段缠绕角。

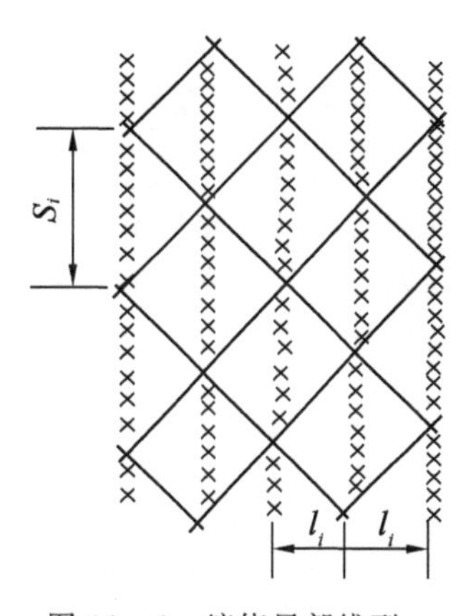

图 12—2 缠绕局部线型

推理 局部线型与完成一个完整循环芯模转数 k 无关,只与绕速比 i 的分母 n 有关。当切点数 n 一定时,局部线型与绕速比 i 变化无关。

定理四 筒体的总体线型与所缠绕对象之几何形状无关。

这条定理我思考好长时间,忽然一次想起我曾在机加车间开车床的情况,原来车床的速比确定后,工件的转速与车刀在转轴方向速度和所切削的工件几何形状无关,于是这条定理就这样在纤维缠绕与车床切削两者的差异比较中诞生了。

推理 1 总体线型与所缠绕对象沿芯轴方向截面几何尺寸变化与否无关。

这条推理告诉我们一个圆筒形容器两端有封头,如中间筒身段车削变细,其总体线型仍然不变。这就是回转体变截面螺旋缠绕成功理论根据。

推理 2 总体线型和所缠绕对象在同一截面周边各点到芯模距离是否相等无关。

这说明只要绕速比 i 一定,无论缠绕工件是回转体或非回转体或任何凸曲线都不会影响总体线型,这是我们能缠绕异型制品之理论根据。

定理五 缠绕速比极限变化引起线型种类变化。

该定理是数学极限理论的差异比较在建立纤维缠绕定理中的应用。故该定理又称为绕速比极限决定线型种类定理。

若在理论上认为纤维宽度非常细时，绕速比 i 的极限变化为：

$i_{max}\rightarrow\infty$ 时为环向缠绕；$i_{min}\rightarrow 0$ 时为平面缠绕。

推理 加大纱片宽度可以使最大极限绕速比 i_{max} 缩小，最小极限绕速比 i_{min} 增大。此外，筒身段加长会使最大极限绕速比 i_{max} 增大，缠绕角减小会使最小极限绕速比缩小。

定理六 纤维排布决定于微绕速比。

该定理又称纤维密布定理。

长期以来一直采用下列公式来确定微绕速比：

$$\Delta i=\frac{b}{n\pi D\cos\alpha} \tag{12-5}$$

式中 Δi——微绕速比；

b——纱片宽度；

n——切点数。

其实当进一步对上式分析时，就会发现这是一个纤维一片挨一片的排布公式。在对纤维纱片宽度和纱片之中心线间距进行差异实质分析时，就会发现该公式中认为两纤维纱片间距离为零，如果在上式中取纱片宽度 $b'<b$ 时，其纤维排布之间隔 Δl 就等于 $b-b'$。因此，纤维是否密布应该改为

$$\Delta i\leqslant\frac{b}{n\pi D\cos\alpha} \tag{12-6}$$

式中 =为正好密布；<为密布有重叠。

推理 1 在微速比 Δi 不变情况下，无论公式(12－6)中诸元素如何变化，调整缠绕纤维仍然保持密布。

推理 2 纤维稀疏排布决定微速比。

将纤维间隔 Δl 代入公式(12－6)，则纤维之稀疏排线公式为

$$\Delta i=\frac{b+\Delta l}{n\pi D\cos\alpha} \tag{12-7}$$

引理 当公式(12－7)中$(b+\Delta l)/\cos\alpha$ 的整数倍等于 πD 周长时可以缠绕出厚层的多孔结构或者加上环向缠绕成稳定受力结构，如内、外网格肋筒壳，如果再缠绕外蒙皮就是纯缠绕的夹层结构，这就是航空、航天、卫星上轻型理想结构件。如图 12－3 所示，我组在风云 2 号卫星做地面试验件成功获个人部级科技进步二等级，转开发部换人，卫星上天后获国家科技进步奖二等奖，被上级称为航天能人。

这种新型缠绕结构件是多少航空、航天专家的梦想，结构内层、外层连夹芯也受力，远优于蜂窝、泡沫夹层或编程网格块拼装。这是一束纤维连续缠绕出来的最理想的受力结构，我们 40 多年前就实现了。

推理 3 异型截面和变截面纤维缠绕密布判别式为

$$\Delta in\pi=\frac{b}{D_i\cos\alpha_i} \tag{12-8}$$

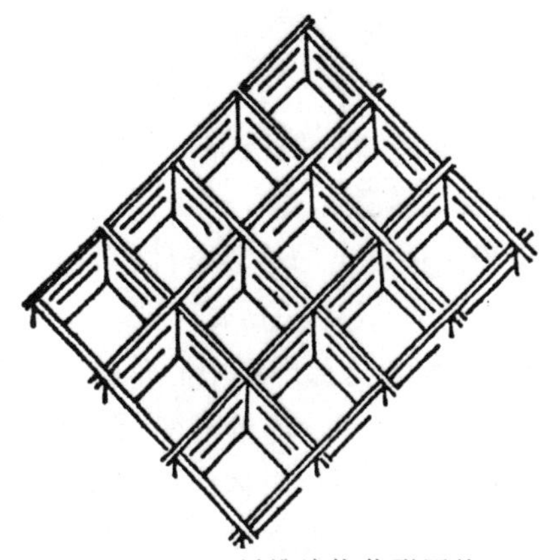

图 12－3　纤维缠绕菱形网格

凡是

$$\frac{b}{D_{i+1}\cos\alpha_{i+1}} > \Delta i n\pi \tag{12－9}$$

该处纤维重叠堆积；相反时该处纤维稀疏，如

$$\frac{b}{D_{i+1}\cos\alpha_{i+1}} < \Delta i n\pi \tag{12－10}$$

推理 4　当微绕速比 $\Delta i=0$ 时，必然出现纤维重叠，重叠位置与切点数一致，等分截面圆周。此时纱片不再前进。采用多切点亦可缠绕出图 12－3 的夹层结构。采用单切点可以缠出通气道式弹簧类制品，如图 12－4 所示。

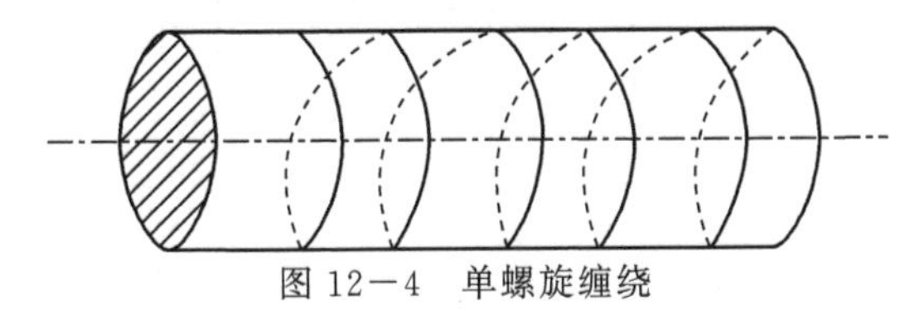

图 12－4　单螺旋缠绕

推理 5　纤维缠绕最厚的地方一定在 $(D\cos\alpha)_{\min}$ 处，最薄的地方一定在 $(D\cos\alpha)_{\max}$ 处。两端最厚，直径最大缠绕角最小的地方厚度最薄。

定理七　绕速比决定于缠绕中心角之总和。该定理又称中心转角总和决定绕速比定理。

该定理利用几何学的角度和物理学转角速度、线速度循环相对应比较，并成函数关系

$$f(i)=F(\theta)$$

即绕速比与中心转角总和关系为

$$i=\frac{\theta_n}{360^\circ} \tag{12－11}$$

式中　θ_n——缠绕一个往返循环芯模旋转之中心转角总和。这双程中心角总和又由各段单程中心角 θ_i 总和来确定。

$$\theta_n = 2\sum_{i}^{n}\theta_i \tag{12－12}$$

$$\theta_i = c\int_{r_0}^{r_i} \frac{\sqrt{1+f'(r_i)^2}}{r_i\sqrt{r_i^2-c^2}}\mathrm{d}r_i \tag{12-13}$$

式中 θ_i——回转曲面半径 r_0 至 r_i 段内缠绕中心角；

$f(r_i)$——回转曲面母线之函数；

c——积分常数，取决于工件给出的边界条件：

$$c = r_k \sin\alpha_k \tag{12-14}$$

推理 缠绕速比与局部缠绕角、局部缠绕中心角的变化无关。

从公式(12－11)可见，只要总的中心转角不变，无论局部缠绕角、局部缠绕中心角如何变化，则绕速比 i 仍保持不变，所以总体线型固定不变。

又如，我们在筒身上放置几个桃形凸块，用它来做筒身接嘴或者反喷管，都不能改变总体缠绕中心转角，也不能改变总体线型。

定理八 测地线缠绕纤维之位置最稳定。

该定理是微分几何学中测地线展开为短程线，故是最稳定的纤维位置。该定理是纤维缠绕的基础理论。

通常测地线缠绕角和回转半径关系式：

$$r_i \sin\alpha_i = c \tag{12-15}$$

式中 r_i——任意截面处的半径；

α_i——任意截面处的缠绕角。

例如缠绕一个带端头的容器，纤维缠到端部极孔处相切返回。由定理一得知缠绕角为 90°，代入公式(12－15)，则

$$r_0 \sin\alpha_0 = c$$

由于 $\alpha_0 = 90°$，r_0 为端头极孔半径，故

$$c = r_0 \tag{12-16}$$

将式(12－16)代入式(12－15)便可得被缠绕对象的缠绕角回转半径 R_i 与端头极孔半径 r_0 测地线关系式为

$$\sin\alpha_i = \frac{r_0}{R_i} \tag{12-17}$$

推理 在不计摩擦系数时，纤维稍一偏离测地线位置就会滑线，直至滑移到测地线位置为止。

第三节 纤维缠绕原理与推理

纤维缠绕原理 6 条，推理 11 条如下：

原理一 “相当圆”原理。

这一条以定理四为基础原理，是利用圆和非圆截面的差异相当原理而建立的。

又称其为异型缠绕规律，曾获全国科学大会唯一独项重大贡献奖，被原哈建工院学报称为“冷氏相当圆”原理，具有开拓性意义，开创了异型缠绕理论。

任意一个凸出面的非回转体，皆可化为一个等周长的圆截面进行螺旋缠绕计算，称之为相当圆原理。相当圆周长等于

$$\pi D_{相}=a+b+c+\cdots+n \tag{12-18}$$

式中 $D_{相}$——相当圆直径；

$a,b,c,\cdots,n$——任意凸多边形各边长总和。

相当圆之平均缠绕角

$$\tan\alpha_{相}=\frac{\pi D_{相}}{l_i} \tag{12-19}$$

式中 l_i——螺距。

筒身诸侧面缠绕角

$$\tan\alpha_a=\frac{a}{k_a l_i} \tag{12-20}$$

$$\tan\alpha_b=\frac{b}{k_b l_i} \tag{12-21}$$

式中 α_a、α_b——筒身各侧边缠绕角；

k_a、k_b——筒身各侧边螺距系数即各侧边相应的中心角被 360°除，即

$$k_a+k_b+\cdots+k_n=1 \tag{12-22}$$

推理 1 任意一个圆形截面的回转体，皆可化为一个等周长凸出截面的非回转体进行缠绕计算，称相当圆原理之逆定理：

$$b_{非}=\frac{2(R_{非}\ \cos\alpha_{i非})_{\max}b_{圆}}{D_{圆}\ \cos\alpha_{i非}} \tag{12-23}$$

式中 $b_{非}$——新缠绕非回转体纱片宽；

$b_{圆}$——原缠绕圆形截面纱片宽；

α——原缠绕圆形截面的缠绕角；

$D_{圆}$——原缠绕圆形截面直径；

α_i——非回转体截面 i 点缠绕角；

R_i——非回转体截面周边 i 点的半径。

推理 2 任意圆形截面化作非回转体不等周长非回转体缠绕时，称它为差圆的缠绕角，为

$$\tan\alpha_{圆}=W\ \tan\alpha_{差} \tag{12-24}$$

式中 W——圆形截面与差圆半径之比。

原理二 非测地线缠绕稳定原理。

这条原理是与物理学中斜面上滑块滑动摩擦的稳定原理差异比较而推导出的理论，其关键有两条：一是与表面粗糙即摩擦系数大小有关；二是与斜面、平面斜歪的程度大小有关。越粗糙表面越不易滑动，越平表面也越不易滑动。

请细见第十一章图11－1、公式(11－1)，即

$$T=2F\sin\frac{\Delta\alpha}{2}$$

由于缠绕纤维层间有摩擦力存在，纤维偏离测地线在一定范围内不滑线处于稳定状态，称为非测地线稳定原理。

推理 缠绕纤维偏离测地线超过非测地线稳定范围，直至滑到非测地线稳定范围为止，如果不加大摩擦系数、不增加缠绕角不可能改变滑线情况。也可以用试算法加大缠绕角或加大树脂黏度等笨法解决。

原理三 不等缠绕角原理。

本原理由定理八而来，测地线缠绕角公式为

$$\sin\alpha_i=\frac{r_0}{R_i}$$

我们比较一下一个两端带开孔的容器各处半径 R_i 的变化，发现两端开孔处 $R_i=r_0$，其缠绕角 α_i 最大为90°，其他各点将随半径 R_i 变化，缠绕角 α_i 也跟之变化，一般都要小于90°。故对任何被缠绕的制品，单旋转轴往复螺旋缠绕不可能整体全部达到等缠绕角，故称为不等缠绕角原理。即就整体产品而言，缠绕角永远不会都均匀相等。

推理1 任何制品整体全部等厚度缠绕不可行。

推理2 等直径圆筒其筒身段等厚等角可行。

推理3 圆锥形筒身段等厚按非测地线稳定条件可试。

原理四 缠绕分段计算原理。

这条原理的形成基于原理三及定理一、八，比较一般缠绕制品各点缠绕分布情况得出的结论是各段缠绕角不同，必须分段计算。

对任何制品进行缠绕计算不少于三段，即筒身段和两端头段，没有筒身段是两端半球合在一起的球形制品。

推理1 对一般筒身带两端头至少分三段计算。

推理2 无端头缠绕也是分三段，不过端头段90°，此端头段只能加厚。

原理五 凹曲面缠绕“架桥”原理。

在日常生活中可见铁路过桥，相比较铁轨离开水面(凹曲面处)架空的道理一样，“架空”高度是可以计算的。

凹曲面架空高度 $\Delta S>0$，如图12－5～12－7贴不紧凹曲表面，称架空原理。架空高度公式为

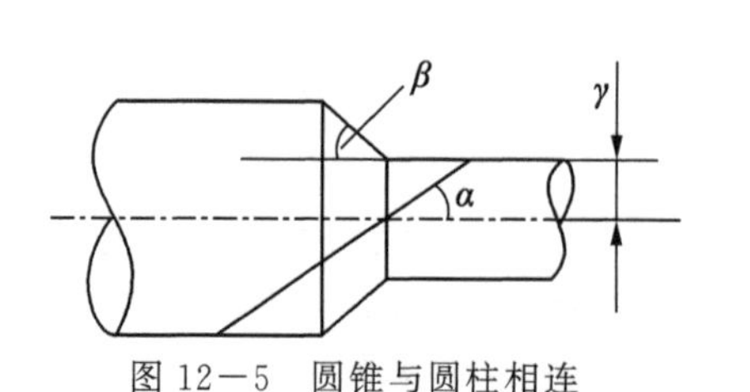

图12－5 圆锥与圆柱相连

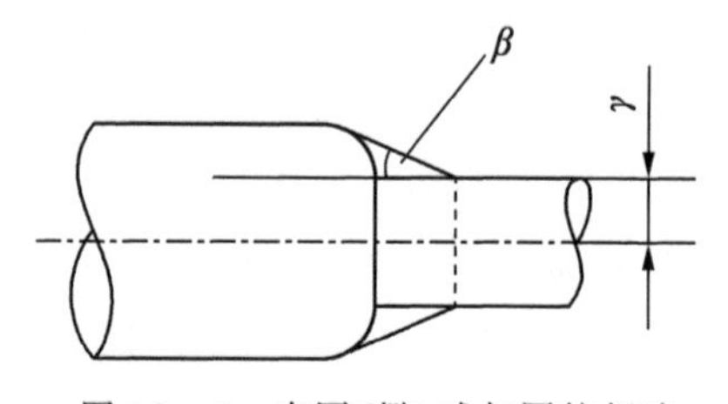

图12－6 半圆(椭)球与圆柱相连

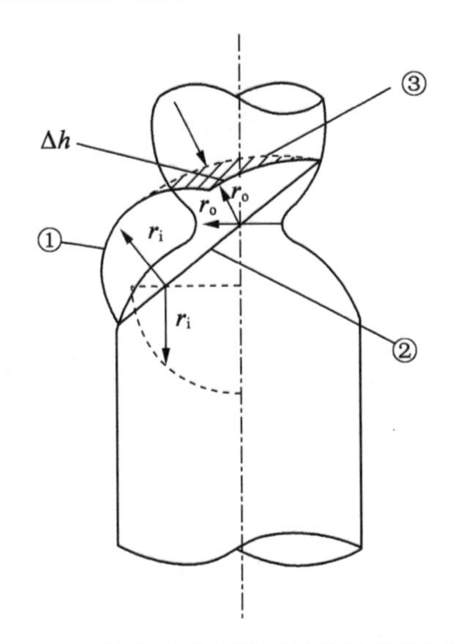

图 12－7 任意变截面凹回转体缠绕"架空"情况

①剖面；②缠绕纤维投影；③"架空"区

$$\Delta S=\frac{r\sin\alpha\cos\beta\sqrt{\sin(\alpha+\beta)\sin(\alpha-\beta)+2\cos\alpha\cos\beta\sin\alpha\sin\beta}}{\sin(\alpha+\beta)\sin(\alpha-\beta)+\cos\alpha\cos\beta\sin\alpha\sin\beta} \quad (12-25)$$

式中 r——圆柱体半径；

β——圆锥体半锥角；

α——缠绕纤维所在密切面与芯轴之夹角，如图 12－5～12－7 所示。

推理 1 在凹曲面架空处一是加大缠绕角，二是过架空高度作圆滑曲线接近凹处。

推理 2 任何凹曲线架空高度皆可采用图解法接近架空高度，近似填平。

原理六 纤维缠绕超越长度原理。

该原理好像我们生活中缝衣服用的线，把商店买来的线团或线捆，用线缠绕到圆或扁木棒上一样，在斜缠时超越长度是不可避免的。

在缠绕机器上，纤维往芯模上绕线时，绕丝嘴最先进者自动伸缩，纤维与芯模表面有段小距离斜拉，就有超越长度不可避免即超越长度原理、公式：

$$L_{筒超}=\cot\alpha_i\sqrt{\Delta S_1(\Delta S_1+2R)}+\Delta S_2+\Delta S_3 \quad (12-26)$$

式中 ΔS_1——绕丝嘴到芯模表面距离；

ΔS_2——绕丝嘴出丝宽度；

ΔS_3——小车拔杆摆动距离；

α_i——圆筒段任意点 i 之缠绕角。

推理 ΔS_1、ΔS_2、ΔS_3 之减小或增大，可相应地改变其超越长度之缩小或增大。

第四节　网格缠绕的应用实例

上述纤维缠绕定理、原理及推理的建立全部讲完，其每条实际应用都有较丰富的内容。

这里，我们只举一个亲身实践的例子。1987 年我们承担风云 2 号卫星上用的碳环氧纤维缠绕加肋网格壳体，这在国内是首次，在国外当时只见到用电子计算机进行编织、分块组装办法，连续纤维整体进行缠绕实在是无国外资料可借鉴。我们只用了定理六中的推理 2 之一引理，而且并没用计算机控制的进口缠绕机，是在我所早年自制的一台“土”缠绕机上进行的，缠绕出来的网格结构壳体很是理想。大家围着看，在光筒模具上一线压着另一线缠出网格。此法后在航空学报 1987 年 8 期公开发表。

下面就是风云 2 号卫星用的碳环氧纤维缠绕加肋网格壳体利用上述理论的实际计算过程。

我们先做两种力学试验，一种是小筒，另一种是真实网格筒体，如图 12－8 所示。

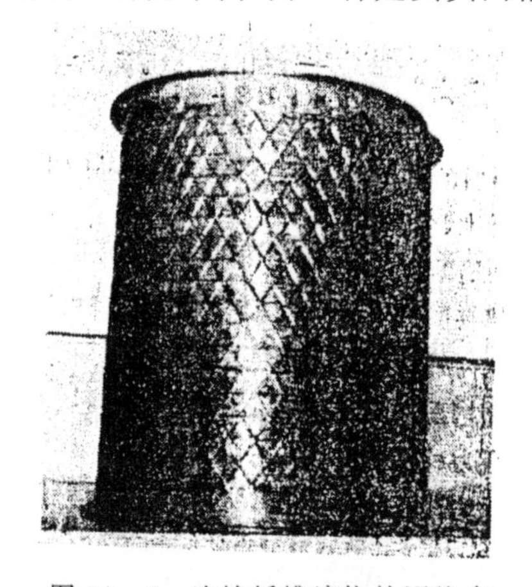

图 12－8　连续纤维缠绕外网格壳

下面是两种实验的比较表(表 12－1、表 12－2)。

表 12－1　GFRP 缩模轴压比较表

序号	直径/mm	高度/mm	圆筒壳重/g	结构形式	失稳或破坏荷载 T	注
1	$\phi150$	165	276	光壳	1.52	失稳
2	$\phi150$	165	265	三角形外网格	4.66	破坏
3	$\phi150$	165	265	菱形外网格	3.2	失稳

表 12－2　GFRP 与 GFRP 外网格加强肋圆筒轴压实验

序号	材料	直径/mm	高度/mm	圆筒壳重/kg	结构形式	失稳或破坏荷载 T	注
1	GFRP	ϕ500	667	3.20	正三角形外网格加强肋	6.30	菱形失稳
2	GFRP	ϕ500	667	4.98	非对称开孔加轴向金属肋	6.85	局部非对称，失稳
3	GERP	ϕ500	667	3.90	非对称开孔加轴向金属肋	8.27	破坏

网格缠绕例题演算：

有一直径 498.5 mm 的圆筒型容器，两端开口，要求网格尺寸如图 12－9、图 12－10 所示。

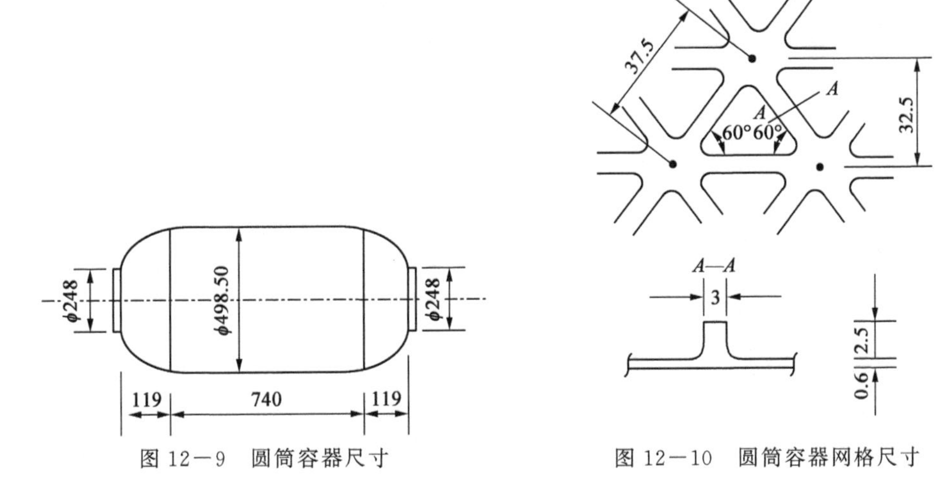

图 12－9　圆筒容器尺寸

图 12－10　圆筒容器网格尺寸

筒身缠绕角为 30°，两端极孔按测地线缠绕直径为 $d=498\times\sin 30°=(248.0+1.25)$ mm，开孔直径 249.25 mm，选 248 mm，留出缠绕堆积量，但计算中心转角仍按 ϕ249.25 mm。

缠绕中心角的计算：

$$\theta_t=\frac{740\times\tan 30°}{\pi\times 498.5}+2\left(90°+\arcsin\frac{2\times 119\times\tan 30°-249.25}{498.5}\right)$$
$$=252°16'$$

$$\theta_n=2\times 252°16'=504°30'$$

缠绕速比：

$$i=\frac{\theta_n}{360°}\approx 1.4$$

$$i=\frac{k}{n}$$

式中 n 按结构设计要求求 42 等分周围，则 k 取 59，故计算的理论速比为

$$i_{理}=\frac{59}{42}=1.404\ 761\ 905$$

算出链条长 150 节，主链轮为 15 齿，则

$$N_z=\frac{150}{15}=10$$

则理论设计传动比为

$$N_{n理}=\frac{10}{1.404\ 761\ 905}=7.118\ 644\ 06$$

原始链条式缠绕机固有的传动比 $N_{机}=63.623\ 529$，求得理论挂轮比：

$$k_{理}=\frac{7.118\ 644\ 06}{63.623\ 529}=0.111\ 886\ 972$$

挂轮表找接近 0.111 892 6 组，纱片的微前进量为

$$\Delta b=1.404\ 761\ 905\times 501.5\times\cos 30^\circ\left(1-\frac{0.111\ 886\ 9}{0.111\ 892\ 6}\right)=4.1(\text{mm})$$

误差太大。

调整链条长为 152 节

$$N_z=\frac{152}{15}=10.33\dot{3}$$

理论设计传动比：

$$N_{n理}=\frac{10.33\dot{3}}{1.404\ 761\ 905}=7.213\ 559\ 3$$

理论挂轮比：

$$k_{理}=0.113\ 378\ 8$$

查实际挂轮表：

$$k_{实}=0.113\ 378\ 7$$

纱片微前进量为

$$\Delta b=1.404\ 761\ 905\times 42\times\pi\times 501.5\times\cos 30^\circ\times\left(1-\frac{0.113\ 378\ 8}{0.113\ 378\ 7}\right)=-0.070\ 8(\text{mm})$$

此微前量，工艺上可以实现网格结构重叠缠绕，达到设计精度。

第十三章　纤维缠绕(FW)吸引子的重大发现

自20世纪60年代初期洛伦兹吸引子理论问世以来，我们首次在纤维缠绕(FW)中找到了真实的洛伦兹吸引子模型——FW双螺旋线，并给出了该吸引子场强概念与公式。本章讨论FW吸引子的存在、特征描绘、FW运动对吸引子特征的揭示、吸引子理论的深化研究及其实际应用、未来展望等。

第一节　FW吸引子的真实模型

自20世纪60年代洛伦兹吸引子理论问世以来，除在计算机上模拟外，科学家们一直苦于没有发现一个真实的、可触摸到、看得见的吸引子实物例证。本人在多年复合材料/玻璃钢FW理论和实践的生涯中发现了FW吸引子的实物模型。

如图13－1、图13－2所示，这两个绕线的投影图多么相像，可以说是天生的一对双胞胎。这是迄今为止大自然中真实的洛伦兹吸引子的再现。

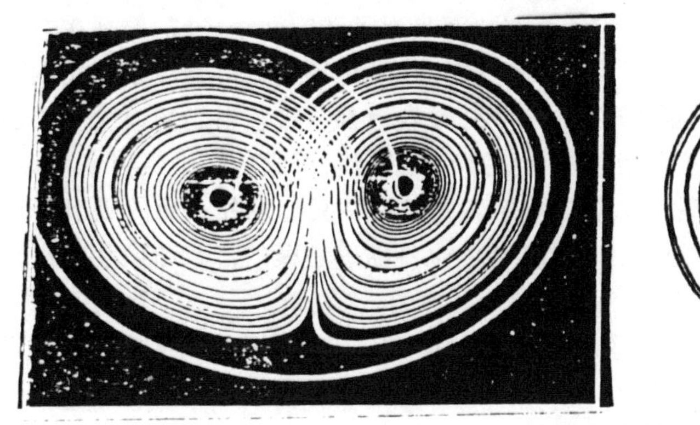
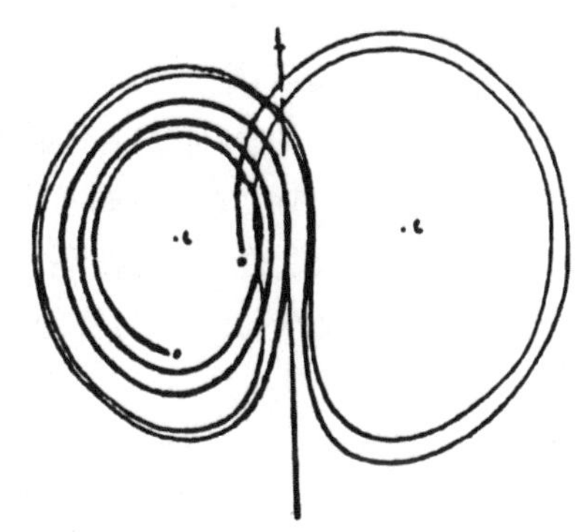

图13－1　洛伦兹吸引子

系统的吸引子固有两个特性：一是吸引性，二是稳定性。前者是说系统在吸引子之外的一切方向运动状态都向吸引子靠拢，这就是吸引作用，对应运动的稳定方向。后者是说在稳定系统中，涨落对系统的宏观性质一般没有多大的影响，这类系统一般能经得起小的扰动。

我们之所以把吸引子理论引进FW中，是因为它们两者十分相像。FW机像蜘

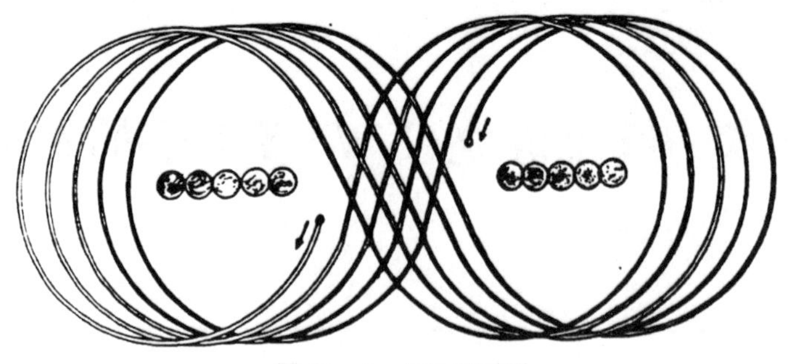

图 13－2　FW 吸引子

蛛吐丝一样，往返不停地绕着"∞"字形吐出千万条连续的双螺旋线圈，FW 出来各种高性能容器和管道，其外观的绕线完全和洛伦兹吸引子一模一样。尽管有人说"混沌"和"吸引子"完全是人为的算法产物，故有人持否定态度，但我们却用 FW 机器绕出来真实的双螺旋 FW 轨道。乍一看好像无数条线 FW 成的乱线团，实际上它是由一束连续纤维不间断地 FW 出千万条测地线轨道——FW 吸引子构成的绕得很紧密的分层曲面嵌拼层合结构。它是非常理想的受力结构，既能充分发挥纤维的强度，又能机械化生产，所以这些产品在宇航尖端和国民经济各行业中早已得到广泛的应用。

第二节　FW 系统中的吸引子的线型

FW 又分环向和纵向两种形式。环向 FW 是一条线绕成的螺距很密的无数个交叉的弹簧线圈，纵向 FW 就是把螺距拉得很大的交叉的双螺旋线圈。有趣的是无论环向 FW 还是纵向 FW，它们都有吸引子存在。而吸引子还有两个场域，一是在芯模的旋转外周，由诸固定点形成的一条直线吸引子链条，不过环向 FW 的线条要比纵向 FW 密得多；二是在测地线上，因为所有的 FW 纤维轨道都将被吸引到测地线上才最稳定，因此这些测地线就构成一个场域，即由芯模外形轮廓形成的一个吸引子场域，形成了空间的吸引壳域，它把环向和纵向纤维都吸引到贴紧芯模外表面的吸引子场域上。这里是绕线位置最为稳定的区域。其范围也将随着芯模的形状和尺寸变化相应地改变。

纵向螺旋 FW 线表面上看似交叉相遇，但实际上是一束连续纤维从头到尾 FW 从未间断过，它所在的曲面是分形的，好像千百页书篇，形成了千百个层次，即层合结构。

第三节　FW 吸引子的特征

洛伦兹吸引子的一个重要特征就是它具有强烈的吸引性。FW 吸引子好像吸铁石一样，把运动都吸引向它，并以它为吸引核心。在 FW 运动中，所有的纤维都向着测地线轨道吸引子方向和芯模旋转轴吸引子链方向运动。这种强大的吸引作用使所有的纤维都被吸引到测地线吸引子轨道方向来，而测地线轨道又被芯模 FW 旋转轴上的固定点形成的吸引子链所吸引着。这两个吸引子域好像强大的“磁场”，把系统的所有 FW 纤维都牢固地吸引向吸引子场域里来，从而形成一个稳定的整体系统。

纤维 FW 吸引子域所具有的强大吸引力是不可抗拒的“自然力”，只要进行连续有张力的 FW 就会出现吸引作用，即连续 FW 运动发生的同时就会产生吸引作用。

那么吸引作用的来源是什么呢？从力学观点看，FW 纤维的向心压力（即吸引力）来自纤维的张紧力。一旦张紧力→0 或连续 FW 的纤维断了，纤维运动就失去吸引作用，相反会产生负吸引作用，即离心力作用。例如浸渍树脂的纤维在 FW 容器或管道时，纤维都是连续的且有张紧力存在，它就会产生吸引作用，而连续的树脂胶液没有张力，它就不会产生吸引作用，相反会出现离心作用，产生甩胶现象。夹砂 FW 玻璃钢管道中的散砂粒也同样不承担张力，它也没有吸引力，必须人工用纸带裹绕加环向纤维 FW 将浸胶砂粒紧紧捆住，否则离心力就会将砂粒甩离出去。实践证明，无张紧力的纤维 FW 不能产生吸引作用。

吸引子的另一重要特征就是稳定性。由于系统的运动产生吸引作用，其结果是趋向于吸引子场域稳定状态。这种系统运动过程中受到外界的某些轻微干扰，其运动仍然趋向于返回吸引子，例如我们曾在《纤维缠绕原理》一书中建立的 FW 定理四，固定的总体线型与 FW 对象之几何形状无关；定理七，绕速比决定于 FW 中心角之总和；定理八，测地线纤维位置最稳定等，都说明了正常的纤维 FW 是有抗干扰能力的。假若人为地在容器芯模筒身上放置一个小的“桃形”凸块，它可把纤维顺利地分流开来，而并不影响总体线型、总体 FW 中心角和绕速比，也不会干扰整体 FW 线型的稳定性。再一点表现在人为设计不当，使 FW 机在局部不能完全按测地线轨道运动，而这种非测地线 FW 运动就必然滑到测地线吸引子轨道上，或考虑到摩擦力存在滑到非测地线稳定位置（方向仍为趋向吸引子方向运动）。上述事实都说明 FW 吸引子的稳定性。

FW 到最后稳定轨道（测地螺旋线）所在的曲面实际上是分开与拼接的，形成千万片层次，它是吸引和排斥、稳定与不稳定协同结果的统一体，形成奇异吸引子，因此它能够创造出多彩缤纷的 FW 分形美的奇迹。

第四节　FW 运动对吸引子特征的揭示

从上述洛伦兹吸引子固有的特征结合 FW 吸引子的分析可以看出，这个活生生真实的 FW 吸引子将会对洛伦兹理论吸引子的特征给出根本性的揭示。就是说并非所有的洛伦兹螺曲线都具有吸引子存在，即纯数学的洛伦兹曲线不赋予它以物理性质，并不存在吸引子。就以 FW 为例，吸引子存在的充分必要条件是轨道是连续的带曲率的曲线，而且轨道线上必须有张紧力存在，否则线断了或曲率为零或张紧力没了时，则吸引子也随之消失。而张紧力尤为重要，张紧力越大吸引力越强，即吸引子的场强越大；相反，张紧力越小，甚至松线情况下吸引子场强就越小，乃至吸引子消失。

这里我们给出吸引子场强这个概念，它包括测地线吸引子场强和 FW 螺旋旋转中心固定点吸引子链场强两部分。

其中测地线吸引子场强为

$$T_i = 2F_i \sin \frac{\Delta\alpha}{2} \tag{13-1}$$

式中 T_i——测地线吸引子场强；

F_i——螺旋绕线的张紧力；

$\Delta\alpha$——测地线与非测地线之间夹角。

螺旋旋转中心固定点吸引子场强为

$$P_i = \frac{F_i}{R_i} \tag{13-2}$$

式中 P_i——螺旋旋转固定点吸引子场强；

R_i——螺旋绕线轨道之曲率半径。

由式(13－1)和式(13－2)可见，两个吸引子场强都和绕线张紧力 F_i 成正比，而测地线轨道吸引子场强还和测地线与非测地线之间夹角之半的正弦成正比，对于螺旋旋转中心固定点吸引子场强又和绕线轨道的曲率半径成反比。就是说当张紧力 $F_i=0$ 或曲率半径 $R_i \to \infty$（此时 $\Delta\alpha \to 0$）时，两个吸引子场强就等于零或消失。这一特征是不能忽视的，也是洛伦兹吸引子特征没有给出的。这就进一步说明吸引子的存在及其场强之强弱也都是随客观现实条件而变化的，并非一成不变的。这一特性的揭示正说明了吸引子具有的目的性、可设计性和操作性。因此，这一特征为吸引子的应用打开了大门。

第五节　吸引子原理应用与展望

由上述讨论看出，对 FW 吸引子特征的进一步揭示说明了吸引子除具有明显的目的性外，还具有可设计性和操作性。这对现实生活中寻找和设计人工吸引子具有十分重要的意义。

系统的人工吸引子必须具备下列条件：

(1)吸引子能产生强烈的吸引性，使系统成为一个整体；

(2)可存在几个吸引子区域空间，但必须都是稳定的；

(3)双螺旋线轨道必须是连续的、张紧的，位于测地线上和轨道的曲率不能为零。

只有满足这三个条件，所设计的系统人工吸引子才是有效的。

例如农民砍柴，用绳子把一捆柴杆用螺旋线 FW 捆绑，FW 的绳子必须在测地线轨道，绑紧后打结固定，使绳子保持张紧力，使吸引子产生吸引力，松散的柴杆才能成为一个紧固的整体。否则，不按上述要求设计，绳子不在测地线上，柴杆虽捆紧，但一背起来走一段路,测地线吸引子把非测地线的绳子吸引到测地线轨道上,引起绳子松动,张紧力没有了或一使劲绳子突然断裂了,张力也不存在了,吸引力与吸引子都不存在了,柴杆自然就散掉,稳固的整体系统就不复存在了。

FW 玻璃钢容器和管道也是如此,一束连续纤维缠绕成无数个螺旋线轨道,张紧的绕线形成强大的吸引力紧包裹着芯模表面,由测地线轨道吸引子域和旋转轴吸引子链形成的系统是一体的和稳定的。当 FW 纤维浸渍对树脂液态固化成固体,把原系统固定下来,使纤维树脂粘接成整体,芯模便可拆卸,原芯模所承受的吸引压力,改由固化定型后的玻璃钢壳体承担,使原来的吸引子相应地固定保持下来,一个新的稳固的定型整体稳定系统形成。

但是,如果浸渍的树脂胶没有固化好,FW 壳体还没有固定形状就拆掉芯模,纤维的张紧力松弛→0,吸引子也随之消失,系统原来的稳定性就不复存在了,当然壳体也就不能保持原型而垮掉了。

FW 制品已广泛地应用于航天、航空工程中的固体火箭发动机壳,卫星结构壳、杆,高压气瓶以及民用工业中的化工容器贮罐、输水管道等。这里引入非线性理论中的混沌吸引子原理,将会对 FW 理论与实践的研究赋予新的生命力,同时 FW 理论与实践也为吸引子理论提供了真实的模型,使 60 多年来一直在计算机荧光屏上的吸引子走出来与实践相结合,在生产实践中施展才华,拓宽其应用领域。经过大量的实践使吸引子理论深化,并增添新内容。

吸引子理论实际应用领域的开辟前景广阔,在国民经济的现实生活中有很多领域会发现真实的吸引子,它们正待开拓者来发掘和发现。笔者相信随着科学技术的发展,吸引子理论走出殿堂到生产实践中来发扬光大的崭新时代就会到来。

第十四章　差异数据库的构建与专家系统

差异论在具体专业领域实践中应用，需要大量的差异数据，而这些数据要预先储存在差异数据库里，因此构建一个大型的差异数据库是十分必要的。

第一节　数据的来源

差异数据来源自多种渠道，如专业书籍（包括多种手册）、专业期刊、专业报纸、实验报告、工作总结、电视、广播、技术交流会、研讨会（论文资料）、新产品展览会、广告说明书、专利机构储存资料等。还有少量数据来自综合性或相关的出版期刊和会议上。这些数据信息主要是靠人们逐类、逐项、逐条去搜集和积累。

首先，要到图书馆或专业资料室按分类查询资料索引，从索引中初步弄清楚有多少种书籍、期刊、报纸上有这类数据，列出名称、现存处及获取手段等，然后再进行数据取得实施。

其次，进行数据采集。需要采集到国家、省、市、单位各级图书馆、情报研究所、专业资料室或者实地走访有关单位和当事人等。除了他们手头的数据资料外，其经验数据更是十分宝贵。

再次，对搜集来的大量资料数据要进行去伪存真的鉴别、区分工作。要区分出哪些数据是实践验证过或理论上推导证明的；部分局部验证过或少量实验的数据，有待进一步证明的数据；偶尔实验出来的数据，甚至是极特殊或极个别现象的数据，这部分数据常常是差异数据库中的特色数据，有时它可以为发现、发明提供极其难得的机遇数据。对这些数据分析、鉴别之后便可得到可靠、半信半疑或个别可疑等三种数据并标以记号。

最后，将采集来的大量差异数据按专业分门别类地放入临时数据分库的“大口袋”里，在口袋外面注明其中的资料数据目录。再汇总成一个总的资料数据目录，待建库时随时查用，储存在正式数据库中。

这种原始数据一般按文件夹分类，可不存于计算机中，有价值的要长期保存其原件。

这里，举一个玻璃钢专业数据来源的例子，按数据来源渠道可分为五种。

一、与专业相关的书籍

按出版时间，我们将搜集到的专业书籍名称列后。

玻璃纤维增强塑料、纤维缠绕玻璃钢高压气瓶、国外建材工业概况，内部资料之四——玻璃纤维，内部资料之五——玻璃钢、纤维缠绕玻璃钢（译著）、玻璃钢基本性能、国外玻璃钢耐腐蚀设备资料汇编、玻璃钢工艺与性能、增强塑料手册（译著）、塑料轻型船舶结构（译著）、玻璃钢测试方法、玻璃钢老化与防老化、玻璃钢工艺学、复合材料、玻璃钢结构设计、复合材料力学导论、玻璃钢结构分析与设计、复合材料力学（译著）、玻璃钢模压成型工艺、复合材料浅说、复合材料力学基础、玻璃钢手糊成型工艺、复合材料设计手册、玻璃钢产品设计、玻璃钢入门、玻璃钢手册（译著）、复合材料力学引论、纤维增强塑料设计手册（译著）、透明玻璃钢、短纤维复合材料力学、高分子复合材料及其应用、高性能复合材料最新技术（译著）、纤维增强复合材料、复合材料工作手册、玻璃钢技术问题、台湾玻璃钢应用及产品开发技术资料汇编、玻璃钢应用、玻璃钢原材料、玻璃钢结构设计、玻璃钢成型工艺、玻璃钢机械加工、玻璃钢性能测试及产品检验、胶黏剂配方600例、复合材料力学、纤维缠绕原理、中国玻璃钢工业大全、玻璃钢概论、纤维增强材料、合成树脂、压制工艺、手糊工艺、缠绕工艺、玻璃钢检验、力学性能检验操作练习。

还有一些与玻璃钢相关的专业书籍。

材料科学与工程基础、新型材料与材料科学、基础材料科学与工程（译著，上、下册）、天津石油化工防腐资料汇编、胶黏剂和胶接技术、合成胶黏剂、电子工业常用胶黏剂、胶黏剂与涂料、建筑粘接密封技术、粘接技术在机械工业中的应用、胶粘修理技术、黏合剂及其应用、高聚物胶粘基础、光敏抗蚀剂、农机具胶修技术、黏结剂在电气安装施工中的应用、合成胶黏剂及其性能测定、胶接与胶补、胶接技术、涂料工艺、胶接新技术、不饱和聚酯树脂、环氧塑料在工艺装备中的应用、实用粘接手册、高聚物合成工艺学等。

二、与专业相关的期刊

中文玻璃钢期刊有玻璃钢/复合材料、纤维复合材料、玻璃钢，相关的期刊有复合材料学报、宇航材料工艺、工程塑料应用、宇航学报与航空学报等。

外文玻璃钢方面期刊有现代塑料（美）、塑料工艺（美）、塑料工程（美）、聚合物复合材料（美）、塑料世界（美）、增强塑料与复合材料杂志（美）；加拿大塑料（加拿大）；欧洲塑料新闻（英）、增强塑料（英）、复合材料（英）；增强塑料（日）；塑料（西德）、塑料加工者（西德）；合成物、增强塑料与玻璃纤维（法）；塑料（俄）；聚合物与增强塑料（意大利）；印度塑料评论（印度）；塑料（瑞士）等。

三、与技术相关的交流会议

(1)中国玻璃钢/复合材料学术年会(1993年为第10届),每届皆有论文集出版;

(2)中国全国复合材料会议(1994年为第8届),每届皆有论文集出版;

(3)国际SAMPE技术会议;SPIRP/C年会与展览会;国际复合材料会议;欧洲复合材料会议等,其他国际技术会议详见《中国玻璃钢工业大全》第1112页至1153页,国防工业出版社1992年。

四、相关的情报、资料室

在中国玻璃钢领域馆藏资料较权威的图书、资料室有北京国家建材局情报研究所,哈尔滨玻璃钢研究所、北京玻璃钢研究院、上海玻璃钢研究所及中国科技情报研究所等。

五、走访相关部门

1.常州253厂

该厂为我国最早引进不饱和聚酯树脂的大型生产厂家,并生产玻璃钢专用玻璃布等。

2.南京玻璃纤维设计研究院有限公司

该院为我国玻璃纤维科研的权威部门,多种新型玻璃纤维在这里研制成功。

3.北京国家建材局玻璃钢研究设计院有限公司

该院综合各种玻璃钢工艺,并生产玻璃球、玻璃布和树脂,有生产模压SMC和缠绕等制品实力,国家树脂基模压制品中心设在这里。

4.哈尔滨玻璃钢研究院有限公司

该院以纤维缠绕和拉挤工艺为重点,承担863热塑性复合材料课题,有大型管、罐、雷达罩、缠绕机、拉挤机生产能力,国家树脂基复合材料研究中心设在这里。现已成为国内外最大规模的玻璃钢科研与生产企业。

5.上海玻璃钢研究院有限公司

该院在玻璃钢飞机螺旋桨叶,多种型号冷却塔风机叶片、44 m玻璃钢夹层结构雷达罩、大型玻璃钢天线反射面、船艇等方面取得多项成果,并具备生产能力。

6.其他科研、教学单位、生产厂家

航空航天工业总公司所属703所、43所、621所,兵器工业总公司53所以及哈尔滨工业大学航天学院复合材料所、玻璃钢教研室，国防科技大学，北京航空航天大学，武汉工业大学，华东化工学院等，还有生产玻璃钢夹砂管道厂家分别位于长春(引进)、石家庄、枣强、冀州、衡水、沈阳、大连、天津及深圳等。

第二节　差异数据库的构建

这里的“课题”是广义的，其范围很大，几乎是包罗万象的。因此，针对一项具体的工程差异数据库都是按专业性质分门别类的。即通常是根据设计者所从事的专业或其他相关专业来构建×××项“课题”差异数据库。例如建一个树脂基复合材料差异数据库，我们可以按下列几种情况进行数据资料分类。

1. 按原材料组成分

环氧玻璃钢、不饱和聚酯玻璃钢、酚醛玻璃钢、碳纤维增强复合材料、纤维增强热塑性复合材料等。

2. 按制造工艺分

手糊工艺、压制工艺、纤维缠绕工艺、拉挤工艺、RTM(树脂传递)工艺、SMC(短纤维模塑料)工艺、喷射工艺等多种方法。

3. 按制品外形分

板材、型材、壳体、管道、贮罐、球罩及其他复杂形状制品。

4. 按使用用途分

建筑工程、石油工程、船舶工程、电力绝缘、化工防腐、汽车工程、国防军工、航天、航海、电信、体育文艺等。

5. 按复合材料细分专业

玻璃纤维、碳纤维、不饱和聚酯树脂、环氧树脂、工艺成型、成型设备(缠绕机、拉挤机、制板机、喷射机、RTM 机、压制机等)、化学分析、力学性能测试、情报翻译等专业。

当然，分类储存数据入库的方法很多，如《中国玻璃钢工业大全》的第十篇信息数据库共分七章：一、中国玻璃钢工业大事记；二、国外玻璃钢产量、品种、成型工艺及统计资料；三、常用玻璃钢/复合材料生产设备及测试仪器；四、国外玻璃钢标准；五、国外厂商名录；六、国外专利文摘；七、国外玻璃钢学(协)会的组织、会议和出版物。

其实这本国防工业出版社出版的《中国玻璃钢工业大全》是目前数据储存量较大较全的信息库，对我们复合材料专业工作者建立自己的差异数据库很有用。

若数据分门别类地储存在计算机库里，提取使用这些数据，进行差异数据加工处理非常方便，但构建数据库时花费较大。

如果不采用计算机，而只储放资料索引，储存一部分主要书籍资料，记载一部分次要数据资料的名称、内容摘要及存在处，以便使用时详细翻阅，这样虽然使用时不太方便，但比单建库花费较小。

第三节　差异知识库与专家系统

以差异原理在工程中应用求解时，存在很多的不确定性信息和必须依靠专家经验才能解决的问题，故建造相应的差异知识库与专家系统来解决这类难题是最适宜的办法。

一、专家系统

专家系统就是利用计算机来组织人类专家的知识与经验，然后模拟人类专家的判断、推理过程，以解决现实工程中必须由人类专家才能解决的复杂工程问题的程序系统。

目前专家系统已成功地应用于医疗诊断、探矿、化学分析、故障处理、经济管理及工程设计等各个方面。

由于专家系统是模拟人类专家应用其知识和经验来解决实际问题的程序系统，因此人类专家在解决复杂问题时的几个主要思维环节便构成了专家系统的基本组成部分。

一般人类专家解决实际问题遵循的步骤如下：

(1)分析差异，提出求解目标；

(2)搜集解决问题所需要的资料数据；

(3)调用与解决问题相关的知识和经验；

(4)根据这些经验和知识，确定已有的信息和待解目标之间的差异关系，求得合理的解决问题的途径；

(5)对差异关系式所求目标实施解答；

(6)对求解答案做出合理的解释和再修正。

与上述思维环节相对应的专家系统，还必须有下列基本组成部分：

(1)专家系统和用户的交互界面，通过这个界面用户可向专家系统提供原始信息，并提出要解决的问题。

(2)储存专家知识与经验的知识库。在这里，专家的知识和经验得到形式化的表示。原始信息输入专家系统后，通过匹配的办法，把知识库中那些与现在信息有关的所有知识调用出来，形成动态的数据库。

(3)应用专家知识和经验的推理机制，在动态数据库中通过模拟专家推理过程，建立能连接已有信息与解答结果的知识链，给出解答结果。

(4)专家系统工作的解释系统。根据已建立的求解问题的知识链和知识库中的有关解释知识,随时对专家系统所得出的结论和每一推理步骤进行解释。

二、知识库的建立

建立知识库是专家系统的一个关键内容。为此,必须实现知识的获取、表示、储存及应用的独立性和使用的方便性。

目前获取知识的手段是通过研制专家系统的知识工程师与领域专家之间密切合作来完成。由领域专家给知识工程师提供形式化的领域知识,并由知识工程师协助对领域知识进行概括,加以条理化、结构化。

在知识获取完成后,再考虑知识表示问题。专家系统常用的知识表示有陈述性的知识表示、语义网络表示法、框架表示法和规则表示法。

三、推理机制

推理机制是专家系统的第二个主要组成部分。根据给定的原始信息推论出它们所等待求解的目标具体结果的过程。能够完成由给定的原始信息,通过调用知识库中的知识,最终得出具体结论的程序片段。如何寻找连通原始信息到最终结论的路径是专家系统推理机制的主要研制内容。该途径是解决来自通过原始信息对知识库进行匹配而产生的动态数据库。对知识库进行匹配以及把这些经过匹配而挑选出来的知识组成一个有助于问题解决的知识链,涉及搜索的概念和具体的搜索方法。

选择知识的过程就是一个搜索过程。搜索法可分为深度优先搜索法、广度优先搜索法、最佳优先搜索法、爬山法、分支界限法、范围约束法和博弈法,其中范围约束法比较适合工程应用专家系统推理机制的搜索过程。该方法能提高搜索效率,充分发挥和利用专家的知识和经验。

由于上述这些问题中包含着大量的不确定性信息和依靠专家经验才能解决的问题,因此,建立相应的各种专家系统将成为解决这些问题最适宜的手段和工具。

第十五章　大型玻璃钢夹砂管道(RPM)的实践

第一节　夹砂管道(RPM)的比较研究及发展

本节论述大型缠绕 RPM 管道的发展、夹层结构的合理性及夹砂管道的可设计性、高效率机械化生产、低廉成本及质量控制。

大型缠绕夹层管道，在国外已开始应用于宇宙飞船、大型发射管，还用于水下兵器外壳。这种缠绕夹层结构的轻质高强高刚的优点特别突出。除广泛应用于国防军工外，在输水工程中应用也取得了重大进展。这种新型结构是一种理想结构，所以我们做一些研究。

一、结构分层

1. 内衬层

内衬层主要是防止管道中液体渗漏，内衬材质选用密实材料，忽略其强度的计算。

2. 内缠绕层

内缠绕层承受内压强度，由环向与纵向交叉纤维来承受拉、压应力。

3. 夹砂层

夹砂层构成增加刚度的主要来源，这是夹砂管道的重大创新，可以使管道刚度极大增加，深埋防止压瘪。夹砂层传递剪应力提高截面的惯性矩是增加刚度的源泉。

4. 外缠绕层

外缠绕层结构上有环向和交叉缠绕层两层受力层。

5. 外保护层

外保护层是富树脂层，防止大气氧化，阳光、雨水浸蚀等。

二、机械化生产

缠绕机械外加漏砂斗，其生产流程为：

手工铺玻璃毡制衬层→开始内层环向缠绕后纵向交叉缠绕→夹砂同时环向缠绕压住流淌砂层→外缠绕层有纵向交叉层和环向缠绕层→最后涂外保护层→进行旋转电加热固化→进行承插口车削加工→脱模检验修复→放合适环境入库。若在北方，注意库房一定要保温后固化 18 ℃以上。

一部 15 m 长缠绕机每 2～3 小时生产一根直径 1.2～1.4 m、长 12.5 m 夹砂管道，每一昼夜生产 10～12 根，日产量为 20～40 吨。

三、安装方便

运输方便，质量轻，是钢、铸铁管的 1/6～1/4，是水泥和钢筋混凝土管的 1/7。承插口带两道橡胶圈，密封安装方便。

第二节　低成本夹砂 RPM 管道的研究

RPM 管道是 20 世纪 80 年代后引进的，现已经在中国发展多年，早已形成规模化产业，它独特的优越性使其发展迅速，在水利、电力、化工、矿山、生活等方面成为输送管道中一颗闪亮的明星，因此市场竞争十分激烈。在保证质量的前提下如何降低成本，这迫切需要新设计理念。我们提出 RPM 安全阀设计理论与实体全极限设计理论获得六项专利，其中一项专利获金奖。

现简要介绍如下。

一、降低富树脂层树脂含量

一般富树脂针织毡层树脂含量为 70%，防渗漏能力较强。夹砂层树脂含量 20%～25%，作为整体结构保证整体材质密度要达到 2.0 g/cm^3，排除多余气泡是非常重要的。因此采用以下三条办法：

(1)在树脂中添加一定比例的矿物复合晶纤维(FSMF)降低树脂含量，节省成本 10%左右。

(2)加密实砂层减少树脂含量，排出气泡，提高模量。

(3)施加必要的纤维张力，充分发挥纤维的张力，加强纵向强度，也可降低成本。

二、提高 RPM 管道刚度

1. 增加夹砂层模量

在夹砂层中添加复合晶纤及其他球形、棒形混合物，使夹砂层充分提高模量。

2. 密实夹砂层

早年我曾研究过石英砂、金刚石粉等填料的酚醛树脂热固性模压材料，表明填料达到2.0 g/cm³ 以上远比密度在 2.0 g/cm³ 以下力学性能高得多。密实度也可使 RPM 管降低成本。

3. 提高固化度

提高树脂固化度是提高夹砂管道的整体刚度最有效的主要方法。实践证明 2～3 年旧管道要比新管道刚度高出 40%～50%。我的夫人王荣秋就是专门研究测试固化度的专家，我 2002 年曾在大连 RPM 一家公司任总工，冬天生产 RPM 管道刚脱模的管道，我先让放在车间内保温，老板来看见告诉要抬出去，工人说冷工不让，她说车间内放不下赶快抬到院里去，结果很多管道都塌腰，全部废掉，重新加热无效。常年生产管道一定保证环境温度在 18 ℃以上，尤其冬天在 18 ℃以上保管好。

第三节　承插口 RPM 管道安全阀设计理论

根据 RPM 管承插口接头的特点，承插口水压力只能向外移动，但是实际使用情况下接头并未拉开，是什么阻止接头被拉开呢？原来是接口处有两道密封胶圈产生的挤压阻力。可以列出下列差异相当公式。

内压管道⊥承插口接头＝装有安全阀承受轴向拉力的安全阀管道。如图 15－1、图 15－2 所示。

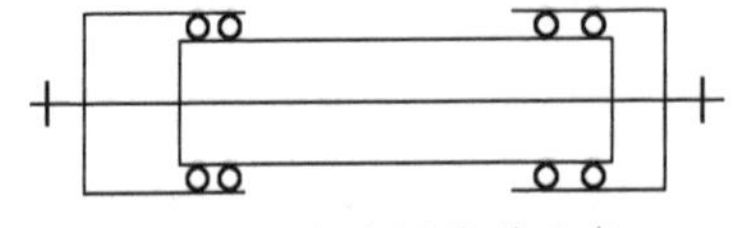

图 15－1　安全阀管道示意 1

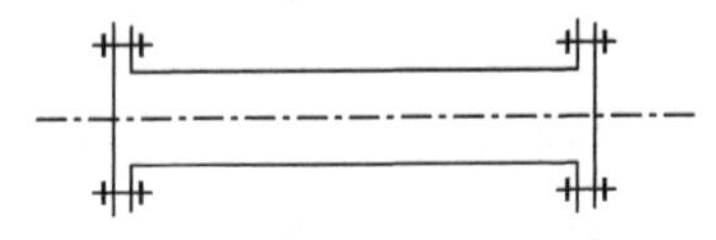

图 15－2　安全阀管道示意 2

只要接头扭转 2°内，承受拉力是最大安全阀门的设计理念，来设计 RPM 管道轴向拉力、刚度及吊装受力，可节省不必要的设计要求，从而达到降低成本的目的。

安全阀设计理念具有较大的科学价值和经济效益。

(1)设计理念的突破即找出最薄弱的环节就是设计与实践标准。

(2)以此为安全系数并加上打水压实验可以降低成本 10%～15%。

(3)这项理论的开发成功会简化 RPM 管道整体受力计算、制造工序，为 RPM 管道的大发展扫清障碍。

(4)还要考虑其他非生产工序的一系列的因素:如吊装引起的轴向弯曲,深埋入土中沉陷,冻土层、沼泽地以及实地遇到硬石块等问题,必须很好地解决直到实用输水后还要考察,绝不能放松。

第四节　实体全极限设计理论

根据古代拼装木桶理论来考虑对 RPM 管道诸多因素的实体全极限的设计质量要求。

例如一个装水的木桶由 15 根木条板拼装,要求一样长,其中有多根长或短的,其装水量取决于最短那根,其他的再长也没用。

虽然都一样长度,但有一根下边被虫子咬坏,还在咬坏处漏水。

(1)RPM 管道取决于多因素组成,它的组成包括内衬层、强度层、夹砂层、外保护层、端头连接、承插口配合、橡胶圈的功能等。

(2)内衬层又由内衬树脂、内衬表面毡树脂组成,含量要达 90%以上,不允许受潮污染,含水量小于 3%等;针织毡含胶量 70%,不许污染;网眼布要求树脂浸透率小于 15 s,张力大于30 kg等。

(3)树脂技术要求 19 项,要名牌树脂。

(4)玻璃纤维要求 10 项以上。

(5)石英砂作为夹砂层的骨料对刚度起主要作用,4 项技术要求。

(6)树脂增强填料复合晶纤维(FSMF)选择目数、溶解速度、配比、增强效果、含水量低等。

下面介绍制造工艺:

(1)制衬工艺总计 20 道以上因素。

(2)缠绕夹砂工艺计 18 道以上因素。

(3)修正工序计 16 道以上因素。

(4)脱模工序计 16 道以上因素。

(5)检验与验收内衬包括裂纹气泡 10 项、承插口 9 项、管道 12 项、夹砂层 6 项、硬度 6 项、疵病修理(包括上述各项不合格者)、刚度检验 2 项、水压检验 2 项与爆破检验。

总计 49 项因素全部合格才能入库。

(6)运输与埋地安装。

吊装工序 16 项因素,装车工序 20 项因素,运输工序 8 项因素,埋地安装需 1.5 倍钻孔检压、回填土夯实内检变形率,每 1 000 ~ 2 000 m 打水检压渗漏等。

这道工序,总计 48 项影响因素。

总之实体参数就是来自实体的数据，不是理论计算，是实体负载的信息，实体全极限的理念要求400多项要素全部合格，这样才能保证RPM管道50年以上的寿命。

第五节　分形理论在夹砂管上应用

一、分形维数

分形维数以直线的维数作为1、以平面的维数为2、立体为3、折曲线为1～2、粗糙表面介于2～3、凸凹不平的颗粒＞3、石灰石1.06～1.13、晶纤细粒与树脂结合牢固分维数为1.998、石英砂分形表面粗糙分维数为2.21、沙砾分维为1.89～1.95。填充粗粒表面越粗糙越复杂，分维数就越高；表面越大吸收能量越高，其阻止裂纹能力就越强。

二、分形结合与抗开裂设计在RPM管道上应用

(1)在RPM管道缠绕树脂中加入碳酸钙粉和晶纤添加量20%～30%，可降低成本10%以上，尤其是在RPM管道两端承插口段交叉缠绕角为90°，而没有拉伸纤维的区域有效防止层间开裂的作用更强。

(2)夹砂层中填充料的分形作用。添加石英砂增加了纯树脂的强度和弹性模量，细砂维数越高抗剪力越充分，抗开裂呈90°转弯沿管表面平行方向有效防止裂纹。

尤其是添加晶纤和碳酸钙粉，更能增加树脂抗细小裂纹的能力，从而吸收大量的抗剪开裂的能量。

(3)添加填料合理的配比设计。合理填充料可有效节省树脂的用量，也能有效地增加树脂的强度、耐磨性、弯曲模量和抗开裂的能力，缠绕层树脂含量控制在25%～30%，夹砂层树脂含量控制在20%～25%，根据树脂的控制量来设计在树脂中加入碳酸钙粉和晶纤粉，在夹砂层中添加碳酸钙粉、晶纤和石英砂砾应保证具有良好粘接性。

目前，分形分维理论这一新生事物应该让广大复合材料技术人员亲自接受与实践，相信分形理论会给复合材料领域带来可观的科技进步和经济效益，分形理论是冷劲松提出的。

第十六章　涨落、分形、集成与应用

本章提出由高阶模糊符号∔(涨落)来处理信息,用“涨”和“落”的自相似原理分形为⊥(涨)和⊤(落)两大符号群,形成包罗万象的无数个数理符号。再将这些符号集成综合在一起构成∔型思维数理和哲理键盘,并对复杂系统进行协理运算,求解答。

本章重点介绍涨落运算在分形图解、思维键盘、系统协理及汉字构建等方面的应用。

第一节　涨落、分形与集成

差异论学说的建立采用涨、落处理信息,提出特定的符号集合∔,称它为涨落。即

$$\dotplus \supseteq \{\perp \cdot \top\} \qquad (16-1)$$

式中　⊥称为“涨”,表示“放上”“增添”或“涨起”之意;

⊤称为“落”,表示“除去”“去掉”或“落下”之意;

⊇包括。

涨落集合包括“涨”和“落”两个集合,这两个集合又分别分形为两个自相似符号群,即

$$\perp \supseteq \{+, \times, \sum, \int, \prod, \mathrm{U}, \mathrm{V}, \overset{+}{-}, [, >, \gg, x^n, +\Delta x, \mathrm{Z}, \cdots\} \qquad (16-2)$$

式中　符号+(加)、×(乘)、$\sum$(总和)、$\int$(积分)、$\prod$(连乘)、U(并)、V(取大)、$\overset{+}{-}$(正键)、[(整体)、>(大于)、≫(远大于)、x^n(乘方,$x>1,n>1$)、$+\Delta x$(增量)、Z(综合)……构成无数种涨法。

$$\top \supseteq \{-, \div, \Delta, \mathrm{d}, \cap, \wedge, \cup, \overset{-}{-}, (, <, \ll, \sqrt[n]{x}, -\Delta x, \mathrm{F}, \cdots\} \qquad (16-3)$$

式中　符号-(减)、÷(除)、Δ(分小)、d(微分)、∩(交出)、∧(取小)、∪(连除)、$\overset{-}{-}$(负键)、((部分)、<(小于)、≪(远小于)、$\sqrt[n]{x}$(开方,$x<1,n<1$)、$-\Delta x$(减量)、F(分解)……构成无数种落法。

任何事物都是由涨、落两个方面构成的系统或集合,上述符号就是构成事物的系统或集合的各种各样的涨法和落法。

涨落集合又可分形为两个系列，即涨分形系列和落分形系列。它们也是集合，涨分形可以构造事物，落分形也可以构造事物。就是说人们可采用无数种涨法构造复杂事物，也可以采用无数种落法构造复杂事物。

协调无数种涨法、落法在一起，进行庞大集合内部的合理运动，这就是涨、落的集成。这样构造复杂事物就更加全面，如将理论、经验和专家判断等协调集成在一起就可解答复杂的巨系统问题。

第二节　涨落、分形运算的应用

涨落运算可以在分形图解、思维键盘、协调系统原理、汉字组构等方面应用，并波及社会科学、自然科学等诸多领域。

一、$\underset{\cdot}{\perp}$型分形图解

分形由涨分形系列和落分形系列组成

$$\underset{\cdot}{\perp} \supseteq \{\perp \cdot \underset{\cdot}{\top}\}$$

式中，$\underset{\cdot}{\perp}$称为“涨、落”，包含涨、落两组分形各自相似符号群。

无论是涨或落分形图解，均可由其基本分形元，诸如直线段、三角形、矩形、平行四边形、圆形、分叉形与旋涡形等组成。

二、$\perp$(涨)分形图解

$$F_{\underline{\perp}}(—_i) = \sum_{i=1}^{n=\infty}{}_{\underline{\perp}}\{—_1, —_2, —_3, \cdots, —_n\} \tag{16-4}$$

$$F_{\underline{\perp}}(\triangle_i) = \sum_{i=1}^{n=\infty}{}_{\underline{\perp}}\{\triangle_1, \triangle_2, \triangle_3, \cdots, \triangle_n\} \tag{16-5}$$

$$F_{\underline{\perp}}(\square_i) = \sum_{i=1}^{n=\infty}{}_{\underline{\perp}}\{\square_1, \square_2, \square_3, \cdots, \square_n\} \tag{16-6}$$

$$F_{\underline{\perp}}(\diamondsuit_i) = \sum_{i=1}^{n=\infty}{}_{\underline{\perp}}\{\diamondsuit_1, \diamondsuit_2, \diamondsuit_3, \cdots, \diamondsuit_n\} \tag{16-7}$$

$$F_{\underline{\perp}}(\bigcirc_i) = \sum_{i=1}^{n=\infty}{}_{\underline{\perp}}\{\bigcirc_1, \bigcirc_2, \bigcirc_3, \cdots, \bigcirc_n\} \tag{16-8}$$

$$F_{\underline{\perp}}(Y_i) = \sum_{i=1}^{n=\infty}{}_{\underline{\perp}}\{Y_1, Y_2, Y_3, \cdots, Y_n\} \tag{16-9}$$

$$F_{\underline{\perp}}(@_i) = \sum_{i=1}^{n=\infty}{}_{\underline{\perp}}\{@_1, @_2, @_3, \cdots, @_n\} \tag{16-10}$$

式中 F 即 Fractal 英文分形之字首，代表分形的意思。

举两个涨分形图解例子。

例 1　三角形涨分形 $F_{\perp}(\triangle_i)$

1904 年瑞典数学字赫格·冯·科赫(Koch)描述了三角形的无穷分形。一个正三角形，每一个边等分为三段，正中间的三分之一处再作一向外凸出的正三角形，这样永远做下去，以至无穷尽。它被称为著名的科赫雪花或科赫曲线，如图 16－1 所示。科赫曲线之边缘长度为 $3\times(4/3)^n$，n 为无穷大；它所包围的面积尽管在不断地增加，却永远小于原三角形的外接圆面积，即一个无穷长的曲线包围一个有限大的面积。

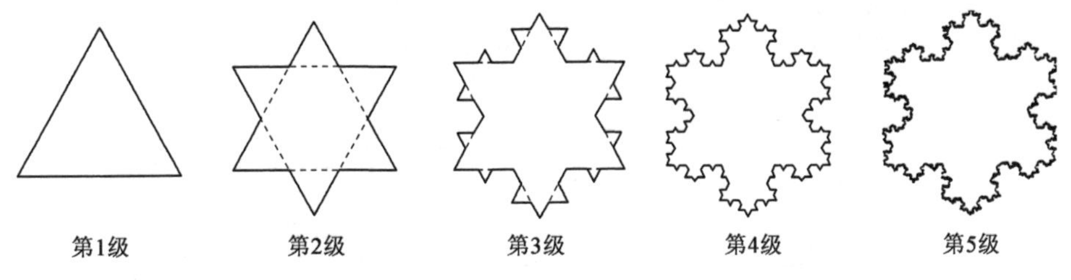

图 16－1　N 级 Koch 岛的构造过程，Koch 岛具有无限周长和有限面积

例 2　分叉形涨分形 $F_{\perp}(Y_i)$

涨分形结构在肺部支气管、血管、植物树木枝杈结构上到处可见。众所周知的树木枝杈结构就是其中一种，如图 16－2 所示，它由无数个 Y 形自相似结构组成。

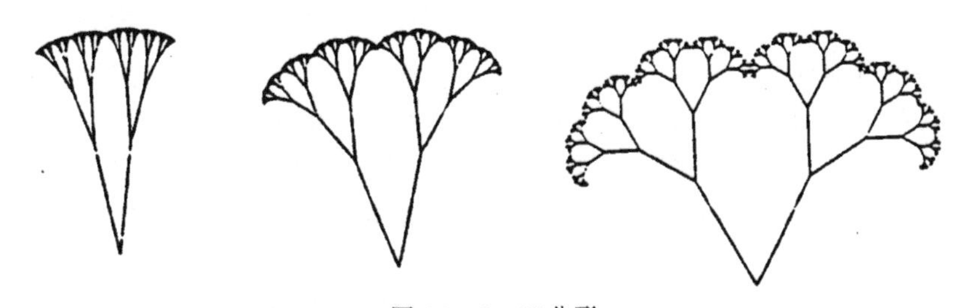

图 16－2　Y 分形

三、$\underset{\cdot}{-}$落分形图解

$$F_{\underset{\cdot}{-}}(—_i) = \sum_{i=1}^{n=\infty}{}_{\underset{\cdot}{-}}\{—_1, —_2, —_3, \cdots, —_n\} \tag{16－11}$$

$$F_{\underset{\cdot}{-}}(\triangle_i) = \sum_{i=1}^{n=\infty}{}_{\underset{\cdot}{-}}\{\triangle_1, \triangle_2, \triangle_3, \cdots, \triangle_n\} \tag{16－12}$$

$$F_{\underset{\cdot}{-}}(\square_i) = \sum_{i=1}^{n=\infty}{}_{\underset{\cdot}{-}}\{\square_1, \square_2, \square_3, \cdots, \square_n\} \tag{16－13}$$

$$F_{\underset{\cdot}{-}}(\diamondsuit_i) = \sum_{i=1}^{n=\infty}{}_{\underset{\cdot}{-}}\{\diamondsuit_1, \diamondsuit_2, \diamondsuit_3, \cdots, \diamondsuit_n\} \tag{16－14}$$

$$\mathrm{F}_{\underset{\cdot}{-}}(\bigcirc_i) = \sum_{i=1}^{n=\infty}{}_{\underset{\cdot}{-}}\{\bigcirc_1,\bigcirc_2,\bigcirc_3,\cdots,\bigcirc_n\} \tag{16-15}$$

$$\mathrm{F}_{\underset{\cdot}{-}}(\mathrm{Y}_i) = \sum_{i=1}^{n=\infty}{}_{\underset{\cdot}{-}}\{\mathrm{Y}_1,\mathrm{Y}_2,\mathrm{Y}_3,\cdots,\mathrm{Y}_n\} \tag{16-16}$$

$$\mathrm{F}_{\underset{\cdot}{-}}(@_i) = \sum_{i=1}^{n=\infty}{}_{\underset{\cdot}{-}}\{@_1,@_2,@_3,\cdots,@_n\} \tag{16-17}$$

下面举几个落分形图解例子。

例 3　正方形落分形 $\mathrm{F}_{\underset{\cdot}{-}}(\square_i)$

如图 16－3 所示，将一个大的正方形，每个边三等分，分成 9 个正方形，剔去中央 1 个正方形。如此再在其余 8 个正方形上分 9 个小正方形，剔去中央一个……如此无穷变换，这个网孔图面被称为著名的塞尔平斯基(Sierpinski)地毯。

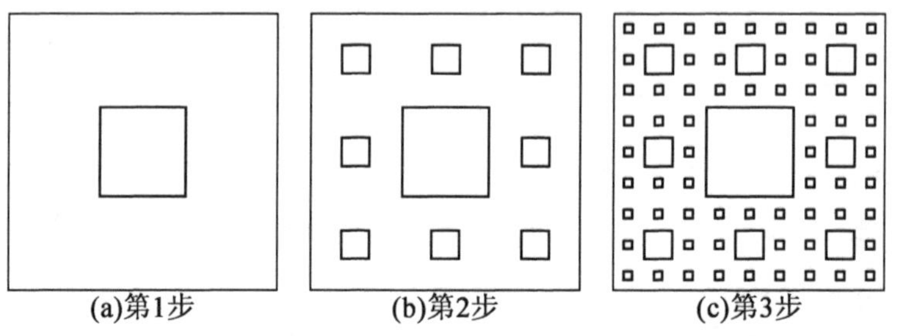

图 16－3　一个分维数为 1.89 的理想 Sierpinski 地毯可以通过上述步骤来构造，它没有面积，但包含无限条封闭直线

例 4　一直线段落分形 $\mathrm{F}_{\underset{\cdot}{-}}(-_i)$

如图 16－4 所示，将一条线段区间[0,1]分为三等份，去掉中间 1/3，再将剩下的两段[0,1/3]和[2/3,1]按同样的方法不断分割下去，由此构成一个无限的集合，被称为康托尔集合。这种集合的长度越来越小，并迅速地趋于零。所以，该集合又被称为康托尔灰尘。

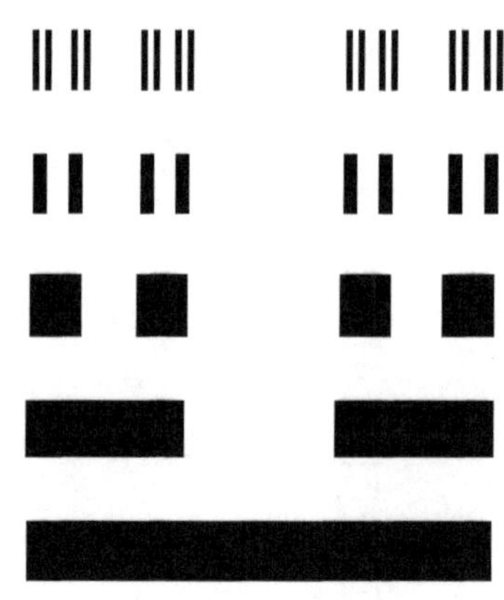

图 16－4　康托尔灰尘

第三节　⊥̣型集成思维键盘

集成思维键盘组成简单，内容包罗万象，应用面广阔，包括社会科学、自然科学百科及国民经济各个领域。其使用方法简便，经过短期自学训练便可掌握，并在运用中更加灵活自如。

一、⊥̣ 型键盘组成

⊥̣型思维键盘是由整形符号⊥̣分形为涨(⊥)、落(-̣)两大类符号群组成的，从而形成一个无数符号构成的集成符号群或庞大的符号集合。

如图 16－5 所示，左面为涨(⊥)分形系列符号群，表示放上、增添、涨起的意思，如加、乘、总和、积分、并、连乘、取大、正键、乘方、整体、综合、最大、大于、远大于、增量……它们都具有“涨”的自似性。右面为落(-̣)分形系列符号群，表示除去、去掉、落下之意，如减、除、分小、微分、交、连除、取小、负键、开方、部分、分解、最小、小于、远小于、减量……它们都具有“落”的自似性。键盘下面为经过上述符号的协理，即协调、协同、协作之后达到理想、理解、理智的解答。这就是数理思维键盘。

<table>
<tr><td colspan="8">⊥̣→</td></tr>
<tr><td colspan="4">⊥→</td><td colspan="4">-̣→</td></tr>
<tr><td>+</td><td>×</td><td>Σ</td><td>∫</td><td>−</td><td>÷</td><td>Δ</td><td>d</td></tr>
<tr><td>∪</td><td>Π</td><td>∨</td><td>$-^{+}$</td><td>∩</td><td>∐</td><td>∧</td><td>$-^{-}$</td></tr>
<tr><td>X^n</td><td>[</td><td>Z</td><td>max</td><td>$\sqrt[n]{x}$</td><td>(</td><td>F</td><td>min</td></tr>
<tr><td>></td><td>≫</td><td>$+\Delta X$</td><td>…</td><td><</td><td>≪</td><td>$-\Delta X$</td><td>…</td></tr>
<tr><td rowspan="2">协
理</td><td rowspan="2">协
调</td><td rowspan="2">协
同</td><td rowspan="2">协
作</td><td colspan="2">理　想</td><td>理　解</td><td>理 智</td></tr>
<tr><td>=</td><td>⥲</td><td>≫
≪</td><td>>
<</td></tr>
</table>

图 16－5　⊥̣型数理思维键盘

进行数理运算只是一部分，根据需要还可以扩大到一般事物之涨、落信息处理，诸如整形、分形；合一、分解；相生、相克；快、慢；上、下；升、降；整合、分开；前进、后退；凸、凹；阻止、滑动；紧张、松弛；吸引、排斥；涨潮、落潮乃至和平、战争；生存、消亡……用这些哲理就可以推出一个更大范围的键盘，称它为⊥̣型哲理思维键盘，如图 16－6 所示。

⊥			⊤̣		
整形	合一	相生	分形	分解	相克
快	上	升	慢	下	降
整合	前进	凸	分开	后退	凹
阻止	张紧	吸引	滑动	松弛	排斥
涨潮	和平	长	落潮	战争	短
正	阳	建立	反	阴	破坏
补	生存	…	损	消亡	…

图 16—6　⊥̣型哲理思维键盘

实际使用这两种键盘尚远远不能满足各种各样领域的要求，应在上述主键盘之基础上再建造一些本专业领域与实践相结合的各种专业键盘。专业键盘灵活多样，主要是包括一些相关因素与参量的各种经验与理论数据的专家系统键盘。

例如，图 16—7 是我设计的一个市场经济系统及其协调系统的思维键盘。

<table>
<tr><td colspan="3">N或S</td><td colspan="6">F=Σ⊥</td></tr>
<tr><td colspan="2">市场经济系统</td><td>⊇</td><td>〈</td><td>个人</td><td>企业</td><td colspan="2">政府</td><td>〉</td></tr>
<tr><td colspan="2" rowspan="2">市场经济内容</td><td rowspan="2">⊇</td><td rowspan="2">〈</td><td>市场机制</td><td>平等竞争</td><td>等价交换</td><td>自主经营</td><td rowspan="2">〉</td></tr>
<tr><td>自负盈亏</td><td>供需平衡</td><td colspan="2">宏观控制</td></tr>
<tr><td colspan="2" rowspan="2">市场经济运行系统</td><td rowspan="2">⊇</td><td rowspan="2">〈</td><td>完善的工商企业</td><td>完善的市场体系</td><td colspan="2">完好的价格信号体系</td><td rowspan="2">〉</td></tr>
<tr><td colspan="2">完善的规章制度</td><td colspan="2">发达的服务组织</td></tr>
<tr><td colspan="2" rowspan="2">市场系统运行系统</td><td rowspan="2">⊇</td><td rowspan="2">〈</td><td>消费品</td><td>生产资料(资源)</td><td>金融</td><td>劳动力</td><td rowspan="2">〉</td></tr>
<tr><td>科技</td><td>房地产</td><td>信息</td><td>产权</td></tr>
<tr><td rowspan="5">市场经济协调系统</td><td>社会管理系统</td><td>⊇</td><td>〈</td><td>政治(政策)
卫生(环保)</td><td>法律(法规)
新闻</td><td>科技
人事</td><td>教育
保障</td><td>〉</td></tr>
<tr><td>经济信息系统</td><td></td><td>〈</td><td>企业发展</td><td>预期目标</td><td colspan="2">偏差协调</td><td>〉</td></tr>
<tr><td>经济效益系统</td><td></td><td>〈</td><td>效益</td><td>最优增长</td><td colspan="2"></td><td>〉</td></tr>
<tr><td rowspan="2">经济杠杆系统</td><td rowspan="2">⊇</td><td rowspan="2">〈</td><td>价格</td><td>工资</td><td>利润</td><td>利息</td><td rowspan="2">〉</td></tr>
<tr><td>税收</td><td>信贷</td><td colspan="2">奖金</td></tr>
</table>

图 16—7　市场经济系统⊥̣型键盘

二、⊥̣型键盘的使用方法

总的原则是要善于在人们的脑海中将所求解的一切事物和疑难问题都能用⊥̣型思维键盘反应出来，通过反复不断地敲打思维键盘，进行醒脑取智、多次协理运算，用钱学森教授解决复杂系统给出的方法，“把理论、经验和专家判断结合起来，从定性到定量综合集成”，最后经过协同、协调、协作运筹获得理想、理智、理解的较为满意的解答。

⊥̣型键盘使用方法具体步骤如下。

1. 对⊥̣符号的掌握

对⊥̣及其分形符号⊥与−̣的含义、性质、作用、功能及其辩证意义要深刻领会理解，要融汇在脑海之中，使每个脑细胞和记忆单位都打上极深的⊥̣烙印，并随时反应出来。

使用者要反应敏捷，一瞬间能反应出多种信息，并能在多种被捕捉的信息中，用⊥、−̣处理信息，辨认出真伪来。同时，还要培养出坚忍不拔的精神，不厌其烦地追求⊥̣在脑海中的反应，随时协调方位、角度、侧面、层次等时空条件，直至达到目标为止。

2. 对⊥̣型键盘的掌握

首先要熟悉、熟练数理键盘，一合眼睛马上就能反应出键盘来，对键盘的敲打达到“滚瓜烂熟”的程度；其次要熟悉哲理键盘，并能根据需要再补充其不足之处；再次，要根据自己专业领域整理和设计一些理论的和经验的键盘，以及能结合领域专家系统的判断性键盘，并将这些键盘输入计算机以便随时调用。

三、⊥̣型键盘的应用范围

⊥̣型思维键盘是人类智能开发键盘。人脑有 100～150 亿个神经细胞和 9 000 万个辅助细胞，人脑神经元的轴突有 3 000～4 000 个小支梢，可形成 56^{12} 个键，组成一架人脑万能计算机。我们设计的符号⊥̣及其分形元做人脑计算机的键盘，用它启发和激活人脑的无穷智慧，并配有各种理论的与经验的软件，内存若干著名的领域专家系统，其应用范围将是十分广阔的，其开发和应用前景是无限量的，所涉范围将是无所不包的。

这种键盘的使用与开发，在某种意义上说，将孕育着一种新突破。其应用范围随着实践的进行，会逐渐扩展到自然科学、社会科学乃至国民经济的各个领域。

第四节 系统的协理集成运算

根据涨、落差异协理原理，应用在系统协调上，可获得如下的系统协理运算关系式

$$S=N \dotplus F \tag{16-18}$$

式中，S 代表自组织系统、组织系统、理想目标系统、新建系统、良性循环系统、有序系统等未知目标系统；

N 代表非自组织系统、非组织系统、非理想目标系统、现有系统或旧的系统、非良性循环系统、无序系统等已知目标系统；

F 为驱动协调子，简称驱协子，代表驱动协调系统的函数或小系统，是 N 和 S 的差异因子总和。

即

$$F \supseteq \{\overset{N}{\underset{S}{X}} \cdot \sum_{i=1}^{n} x_i\} \tag{16-19}$$

式中，$\overset{N}{\underset{S}{X}}$——$N$ 和 S 系统之间的主差异因子；

$\sum_{i=1}^{n} x_i$——N 和 S 系统之间的子差异因子总和。

根据涨、落差异协理原理：取 $x_i=0$；$\overset{N}{\underset{S}{X}}=0$，$\sum_{i=1}^{n} x_i = x_i$；$\overset{N}{\underset{S}{X}}=0$，$x_i=x_j$，$\sum_{i=1}^{n} x_i \leqslant x_j < \overset{N}{\underset{S}{X}}$ 时，相应获得系统相当、系统大差异、系统小差异关系式。

值得注意的是，协理运算式常常不是一次就能完成，而是经多次反复协理才能获得，所以已知目标系统 N 以及驱协子 F 也常常带有随机性和不确定性，要做艰苦的努力才能选择优化。

对复杂系统的运算求解只协调还远远不够，还必须进行综合集成运算。

我们理解钱学森教授提出的解决复杂系统的集成方法，可以表示如下关系式：

$$\text{复杂系统解答}=\sum_{i=1}^{n}{}_{\perp}\{\text{理论}\perp\text{经验}\perp\text{专家系统判断}\} \tag{16-20}$$

这种方法对正确决策理想的设计目标系统和准确选择系统驱协子都很需要。

举例汉字分形组构：

中国的汉字、词是典型的分形结构，我们可以将它按基本笔画组成、部首、发音与词头等分成几大类分形。它们都具有自相似性的规律性，举例说明如下：

(1)基本笔画分形。

$$[\text{汉字}]=\sum_{i=1}^{n}{}_{\overset{-}{\underset{\perp}{\cdot}}}\{\text{丶 •’• ㇏ • 一 • 丨 ……}\} \tag{16-21}$$

如 太$=\sum_{i=1}^{4}\perp\{$丿$\perp$丶$\perp$一$\perp$丶$\}$或犬

太=太$\overline{\cdot}$丶或犬$\overline{\cdot}$丶=大

(2)字首分形。

$$[汉字]_i=[字首]\perp\sum_{i=1}^{n}\perp\{丶\cdot,\cdot丶\cdot一\cdot|\cdot\cdots\cdots\}\quad(16-22)$$

如字首“宀”,可组成很多汉字:字,家,穴,宁,它,宇,安……

(3)字旁分形。

$$[汉字]_i=[字旁]\perp\sum_{i=1}^{n}\perp\{丶\cdot,\cdot丶\cdot一\cdot|\cdot\cdots\cdots\}\quad(16-23)$$

如字旁“亻”,可组成:亿,仁,什,他,伙,便,促,值……

(4)发同音分形。

$$[汉字]_i=[音同]\perp\sum_{i=1}^{n}\perp\{丶\cdot,\cdot丶\cdot一\cdot丶\cdot一小丿\cdots\cdots\}\quad(16-24)$$

如发音同为 FANG 的汉字有:方、坊、芳、妨、房、肪、防、舫……

(5)同词头的词分形。

$$[单词]_i=[词头]\perp\sum_{i=1}^{n}\perp[汉字]_i\quad(16-25)$$

如词头同为“人”的词有:人民、人生、人性论、人工免疫、人文科学、人造地球卫星……

第五节 前景与展望

采用高阶模糊符号的涨落、分形和集成运算,是辩证的协理数学,它的运算和解答是可以协调、协商和商量的,在某种意义上讲,这是最富人情味的、最理智和理想的算法。

用涨落、分形和集成来描述大自然的一切事物,包括复杂系统,是有广泛的应用前景的,它和经典数学的根本区别是非抽象的、辩证的、可变化的。

抽象往往会歪曲真实,涨落运算完全是以客观现实为标准的写实和反映客观实际的数学,更接近生活和群众,它可以群策群力,集中群众的智慧,让领导者、数学家、科学家和客观实际相结合,认真与群众反复协调、商量,吸收群众的智慧,发挥他们的创造性。俗话说:“三个臭皮匠,凑成一个诸葛亮”。在此凑成的是一种绞尽脑汁、醒脑取智的数学,适于群众掌握推广。它的运算可深可浅,没有严格的界定性,心里怎么想的就可以那么算。反复协调(即协调、协同、协商达到理解、理智、理想目标),运算千万遍,总归会成功。只要有决心和信心,铁杵磨钢针,功到自然成。

在客观条件允许的情况下,不断地追求满意是涨落协理运算独有的特点,它的解答从不固定、不限制死，给运算的人们留有发展和改进的余地，总是让后来者能运算出更为满意的解答来。

由于涨落运算集哲、理百科形成一个超大范围的应用理论，它将广泛地应用于社会科学、自然科学、技术科学、思维科学与国民经济各个领域，包括更广泛的人类行为和相互作用，力图用来解决科技、经济与社会问题，乃至人们日常生活、工资、购物等诸多难题，为当代热点科学与重大焦点问题的解决，提供一个实用的、辩证的运算方法。

第十七章　生活记事

第一节　我的健康教训

2006年12月31日早晨6点，我觉得有点迷糊。吃完早饭在老伴的陪同下一起去了医院，大夫开了住院单并让拍了CT。我当时觉得身体没有什么不舒适，想先不住院。下午两点钟取了CT片，诊断是旧病灶腔基梗死。大夫让我马上住院。10天后做颈动脉造影检查，确定右侧颈动脉堵塞90%。当时我的血液不黏稠，胆固醇也不高，血压、血糖都不高，怎么会堵塞这么厉害，再说我也没有什么不舒服。医生说，你已74岁了，动脉硬化从二十多岁就有了，像水管子一样，管内结垢了。这里要强调每项检查要做到"金标准"。颈动脉造影是检查血管的"金标准"，并非有感觉才算堵塞。一旦生气、激动、用力过度，血管就会痉挛、血液流通不畅，一旦形成脑梗死，就很危险了。医生让做支架。曾看《健康之路》节目，讲解放军总医院可以做血管剥离手术。住院10天后，转到北京解放军总医院，做了血管剥离手术，又住院一周多。本来同屋病友自内蒙古来的，应该他先做手术，但临手术前又验一次颈动脉造影，发现血栓已经堵到脑子里面，没法剥离只好回家吃药了，他已经半身瘫痪多年了，来得有点晚了。这件事给我的经验教训是年岁大了，不要等不舒服时再检查身体。自己一定早点主动要求检查。对心脑血管的检查一定要到位，做到"金标准"。检查出病来了，那是好事，可以防患于未然。

我的二姐2010年12月27日去世，就是属于没有检查到位这种情况。她早晨起来感觉不太舒服，到中午实在觉得承受不了才去的医院，经检查打针溶栓都没解决问题，于当天下午3点多去世。我曾多次去信和电话提醒他们要做检查，除了血脂、血流变外，还要做冠状动脉造影，给她邮去相应的资料和药品，准备速效救心丸。子女孝敬老人是中国的传统美德，但不是光给老人送点好吃的，现在老人最需要的是健康。

所以，老年人要主动征求医院医生的意见，检查冠状动脉。堵塞超过70%以上，那就要放支架。如果不检查，怎么知道血管堵塞了，着急、上火、劳累、吵架甚至用力干点活、遇到天气冷等情况血管痉挛，就很危险。如果检查结果堵塞50%以上70%以下，医生会给你开些通血管、扩血管、降血脂的药，注意维护自己的血管，还要开些急救药。退一步说，检查结果一点问题没有或者堵塞50%以下，就像我本人冠状动脉堵塞40%，医生给开了一些药，我就维持得挺好。出去走路或者去度假，自己放心，子女也放心。这叫知己知彼，百战不殆。个人感觉不同，个人状态不同，对某种病敏感程度不同，人与人有很大差异，不能作为健康的标准。对冠状动脉的检查，医学称为心脏病检查的“金标准”，就是冠状动脉造影。现在国家规定对65岁以上的老人从挂号到交款，各种检查等都不用排队，很方便。

有一年7月份我到威海住了3个月，中间犯一次咳嗽，到市立医院做CT，说有点肺感染，一般X光看不到。吃了一个月药，觉得好了，就没住院打针，实际上没有彻底治愈。第二年2月份又咳嗽。以为是感冒，在医院开点药，后来到医院做16排CT，肺部有点感染，吃了一周药，觉得不咳嗽了，自我感觉挺好，到老年门诊一检查，大夫一听说没好，肺子有啰音，还重了，得住院。我本想开点药完事，根本没想住院，因为自己症状没有了。再说肺炎疫苗刚打过，管五年呢。所以，凭感觉是不科学的，这时才想到原来去威海没治彻底，这是教训。人们别相信自我感觉，要相信医院。看病的主任医生说他父亲就积了半胸腔水，还没觉察出来，医生也马虎了，就赶紧住院。我有个叔伯弟弟在银川工作，是商业厅的总师，享受副厅级待遇。退休了，骑着摩托到郊外河边钓鱼玩，年轻时就抽烟，检查发现过胆结石，他也没在意，到老了逐渐起了变化，胆长在肝上，可能骑摩托上下振动，发生了癌变，做几次手术延缓几年还是去世了，72岁就走了。所以凭自己感觉挺好的就说没病，这样不科学，这样要误大事的。还有前两年我单位有位中层干部抽烟时咳嗽吐白痰带血丝，到医大做PETCT，发现肺上有高粱米粒大小的东西，是肺癌。后来到医大肿瘤医院用放射治疗，所幸的是肺癌早期也能治好。他一直上班，保持很好。

以上都是我和亲友们经历过的，所以建议老年人要定期检查如下项目。

(1)做颈动脉超声查颈部6根血管是否堵塞，或者有斑块。像我就是左侧颈动脉堵塞，这根血管流速很快，又做血管造影，最后查出堵塞90%，右侧血管堵塞30%。

(2)做个256排CT冠状动脉检查，可查出心脏血管是否堵塞，堵塞程度如何。如果堵塞轻，像我的冠状动脉堵塞30%，就吃药维持。医生开的药同颈动脉一样维持稳定斑块。

(3)做胃镜。我做胃镜查出来是萎缩性胃炎，就吃药维持，2年再查一次。痔疮严重者要做肠镜。

(4)每年至少做一次血脂、血流、血糖及血液分析。有问题要及时治疗。

(5)每年做一次肝功、肾功的检查，还有半年做一次尿分析，大便带血要及时检查。

(6)男人要做前列腺彩超，看看是否有前列腺增生，有增生除用药外，要做血液PAS检查，及时发现是否有癌变。

(7)常年吸烟者每一年要做一次肺PETCT。

(8)要做脑CT。

(9)每年做一次胃、肠、肝、胆、脾、肾等彩超。

(10)女人要做彩超钼靶，及时查出乳腺增生以及乳腺癌变。

希望大家要记住这些教训，注意检查身体，且要查到位。

愿老同学、亲朋好友们大家都健康长寿、生活愉快!

冷兴武
(在2010年6月份哈尔滨工业大学90周年校庆53级同学聚会上的讲话稿)

第二节　吸烟有害健康

香烟盒上明文标注:"吸烟有害健康,戒烟有益健康"。为什么唯独香烟有这样的标志,俗话说吸烟等于慢性自杀,吸烟和不吸烟,寿命相差20~40年。

一、吸烟有害的研究

烟含焦油量11 mg,烟气烟碱含量1.1 mg,烟气一氧化碳12 mg(烟盒上标注的)。另外还有没有标注的一些重金属等,尤其是有的香烟有200多种添加剂,味道越好毒性越强。而旱烟叶除农药化肥外没有添加剂,较香烟毒性略低。

吸烟有害健康,吸进肺泡里,长久熏成瘾,鲜红的肺叶全被熏成黑色,科学家做试验,每天吸烟超过2支,久而久之造成免疫力下降、支气管炎、肺气肿甚至肺癌。吸烟造成血黏稠,动脉硬化,心脑血管、肺、胃、肝肾损伤等。老人都喜欢吃阿司匹林,它能使血黏度稀释,而对吸烟人作用降低90%,只有常人的10%。我所在研究室共10人,其中有五位吸烟者,不到70多岁全走了。我也是二手烟受害者,之后看到《深圳特区报》1995年7月16日"南昌卷烟厂悬赏五百万元求解'无害卷烟'难题",我也申请烟味口胶专利,即把烟叶浸泡中药晾干后,把烟叶剪成碎丝与口香糖混合而成,后在香港开国际烟草大会获得世界优秀专利。其实就是口嚼烟叶使口腔过瘾之后吐掉,对人基本无害,可达到辅助戒烟的效果。

二、吸烟有害健康,要及时检查

吸烟指数=每天吸烟的支数×吸烟年限

著名肺部肿瘤专家告诫吸烟者:吸烟指数大于400者称危急病人,要到肿瘤医院做肺部PETCT检查,查看肺部是否有病变。我单位后勤部长五十多岁,一天发现吐白痰带血丝,电话问我家邻居哈医大三院即省肿瘤医院博士导师、中国肿瘤协会理事、日本留学回国专研究放疗的王教授,王教授告诉他赶快来做PETCT(以下用PET代替)。检查结果是小粒性肺癌。癌粒2 mm左右可以放疗,通俗讲癌症只长苗没有长根,每天一次放疗花七千元,当时是自费放疗一个月共计21万元,告诉他吸烟每年要做一次PET检查。另一位是我们单位家属,他做肺X光检查是肺气肿,支气管扩张,吐白痰带血丝(90%是肺癌)。家属也知道去哈医大三院做PET,结果是晚期,即肺癌扩散了,剩下的钱全买进口药,半年后去世了。这是血的教训,在吸烟指数达到400时及时做PET可以治好,所以要懂得吸烟指数是救命指标,吸烟者绝不可以忽视检查。前几年我在院里发放吸烟有害的宣传单,见吸烟者无偿发放义务宣传。

我已发出5 000份宣传单,见人就宣传,让大家都知道。

三、戒烟要下恒心

张学良将军大烟都戒了,五天五夜锁屋里,除吃饭一律不开门,翻身打滚过后把大烟戒了,这才叫英雄好汉,把小烟戒了也做一回英雄好汉吧。

吸烟者要下恒心,世界上什么最值钱,俗话治病治不了命,你再有钱能买命吗?生命是无价之宝,无论有多少钱,生命只有一次,人人平等,地位高低都一样,没有特权,千万不可轻忽!

四、办法

(1)学习古代人的办法叫吧嗒烟,像古时叼大烟袋,一边抽一边吐,烟气留在口中,不往肺里吸。现在可在烟袋杆中装上过滤材料。

(2)买一盒仁丹不贵,开车犯困时,口中含几粒凉爽,健胃健脾又提神,放点口香糖更好。

(3)犯瘾挺不住的,可以把香烟撕开放点烟丝再放粒口香糖一起嚼,过了烟瘾后吐掉也行。这就是烟味口胶。我申请过烟味口胶专利,获世界优秀专利,可以无偿奉献。

(4)白萝卜或青萝卜一根,擦丝后煮20~30分钟,然后喝萝卜汤,可以装瓶里,开车时放在旁边就喝一天,喝一两个月就自然觉得烟没味。

(5)药物也可起些辅助作用,如常吃维生素D,多晒太阳,吃维生素C和清肺的良药,商名叫切诺,是植物提纯的,可以去痰,缓解支气管炎、肺气肿等,还有月见草油可以缓解动脉硬化,我吃过好多年压差会变小。

五、国家要下狠心从根上解决吸烟问题

中国是吸烟大国,烟民四亿多,我国理应大力宣传吸烟有害生命的理念。中国应尽早成为无烟大国。

六、建议全面禁烟

禁止烟草商品危害人民健康,禁止种植、生产、销售流通。不可拿生命开玩笑,戒烟也是一种责任,首先对自己生命要负责,其次,戒烟也是家庭的需要,一个家庭不是

一个人，上有老下有小，谁不希望一家人和和睦睦，健健康康，戒烟是家庭的需要、亲人的需要、国家的需要。

(1)著名肿瘤专家告诫吸烟者：吸烟指数超过400者的就要做肺部的PET，何谓吸烟指数？吸烟指数即每天吸烟的支数乘上吸烟的年数，如你每天吸一盒烟，每盒20支，你吸20年，吸烟指数＝20×20＝400，或大于400者皆是危机患者。

(2)吸烟者也危害下一代。因为你吸烟影响下一辈，你该不该戒烟，难道自己就戒不了吗？还能继续吸下去吗？

(3)戒烟者一时戒不掉，可以慢慢来，一天少吸一支烟，逐渐减少。但要决心戒，只要头脑里有这根弦，有志者事竟成，一定能戒掉！要知道戒烟后，五年才把烟毒的影响去掉一半，十年戒烟才能完全消除不良影响，戒烟什么时候都不算晚，尽早更好。

七、烟味口胶世界优秀专利

1995年世界烟草大会，申请烟味口胶专利号ZL932066143，荣获国家专利局特批，冷劲松等烟味口胶(口香糖)被评为世界优秀专利，被编入1995年世界优秀专利技术精选文集，同时被评为国家新产品。

第三节　日常生活中的若干琐事

一、腰椎间盘突出

这种病是老年病之一，是腰椎有退行性病变，十之八九是缺钙引起的骨质疏松，承受压力使腰椎间距缩小。我原身高1.72米，现在1.68米，缩小4厘米相当于分散在各腰椎间距压短。先是膨出，多数没感觉后加重突出。后腰椎腔内的骨髓挤出来，年轻人做手术用不锈钢板支开。前几年儿子出差到北京解放军301总医院给我预约骨科主任医生看病，说老年人80岁以上建议保守治疗。回来后根据自己状况继续在家里装一个简单的牵引机，在床头立柱间绑一根钢管，在床头下吊一沙袋，其质量为7～15公斤。我吊12公斤，太重了容易拉伤，老年人不宜太重。在腰上系个腰带方便解开，再挂腰后方，与前方横管联结仰卧蹬腿牵引30至40分钟。我还用小电褥子加热腰部。简易牵引装置药店可买到，简单方便。

另外，在走廊里装一个健身器，将它改装成卧式蹬自行车。躺下头垫高25厘米相当仰泳蹬车，手拿矿泉水瓶摇动，每次20～30分钟，每天两三次。中老年人血管不畅通，我血稍黏，早晨起床空腹吃一片拜阿司匹林100 mg肠溶片。然后上床双脚高抬紧贴墙面，先两腿分开尽量成180°，收回两三次，仍然是臀部紧贴墙面保持90°，然后两腿使劲敲打墙面，可以缓解脚酸麻痛，连续敲打几分钟。腿运动，单腿伸直两手拉，一条腿紧靠胸前100次，再换另一条腿紧贴胸100次。拉腿握紧脚中部然后双手拉单脚往头前20～30次，之后双手拉脚至额头鼻和嘴部贴近100次，伸出拇指给自己点个赞！然后换脚做完再给自己点个赞，天天如此点赞快乐非凡。

下床之前练习蛤蟆功，接着坐下，再下跪臀部往后坐往前伸头，趴下起身往后坐，逐渐臀部紧贴床面，几次后下床，这对腿间盘突出有缓解之效。然后到走廊开窗蹬车半小时，我把健身器改装卧式蹬车不累。白天多活动，腰疼可靠洗衣机边或背靠厨台边缘处往后仰弯腰，仰靠几分钟，可以反复几次，腰痛会得到缓解。另在立柜上边钉个铁管或木条相当于单杠，随时可拉伸方便，注意立柜要稳定，不稳定可换门顶上。

我现在已经90岁，每早、晚推四轮小车在院里走4～8圈，累了坐在车上倒走，每圈走15分钟，每圈为1公里，坚持就是胜利。

二、学生培养

原哈玻所经批准成立玻璃钢中专学校，是国内首创，我兼任教学主任。学生毕业后都分到大玻璃企业任职。我主编教材九本由武汉工业大学出版社出版。

一位男孩考到夜大财会专业，我告诉他关键在以后努力。后夜大本科毕业考上哈尔滨工业大学管理学院研究生，直到博士毕业，就职于北京中国四大投资公司之一。

还有一位朋友从部队转业调到中学当老师，他家男孩也是念的夜大，后考入哈尔滨工业大学本科，博士毕业后分到某大学当老师。现在已是博士生导师了。

这是我亲身经历过的两个事例。这些都是用比较相当差异观点来教育年轻人成长的。

三、自家防盗门的土机关

1963年我搬家到哈所，新改建的楼房没建围墙，我自愿夜间看仓库，在腰上别着一把小铁锤壮胆。我家屋门装有土机关，上亮子原玻璃窗改成铁皮钉满钉子，在门上装有九道机关开锁，即手动门内插关放进奶箱里挡着。门上装有多个螺丝帽，共九道机关，有许多差异，开锁专家万能钥匙也无能为力。小偷真来了，手里万能开锁钥匙也打不开，小偷把上亮子铁皮砍了七斧子铁皮打掉，打算登上去伸头到屋里看，弯腰伸手怎么也开不开门。他不敢跳进去，若里面门也开不开被抓现行怎么办，所以将对面屋门打开后偷走了围脖和录音机。我这土机关都是自己的差异发明。引起众人议论，说冷工两点厉害：一是孩子成才；二是家门有九道机关，一时间传为佳话。

四、破一起工会盗窃案

当年，哈所工会在二楼办公室，工会主席办公室存120元会费失窃，大家戏称120吊案件。当时还没有保卫科，革委会张主任让我破案。工会办公室楼下有门通后院大车间和变电所、锅炉房。后门夜里锁着，有蹬墙的划痕。我到公安局找到身高和脚大小的曲线图表。墙上蹬出划痕、地上脚印、办公室用螺丝刀撬锁留痕。最后所有证据都指向变电所某电工。又找到变电所窗台上新洗刷的白胶鞋，划痕边牙尺寸对上吻合无误。拿到证据跟革委会汇报，革委会核实是变电所电工所为。

五、家中有老人防贼、防火

一般老人听见敲门声会问问谁呀？门外人说物业的、说派出所的或者说快递送东西，但没见面不能开门。一般门上猫眼很小，灯在门外，不开门看不清人脸，即使能看清也是局部。我给个办法：把门开到 20 厘米缝能看清来人全貌，用铁链子把门拴牢，能和外人说话但进不来。先用自行车锁链条一头固定在门框上，另一端套在门把手上。这样就比较安全了。

老人外出时一定先检查水龙头、电器开关、煤气、电褥子、烟灰缸。如果怕忘，可在出门处写个条，一定要检查一遍。

六、怎么包，馅不剩

华罗庚教授发明了优选法，可用在包饺子、包子、馅饼、菜团子等。怎么包馅和面刚好匹配？先把面和馅大约两等分，再分开两份变四份，取一份包馅。如果不能正好再调整一下剩三份，一般都能包好，如差太多，再补充面或馅，以后用此法都会包好，也可用此法分配任务等。

七、牙膏大家都用完了吗？

牙膏大家都用完吗？把牙膏皮卷完了，直到挤不出来了就是用完了。挤完了不等于没有剩余牙膏，两者还是有差异。我把挤完的牙膏底剪开，用牙刷一掏，牙膏够一周用的了。

八、土办法治颈椎病

我年轻时就患颈椎病，到医院做过牵引治疗，但时好时坏。后来买颈椎治疗仪，在家里能卧床加热治疗。后来逐渐悟出道理：一是加热会活血化瘀。二是仰卧治疗仪枕头近似圆形，脖子后仰起拉伸作用。可以用 9 厘米圆枕头外卷小电热毯子，两者相当于颈椎治疗仪。原买的颈椎治疗仪给家人用。这样我用圆枕头，直径 9 厘米，长度 55～60 厘米内装黄豆、小核桃或榛子等，再用上小电热毯就成功了。

一张电热毯 10 块钱，自己缝个小圆枕头天天做，适合办公室低头族、打字员、汽车司机、电脑使用者等。颈椎病是常见病，自己缝个小圆枕头，天天治疗很方便。

附　　录

附录1　对《工程差异论》书稿的评价

一、本专著作者冷兴武同志系国家建材局哈尔滨玻璃钢研究所副总工程师、高级工程师，全国复合材料学会开发与咨询委员会委员，部级先进科技工作者，国家级有突出贡献享受国务院政府津贴专家，中国科协、中国科技会堂专家委员会委员。

二、冷兴武同志于1982年黑龙江省自然辩证法学术年会上首次提出“差异论”一说。之后，发表这方面的论文多篇。据我们所悉，系在国内外首次建立了差异论学说体系。他长期学习马列主义、毛泽东思想，结合科研工作实际，在《矛盾论》的基础上，提出差异论学说。该学说将为当代的热点科学与重大难题（包括对当代发生的巨大变革做出科学的合理解释）的进展提供哲学依据和辩证唯物主义思想方法。

三、《工程差异论》是冷工积三十五年复合材料研究与工程设计工作与马克思主义、辩证唯物主义思维科学的交叉、融合的理论。

冷工为我国科技事业发展做出突出贡献，先后获国家级重大贡献奖6项、部级成果奖8项、国家专利4项、世界优秀专利1项、新产品奖3项、优秀科技专著奖2项。这些成果都是采用差异论及其思维方法取得的。如曾获1978年全国科学大会重大贡献奖的《异型缠绕规律》就采用了“相当圆”假说，后被学报称为“冷氏相当圆原理”，就是采用差异相当原理取得的。

该书是作者从事科研工作与辩证法相结合的产物。它的诸实践成功案例，再次证明马克思主义哲学与辩证法是取得一切重大科技成就的指南，是解开科学难题的“金钥匙”。

四、该书的特点与独创性。

（1）建立在作者本人提出的差异学说与差系理论（包括差异思维观、认识论、高阶模糊协调运算、差异协调哲学）的基础上，具有独到的差系哲学、差系理学与差系工学体系。

（2）独到地运用差异协调运算，采用自己创造的高阶模糊思维符号⊥（涨）、⊤（落），建立了广泛、实用的协调数学算式，为工程差异协调设计理论（简称工程差异论）提供了有力的数学、理学与逻辑手段。

（3）书稿中所给出的大量例题均为作者本人担任课题组长实践过的成功实例。

其中，有理论建立、定理提出、科研新产品试制、工程设计、技术改造、创新发明等获奖、专利实例。尽管大部分内容涉及复合材料与工程，但使用的协调设计理论与各领域都具有共同性。故而该书有较广泛的实用性，其思维观、方法与通用理论皆可推广应用于国民经济各领域、各行各业。

（4）一位科技工作者几十年坚持学习马列主义、毛泽东思想哲学原理，紧密地结合自己的专业，实为难能可贵。实践证明，差异论为自然科学与技术的发展提供了一个马克思主义辩证的思维方法，作者亲身实践，收获甚大。该书稿内容本身就是马克思辩证唯物主义与自然科学、技术结合与渗透的成果。

五、该书稿的内容大部分取材于作者在《宇航学报》《航空学报》《复合材料学报》《系统辩证学学报》等刊物上发表过的论文，因此，理论论据与实践内容、数据都是充分的、可信的。

基于上述，我们特推荐《工程差异论》书稿由基金支持出版。

中国玻璃钢工业协会

《工程差异论》书稿评价与推荐者

1995 年 8 月 17 日

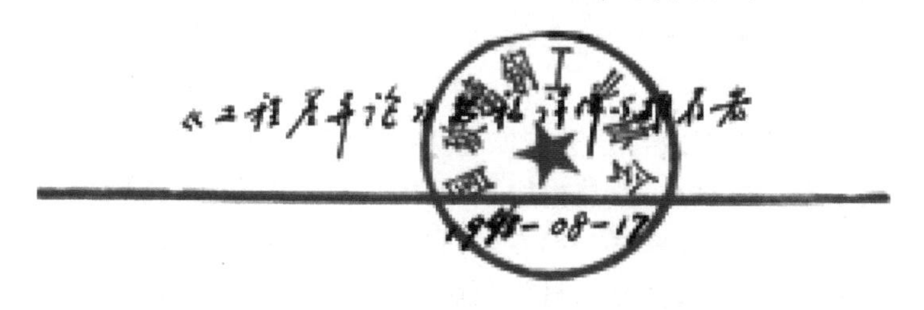

附录2 对《工程差异论》书稿的评语

该书稿作者冷兴武同志系国家建材工业局哈尔滨玻璃钢研究所高级工程师、副总工程师，并担任我会理事和哈尔滨玻璃钢研究所分会理事长。

冷兴武同志自1959年工作至今一直从事科研工作。由于他长期学习马克思主义和毛泽东哲学思想，并紧密地与自己的科研课题相结合，在学习与借鉴矛盾论基础之上总结出差异论方法。在1982年我省第二次年会上首次发表“差异论法”(4万字)的论文，该论文被评为优秀论文，还引起中国自然辩证法研究会前来参会的代表董光壁研究员的重视，介绍在《中国自然辩证法通讯》(1982年24期)上发表题为“差异法”的论文。1983年在全国工程技术方法论会议上，做“差异论在工程技术中的应用”论文发言，引起会议主席陈昌曙教授的重视与好评。1986年“差异论与玻璃钢制品的研制”论文被作为一种有创造性的科研方法选入关士续教授主编的潜科学丛书《科技个例发明分析》中，由湖南科技出版社出版。1987年在《航空学报》上发表“网格结构纤维缠绕计算原理”的论文，就是利用如下差异关系式：

一般缠绕⊥无增量缠绕＝网格缠绕

该项目还获得部级科技进步二等奖。1990年，《纤维缠绕原理》被评入泰山科技专著出版基金，已由山东科技出版社出版。之后开始总结差异论在复合材料研究中应用获奖的成果，决心撰写一部专著，目前书稿已全部完成。1993年全国第10届玻璃钢/复合材料年会发表“复合材料领域里的比较科学”收入论文集出版。1994年全国第8届复合材料年会上发表“差异档次开发与功能梯度设计”论文，选入《复合材料进展》出版。1994年在全国第二届系统科学学术交流会上发表“差异·矛盾·系统”的论文，文中首次给出差异参量“溠”、矛盾参量“湍”及一切事物能量化的广义物理学开拓的论点。1994年在《纤维复合材料》杂志上发表“建立比较复合材料科学学科的构想”的论文，文中把差异比较科学具体应用于某一技术学科上。1995年在《宇航材料工艺》杂志上发表“材料科学与应用中的比较研究”，被编辑部称为有独创见解。1995年在《系统辩证学学报》上发表“差异学说及其实践意义”，该文提出了差异学说及差系理论的完整框架由三部分组成，即差系哲学——差异协调哲学；差系理学——差异协调数学，广义物理学开拓；差系工学——工程差异协调设计理论、比较科学。1995年底将召开的全国第11届玻璃钢/复合材料年会已提交“构筑复合材料符号学的研究”论文，文中将工程协调设计与协调运算进一步符号化、信码化和公式化，对增进国际技术合作与交流起推动作用，并率先将在复合材料技术领域内变成世界通用的技术交流语言。

以上的一些论文再加上以前发表过的诸多应用差异论方法论成功的获奖项目总结，如原理建立、定理提出、工程设计、技术革新、维修改造、新产品试制中的差异相当、比较借鉴、模糊比较、差异平衡、相当比喻等多篇实例论文，作者这些亲身实践过的宝贵经验资料，为该书稿提供了丰富的素材和可靠的理论及数据。

该书的科学思维指导思想是差异思维观，它把人们的思维方式由长期以来的单一矛盾斗争场域扩展至另一非斗争型、开放、动态的差异场域，从而建立了差异平衡，相当，大、小差异理论关系式，用事物的微观、宏观、大系统、子系统运动的辩证观点和人为设计软理论、比较系统方法来研究差异协调问题，把长期以来单一的矛盾斗争哲学及其研究领域扩展至更广泛的人类行为和相互作用上，它将确定人、各种组织或机构乃至国家与家庭等，都把差异理论运用于大量决策上，并力图用差异理论及其思维观与方法来解决科技型、工程设计型、经济型与社会型的问题。差异论一开始就创立了人们在日常生活中做出的每项决定是按照与差异有关的思维方式来进行的理论，如工作、专业、承担项目、设计方案、统筹规划、经营决策乃至个人生活、市场购物等皆如此。差异论的发现将鼓励自然科学和社会科学工作者去从事新的探索，拓宽新的领域，启迪人们用差异思维方法来思考和决策。虽然本书以工程差异论为题，但其深远意义决不只限于工程技术领域，无疑差异思维观及其理论的推广将会对国家的政治、经济、文化、军事以及整体社会的进步都具有重大影响。

该书的出版，将是第一本利用马克思辩证唯物主义思想具体指导技术科学，实践证明已获丰硕成果的专著，目前尚无此类专著出版。它的问世，给读者带来的利益和启迪将是作者在书中所写的多项获奖成果本身做出的重大贡献所无法比拟的。

相信该书的出版将对改革开放及社会主义现代化的实现起积极的推动作用。

因此，我会推荐冷兴武同志的《工程差异论》书稿由科学基金资助出版，早日问世。

黑龙江省自然辩证法研究会

1995 年 8 月

书稿由科学基金资助出版，早日问世。

黑龙江省自然辩证法研究会

秘书长　刘叙和　　一九九五年八月

附录3　复合材料系统协理设计原理(中英文对照)

Proceedings of ICAM'96
1996年度国际新材料年会报告

PRINCIPLE OF SYNERGISTIC AND UNDERSTANDING DESIGN OF COMPOSITE MATERIAL SYSTEM

Leng Xingwu　冷兴武
Harbin FRP Institute,150036,China
哈尔滨玻璃钢研究所　150036#　中国

ABSTRACT: We study composite materials as a complex system including many sub-systems, which in turn are divided into some branch systems, even into micro-systems and elements, etc. The mutual function of the system and its branch-systems can be coordinated. This article uses high order fuzzy synergistic operation symbols and the internationally advanced theory of system science to establish an expert system through the synergistic and understanding design of the open system, so as to reach the ideal goal and give new vitality to the development of composite materials.

KEY WORDS: composite material system, system science, high order fuzzy synergism symbol, synergistic and understanding computation and design, expert system, application and prospect

提要:把复合材料作为一个庞大的复杂系统来研究,它包含着诸多子系统,下分若干分系统,乃至微系统和要素等。系统与其分支系统的组成以及其间关系相互作用是可以协调的。本文采用高阶模糊协调运算符号,融入国际最前沿的系统科学理论,通过开放系统的协理设计,建立专家系统,以达到理想目标的实现。为复合材料领域的发展、创新注入新的活力。

关键词:复合材料系统;系统科学;高阶模糊协调符号;协理运算与设计;专家系统;应用与展望

Ⅰ. Introduction

The study of complex problems as an internationally advanced project in science has gone into every field of science, and the most promising approach to the project is to introduce system science into it. System science includes such non-linear sciences as systematology, cybernetics, information theory and dissipative structure theory, synergism science, hypercycle theory, catastrophe theory, fractal theory and chaos theory, etc. The composite material is a great and complex system embracing many sub-systems such as organization, structure, technology, property, usage and maintenance, etc. Coordination of the composition and mutual function of all the subsystems, branch-systems, micro-systems and elements will be the key factor for development of composite material study.

Here we use the high order fuzzy operation symbol[1],[2] to carry out an effective synergistic and understanding computation and design for the composite material system, and have established an expert system using computer technology for convenience.

一、摘要

复杂性问题的研究作为国际科学前沿课题，已深入到各科学领域，而研究该课题最有效的途径与方法就是引入系统科学，系统科学包括系统论、控制论、信息论和耗散结构理论、协同学、超循环理论以及突变论、分形论、混沌理论等非线性科学。复合材料是一个包括组分、结构、工艺、性能及使用维护等诸多子系统的庞大、复杂的大系统。协调该大系统、子系统、分系统、微系统、元素的构成及其间的相互作用、关系，将是探索、创新与发展复合材料研究的关键所在。

这里，我们采用高阶模糊协调运算符号[1],[2]，对复合材料系统进行有效的协理运算与设计，为方便使用，采用计算机技术建立专家系统。

Ⅱ. High, Order Fuzzy Synergistic Operation Symbol

The synergistic and understanding operation is done through the high order fuzzy synergistic symbol ∓ (called "fluctuation-up and down").

High order fuzzy synergistic symbol is a group or set of symbols

$$\mp \supseteq (\pm \mp) \quad (\pm, \div) \tag{1}$$

where $\pm$ is called "up", indicating "putting on" "adding" and "expanding";

$\mp$ is called "down", indicating "taking out" "getting rid of" and "getting down".

$$\pm \supseteq \{+, \times, \sum, \int, +, \cdots\} \tag{2}$$

where the symbols represent addition, multiplication, sum, integration, positive bond, etc. respectively

$$\mp \supseteq \{-, \div, \Delta, d, -, \cdots\} \tag{3}$$

where the symbols represent subtraction, division, fraction, differentiation, negative bond, etc. respectively.

In actual application, the set of symbols can get their solutions by reduced order calculation. From the name we may know its main functions are fuzziness and synergy. We define it as having such characteristics as evolution, deliberation, association, seeking, medium, non-abstractness, realism, non-linearity, self-organization, relativity, mobility, participation, flexibility, fuzziness, synergism and understanding, non-dimension, boundlessness, multi-gradation, multi-perspective, logic and intelligence, etc. It combines traditional mathematics, fuzzy mathematics and logic into one, and gives a new vitality to them. It develops mathematics into one able to imitate the cognition and thinking mechanism of the human brain and combines mathematics and human thinking into an organic whole.

We shall use high order fuzzy synergism symbol to carry out synergistic and understanding operation and design to apply the system science theory to the science of composite materials so as to make a great breakthrough in this field with the aid of internationally advanced theories.

二、高阶模糊协调运算符号

协理运算与设计是借助高阶模糊协调运算符号$\underset{\cdot}{\perp}$(称“涨落”)来实现的。

高阶模糊协调符号是一组符号群体或集合

$$\underset{\cdot}{\perp} \supseteq \{\perp、\underset{\cdot}{\top}\} \tag{1}$$

式中,$\perp$称谓“涨”,表示放上、增添、涨起之意;

$\underset{\cdot}{\top}$称谓“落”,表示除去、去掉、落下之意。

$$\perp \supseteq \{+,\times,\sum,\int,+,\cdots\} \tag{2}$$

式中,诸符号为加、乘、总和、积分、正键……

$$\underset{\cdot}{\top} \supseteqq \{-,\div,\Delta,d,-,\cdots\} \tag{3}$$

式中,诸符号为减、除、分、微分、负键……

该符号集合在具体应用时根据实际情况降阶求解,顾名思义,其主要功能,一为模糊,二为协调。我们赋予它具有演化性、推敲性、联想性、追求性、中介性、非抽象性、写实性、非线性、自组织性、相对性、动态性、参与性、灵活性、模糊性、协理性、非量纲性、无界定性、多层次性、多角度性、逻辑性和智能性等。它集传统数学、模糊数学与逻辑学于一体,并注以新的活力,它将使数学发展至仿效人脑认识思维机理,把数学运算与人脑思维有机地协调成为一个整体。

我们将通过采用高阶模糊协调符号进行协理运算与设计,把系统科学理论融于复合材料科学之中,使复合材料这一学科借助国际前沿新的科学理论与方法有一个较大的发展。

Ⅲ. Composite Material System

The composite material system includes the following sub-systems, branch systems, micro-systems and elements:

1. constituent system of raw materials

(1) basic systems Metal system and non-metal system: in non-metal system, there are organic and inorganic sub-systems; within organic sub-system, there are thermoset and thermoplastic resins as branch systems; within thermoset resin, there are epoxy, unsaturated polyester resin, phenolic resin and other resin micro-sys-

tems; within epoxy, there are E, B, D, … types of micro-systems; within E type of epoxy, there are still some concrete categories; within each category, there are still some elements.

(2) reinforced material systems

There are glass fiber, carbon fiber, Kevlar fiber and other fiber and fabric systems.

2. structural systems

They include structural system, compositional lay-up system, designing and calculating system, etc.

(1) The structural system includes such small systems as functional system, property system and linking system;

(2) The structural lay-up system includes such small systems as the entire lay-out system, local lay-up system, shape-forming system and size deviation system, etc. ;

(3) The designing and calculating system includes such small systems as those for calculating and experimenting for shapes, strength and property.

3. systems of manufacturing technology

They include systems for preparation of raw materials, moulds, examination of equipment and instruments, technological shaping, examination of manufactured products and their storage.

4. systems for property examination

They include small systems for sampling of physical and chemical properties, testing and analysis of products.

5. systems for usage and maintenance

They include small systems for usage, maintenance and life estimation.

三、复合材料系统

复合材料系统包括下列子系统、分系统、微系统和要素。

1. 原材料组分系统

(1)基体系统。基体系统分金属与非金属系统，非金属系统又分有机与无机子系统；有机子系统又分热固和热塑树脂分系统；热固树脂分系统又分环氧树脂、不饱和聚酯树脂、酚醛及其他树脂微系统；环氧树脂又分 E、B、D 型等微小系统；E 型环氧又分若干具体型号，每个型号又由几种组分即要素构成。

(2)增强材料系统。

增强材料系统包括玻璃纤维、碳纤维、芳纶纤维及其他纤维与织物系统等。

2. 结构与构造系统

结构与构造系统包括结构、构造铺层、设计与计算系统：

(1)结构系统包括功能、性能、嵌连小系统；

(2)构造铺层系统包括整体布局、局部铺层、成型后形状、尺寸偏差等小系统；

(3)设计与计算系统包括形状、强度及其他性能计算与实验等小系统。

3. 制造工艺系统

制造工艺系统包括原材料准备、模具、设备仪表检查、工艺制造成型、成品检验、入库系统。

4. 性能检验系统

性能检验系统包括物理、化学性能试验、产品的试验与化验小系统。

5. 使用维护系统

使用维护系统包括使用、维护、寿命估算等小系统。

Ⅳ. System Science Theory

Prof. Qian Xuesen points out: "We take a very complicated object of research and preparation as a system, that is, and organic entity consisting of mutually functioning and relying parts, and the system itself is also a part of a larger system to which it belongs." L. V. Bertalanffy says in his *General Systematology*: "A system is the whole of all the constituents which are in relation to each other and to the environment." When H. Haken put forward another systematic theory in 1971, he pointed out: in complex systems of different types, the joint function or synergism will be greater than the total of the individual function of all the factors. And according to I. Prigogine's dissipative structure theory, when an open system reaches the non-linear zone far away from the balanced state and a certain parameter reaches a certain threshold, the system will experience a catastrophe through its fluctuation-up and down, changing from an orderless state to an ordered state, and maintain this state through constant exchange of energy with the outside world.

Such newly emerged major theories as cybernetics, information theory, dissipative structure theory, synergetics, hyper cycle theory, catastrophe theory, chaos theory and fractal theory, etc., are all about the generation and development of systems in essence. From the macro organization theory, self-organization theory to the micro non-linearity theory, all these are meant to reveal the conditions, mechanism and regularity of orderless or ordered state of a non-linear, dynamic and open complex system far away from the balanced state. Therefore, they are praised as splendid achievements of the modern science and the most advanced theories of this century and are gaining more and more response from every scientific field.

四、系统科学理论

钱学森指出:"把极其复杂的研制对象称为系统,即由相互作用和相互依赖的若干组成部分结合成具有特定的有机整体,而这个系统本身又是它们从属的更大系统的组成部分。"贝塔郎菲在《一般系统论》中指出:"系统是处于一定相互联系中与环境发生关系的各组成成分的总体。"哈肯于 1971 年又倡导一种系统理论,他指出:在不同类型的复杂系统中,许多要素的联合作用或协同作用将超出诸要素自身的单独作用总和。普利戈金的耗散结构理论则认为,一个开放系统在达到远离平衡态的非线性区时,系统的某一参量达到一定阈值时,通过涨落系统发生突变,由原来的无序变为有序状态,并靠不断地和外界交换能量来维持之。

综观当代新出现的这些重大科学理论,如控制论、信息论、耗散结构理论、协同学、超循环论、突变论、混沌理论、分形理论等,它们本质上都是关于系统产生、系统发展过程的理论。从宏观的组织理论、自组织理论,到微观的非线性理论,都是揭示远离平衡态、非线性、动态的、开放的复杂系统中的无序、有序的条件、机制和规律性。因此,它们被誉为当代科学的辉煌成就和 20 世纪的最前沿理论。并且,越来越多地得到各科学领域的响应。

Ⅴ. Synergistic and Understanding Operation and Design of the System

Using the high order fuzzy synergism symbols $\underset{\cdot}{\perp}$, $\perp$, $\top$, we give the following relationship for synergistic and understanding operation and design:

$$S=N \underset{\cdot}{\perp} F \tag{4}$$

We call relationship(4) the equation of actual evolution of the system. In the equation, S stands for the self-organizational system, and may also represent the ideal object system, the newly established system, the system in a favorable cycle, or a new composite material system, a new structural design system, a new product development system. N represents non-self-organizational system, and may also signify the existing and realized system, the old system, the system not in a favorable cycle or the old composite material system, the old structural system, the old product development system. $\underset{\cdot}{\perp}$ stands for "fluctuation-up and down". F stands for the driving force of the system, and it is all the difference of both S and N systems. Besides, the macro-system S or N itself also includes many sub-systems and elements such as time, space, state, condition, constituent, formation, structure and so on. Their interaction and interrationship are mostly non-linear functions, which mainly depends on our coordination using F in the system. That's also why we give $\underset{\cdot}{\perp}$ a multi-functional purpose.

As everyone knows, the deforming process of the composite material when acted on by a force is often an irreversible one, and it is far from the balanced state. If we take the force as the order parameter and its corresponding deformation as the dynamic parameter, then, the spots under force and their deformation will constitute a self-organizational system of non-linear functions. As these parameters act on each other and synergize with each other, we may find out some characteristic responses of parameters portending the catastrophe. According to the synergism theory, the parameters before a phase change will transform from orderless state to ordered state. Thus, we may forecast for complicated composite material structure according to the catastrophic portent observed from orderless state to ordered state.

In equation (4), the symbol "=" and its transformations $\approx$ (meaning approximate), or (meaning far greater or far smaller), $>$ or $<$ (meaning greater or smaller in a small degree), now can be used to describe all kinds of relationships in the evolution of the system, including balance, approximation, great difference and small difference, etc. [2]

The concept of synergistic and understanding operation and design originates from practice in research, production and life. "Synergistic" refers to coordination, cooperation and helping; "understanding" refers to comprehension, idealization and intelligence. The explanation we gave has enabled operation and design to enter an even broader field and an even higher soft level.

Example

A unit needs a spherical high-pressure container with a diameter of 400 mm, specific, gravity of the shell less than 1.4 g/cm^3, content of composite material fiber greater than 60%, the tensile strength of the fiber greater than 2 000 MPa, and the bursting pressure of the crust greater than 50 MPa. Its equation of synergistic and understanding operation and design:

According to our present systems about such things as high-strength glass fiber (GF), winding for high-pressure spherical shell with epoxy resin (Ep No. 1 formulation), (FW, machine type M 500), aluminium liner (Al, type GB 3194), lay-up design of finite elements (Led), and the solidification system (HS 901215), etc., we carry out the systematic synergistic and understanding operation and design. According to the new requirement, we use Kevlar fiber (KF 49T), epoxy formulation No. 2 (Ep No. 2), half wet winding (FWsd), and cure institution (Hs 90121416), i. e.

$$N=\{GF \perp Ep_{No1} \perp GM_{M}500 \perp Al_{GB}3194 \perp Led \perp Hs\ 901215\} \quad (5)$$

$$F=\{KF\ 49_{T} \top GF \perp Ep_{NO2} \top Ep_{NO1} \perp FW_{sd} \perp HS\ 90121416 \top HS\ 901215\} \quad (6)$$

Conclusion: the operation equation of the target design system[3]

$$S=\{KF_{49_T} \perp Ep_{NO2} \perp KF_{M}500 \perp FM_{sd} \perp Al_{GB}3194 \perp Led \perp Hs90121496\} \quad (7)$$

五、系统的协调理解运算与设计

我们采用高阶模糊协调符号$\underset{\cdot}{\perp}$、$\perp$、$\top$列出如下系统协理运算与设计关系式：

$$S=N\underset{\cdot}{+}F \tag{4}$$

我们称公式(4)为系统实际演化方程式,式中:S 代表自组织系统;也可以代表理想目标系统、新建的系统、良性循环系统或者为新的复合材料系统、新的结构设计系统、新的产品开发系统。N 代表非自组织系统;也可以代表现有已实现的系统、旧有的系统、非良性循环系统或者为旧的复合材料系统、旧的结构设计系统、旧的产品生产系统。$\underset{\cdot}{+}$代表“涨、落”。F 代表系统的驱动力,它是 S 和 N 两系统的全部差异。而大系统 S 或 N 本身又包括时间、空间、状态、条件、组分、形成、结构等诸多子系统与要素。它们之间的相互作用多为非线性函数,主要靠我们在系统中用 F 来进行协调。我们赋予$\underset{\cdot}{+}$多功能性的目的也在于此。

众所周知,复合材料受力变形常常表现为一个不可逆过程,因此它处于远离平衡态。把力作为有序参量,相对应的变形作为活动参量,如此若干处受力和相应变形就构成非线性函数的自组织系统。由于这些参数相互应用,协调的结果,就可以观测突变前兆参量的某些特征反应。按协同理论的观点,相变前参数应逐渐由无序向有序转化。这样,我们就可以用观测到突变前兆从无序向有序的转化过程来进行复杂的复合材料结构预报。

方程式(4)中的“=”以及将它改变为≈(相当之意)、≫或≪(远大于或远小于的大差异)、>或<(大于或小于的小差异)之后,就变成平衡、接近、大差异、小差异等描写系统进化的关系式[2]。

协理运算与设计这一概念的提出源于科研、生产与生活实践。其中,协者协调、协作、协同;理者理解、理想、理智。我们赋予的这种解释运算与设计送入一个更广泛的天地与更高的软层次。

例题

某部门需要一圆球形高压容器,直径为 400 mm,球壳比重小于 1.4 g/cm^3,复合材料纤维含量大于 60%,纤维拉伸强度大于 2 000 MPa,球壳爆破压力大于 50 MPa。

协理运算与设计式:

根据玻璃钢已有的高强玻璃纤维(GF)、环氧树脂(E_{pN01} 配方)高压球壳缠绕(FW,机型 M500)、铝内衬(Al,型号 GB3194)、有限元铺层设计(L_{ed})、固化制度(HS_{901215})等已有系统,进行系统协调理解运算设计。根据新要求改用芳纶纤维 49T(KF_{49T})、环氧配方 2(E_{pN02})、半干法缠绕(FW_{sd})、固化制度($HS_{90121416}$),即

$$N=\{GF \overset{\cdot}{\perp} E_{PN01} \overset{\cdot}{\perp} PW_{MS00} \overset{\cdot}{\perp} Al_{GB3194} \overset{\cdot}{\perp} L_{ed} \overset{\cdot}{\perp} HS_{901215}\} \tag{5}$$

$$F=\{KF_{49T} \underset{\cdot}{-} GF \overset{\cdot}{\perp} E_{PK02} \underset{\cdot}{-} E_{PN01} \overset{\cdot}{\perp} FW_{sd} \overset{\cdot}{\perp} HS_{90121416} \underset{\cdot}{-} HS_{901215}\} \tag{6}$$

结论:目标设计系统运算式[3]

$$S=\{KF_{49T} \overset{\cdot}{\perp} E_{PN02} \overset{\cdot}{\perp} FW_{MS00} \overset{\cdot}{\perp} FW_{sd} \overset{\cdot}{\perp} Al_{GB3194} \overset{\cdot}{\perp} L_{ed} \overset{\cdot}{\perp} H_{S90121416}\} \tag{7}$$

Ⅵ. Expert System

An expert system means a program system using the computer to organize the knowledge and experience of human experts and imitate the human experts' reasoning process to solve complicated problems in actual life which would require the efforts of human experts otherwise.

The expert system for composite materials consists of 3 parts.

1. establishment of data base

It includes the establishment of data base for such sub-systems as raw material constituents, structure, manufacturing technology, property detection and maintenance, etc. , for branch systems, micro-systems and even for basic elements. It will provide a lot of raw data for N and F systems of equation (4).

2. establishment of knowledge base

It includes the composite material system itself and its sub-systems and micro systems and all the knowledge related to the synergistic and understanding operation and design of N system.

3. establishment of advanced technology base

It stores the internationally most advanced technology about composite materials and data for great and small systems and their synergistic and understanding operation.

With these three data bases, we may retrieve all kinds of data and equations for synergistic and understanding operation at any time according to our need.

六、专家系统

专家系统就是利用计算机组织人类专家的知识和经验，模拟人类专家的推理过程，解决现实世界中需要人类专家才能处理的复杂问题的程序系统。

复合材料专家系统由三部分组成：

1. 数据库建立

数据库包括原材料组分、结构与构造、制造工艺、性能检测与使用维护等子系统、分系统、微系统直到基本要素的数据库系统的建立。它将为公式(4)中的 N、F 系统提供大量原始数据。

2. 知识库建立

知识库包括复合材料系统本身及下分 5 个系统、小系统等凡是能构成 N 系统的协理运算与设计关系式的数据系统。

3. 前沿技术库建立

前沿技术库存储国际上最先进的复合材料的前沿技术大、小系统数据以及协理关系式的数据系统。

有这三个库，我们就可根据需要随时提取各种数据与协理运算及设计关系式。

Ⅶ. Application and Prospect

The advancing of the new concept and principle of synergistic and understanding operation and design has combined internationally advanced systematology, fuzzy synergistic philosophy, expert system and great composite material system into one, and provided a completely new thinking method and a wide prospect of application for research of composite material system, choice of raw materials, structural design, technological shaping, equipment renewal, property detection, product development and open marketing, etc.

七、应用与展望

协理运算与设计新概念及原理的提出，集国际前沿系统科学、模糊协调哲理、专家系统与复合材料大系统于一体，在复合材料系统复杂性研究、原材料选择、结构设计、工艺成型、设备更新、性能检测、产品研制、市场开拓等方面提供全新思维观与方法和广阔应用前景。

REFERENCES

[1]Leng Xingwu. Method of Discrepance[J]. Information, Society of Natural Dialectic, 1982:24.

[2]Leng Xingwu. Discrepany Theory and Its Practical Significance[J]. Journal of Systematology Dialectics, 1995:1.

[3]Leng Xingwu, Wang Rongqiu. A Study on Establishment of Composite Material Semiology[C]. Collection of Papers of XI Annual Conference of Fiber Glass/Composite Materials, 1995, China.

参考文献

[1]冷兴武. 差异法[J]. 自然辩证法通讯，1982:24.

[2]冷兴武. 差异学及其实践意义[J]. 系统辩证学学报，1995:1.

[3]冷兴武，王荣秋. 构建复合材料符号学的研究[C]. 第 11 届玻璃钢/复合材料年会文集，1995.

附录 4　国内外奖励

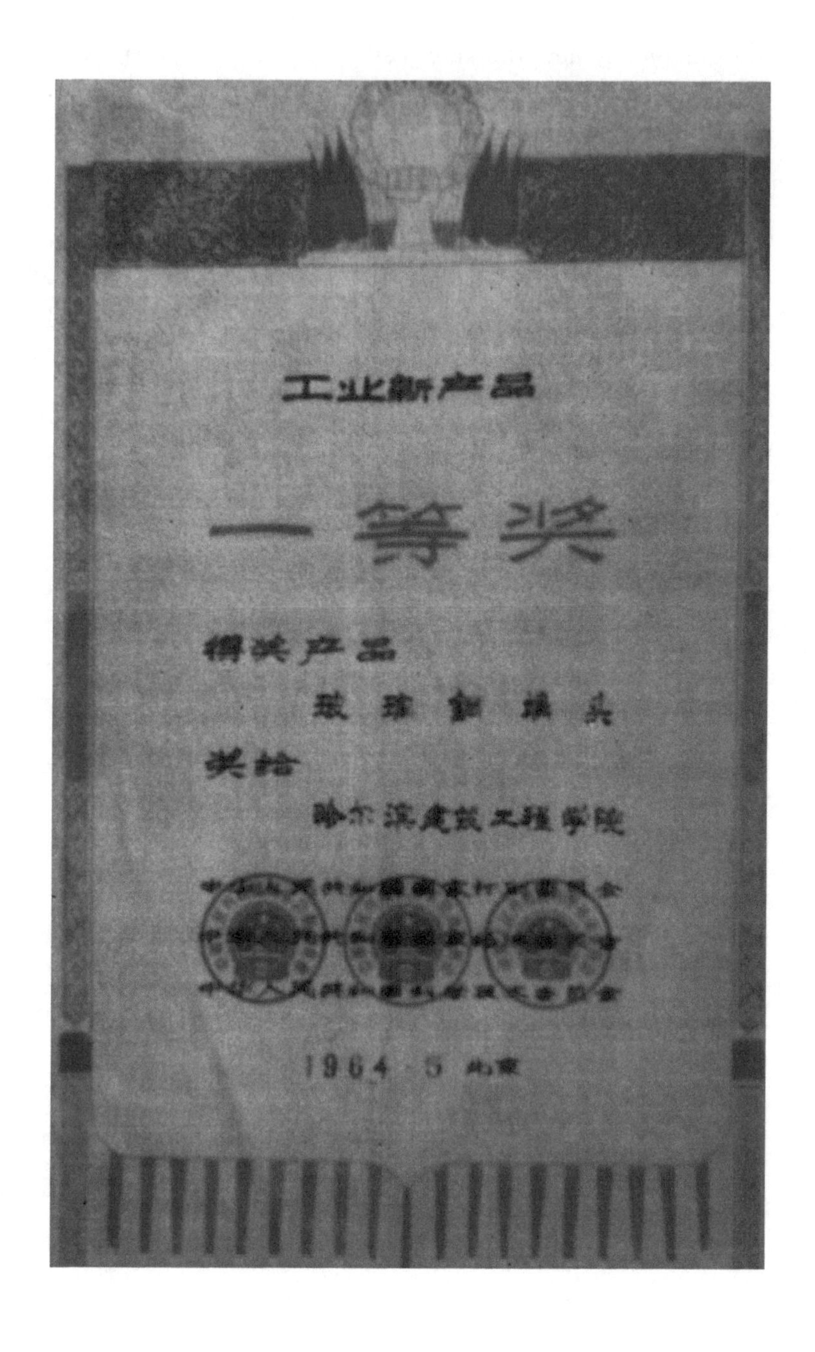

工业新产品

一等奖

得奖产品

玻璃钢模具

奖给

哈尔滨建筑工程学院

1964.5 北京

奖状

0006956

为表扬在我国科学技术工作中作出重大贡献者，特颁发此奖状，以资鼓励。

受　奖　者：国家建材总局哈尔滨玻璃钢研究所

完成的成果：玻璃钢异形缠绕规律

合作完成的成果：1. 纤维缠绕内压容器的设计计算及其基本规律 *

2. 玻璃钢压力容器及其成型设备

3. 玻璃钢雷达天线反射面的研制

4. 玻璃钢的老化与防化的研制

5. 玻璃钢基本物理力学性能测试方法的研究

6. 引-2雷达天线罩

全国科学大会

一九七八年

长44米（分四段运输）玻璃钢水井泵房在大庆的沼泽地上一次整体安装试车成功

奖状

为表彰在建筑材料和非金属矿工业科学技术工作中做出贡献的单位和个人特颁发此奖状以资鼓励。

受奖科技成果名称：

1、玻玏钢消摇鳍

2、玻玏钢波导管

受奖单位和个人：

国家迠筑材料工业总局哈尔滨玻玏钢研究所西[illegible]工程组

国家建筑材料工业总局

一九七八年八月

奖状

为表彰在建筑材料和非金属矿工业科学技术工作中做出贡献的单位和个人特颁发此奖状以资鼓励。

受奖科技成果名称：

1、大型缠绕玻功钢贮、运釵及芯模的设计和制造

2、玻功钢液化石油气釵

受奖单位和个人：

国家迠筑材料工业总局哈尔滨玻功钢研究所

国家建筑材料工业总局

一九七八年八月

奖状

为表彰在建筑材料和非金属矿工业科学技术工作中做出贡献的单位和个人特颁发此奖状以资鼓励。

受奖科技成果名称：

受奖单位和个人：

冷兴武

国家建筑材料工业总局

一九七八年八月

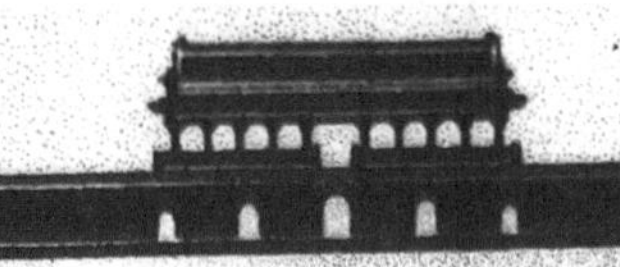

奖状

为表彰在建筑材料和非金属矿工业科学技术工作中做出贡献的单位和个人特颁发此奖状·

科技成果名称：全玻功钢雷达防风罩设计定型

奖励等级：三等奖

受奖单位和个人：哈尔滨玻功钢研究所

中华人民共和国建筑材料工业部

一九八三年三月四日

奖　状

为表彰在轻工业科学技术工作中取得重大成果者，特颁发此奖状，以资鼓励。

成果名称：[illegible]纤羽毛球拍

奖励等级：[illegible]

受奖者：[illegible]哈尔滨玻璃钢研究所

[illegible]研究所

[illegible]黑龙江化工所

[illegible]工业部

一[illegible]年[illegible]月

奖状

哈尔滨玻璃钢研究所

在纤维增强树脂基复合材料“六五”国家科技攻关中成绩显著，特予表彰。

中华人民共和国国家计划委员会

中华人民共和国国家经济委员会

中华人民共和国国家科学技术委员会

中华人民共和国财政部

国务院电子振兴领导小组办公室

国务院重大技术装备领导小组办公室

一九八五年一月九日

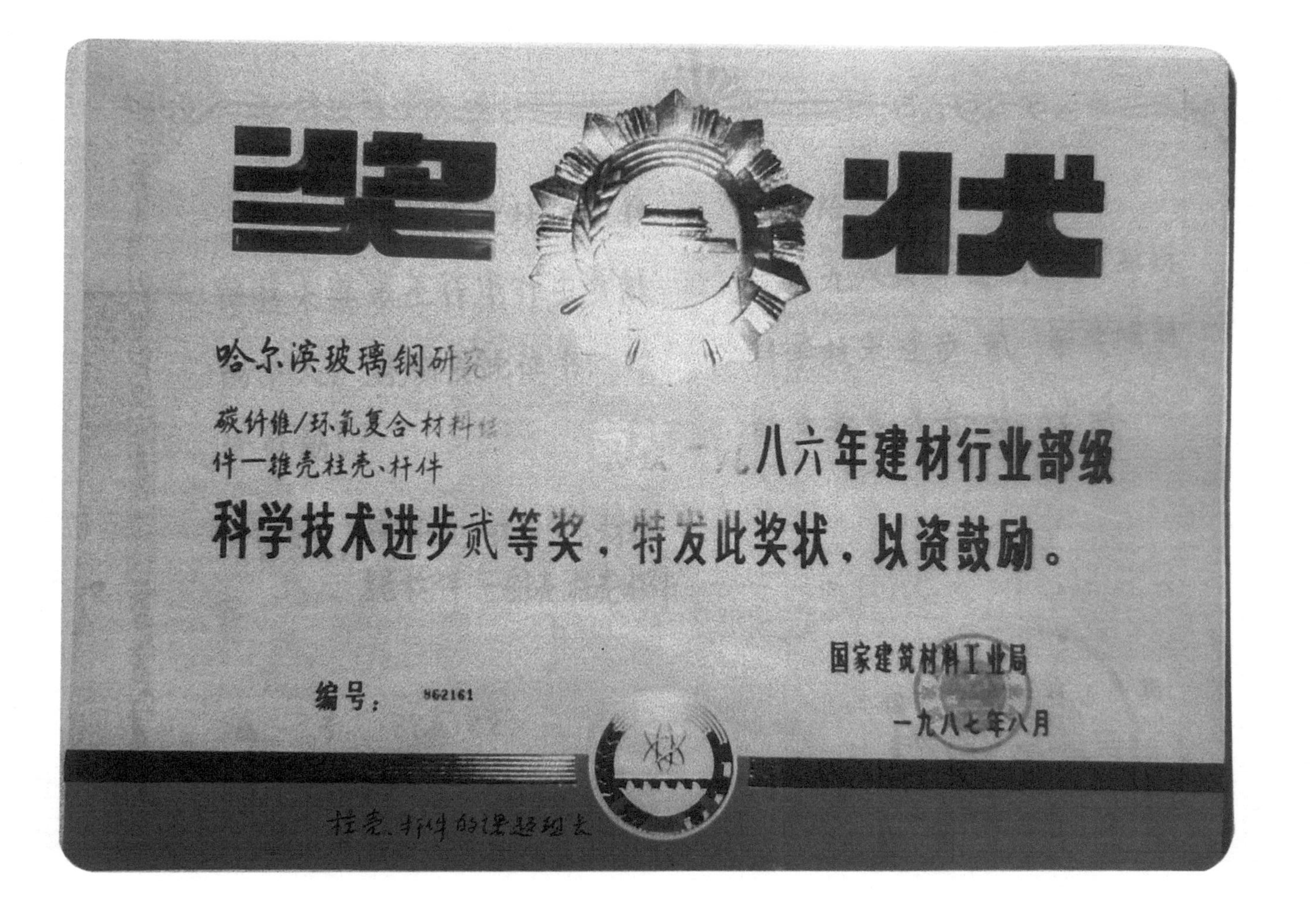
奖状
哈尔滨玻璃钢研究所
碳纤维/环氧复合材料结
件一锥壳柱壳、杆件
八六年建材行业部级
科学技术进步贰等奖，特发此奖状，以资鼓励。
编号：862161
国家建筑材料工业局
一九八七年八月

为了表彰在建材行业科学技术进步工作中作出贡献的个人，特颁发此证书，以资鼓励。

项目名称：碳纤维/环氧复合材料结构件 一锥壳、柱壳杆件

编　号：S62162

颁发给

获一九八六年建材行业部级科学技术进步 贰 等奖项目的主要完成者 冷兴武

国家建筑材料工业局

一九八七年八月

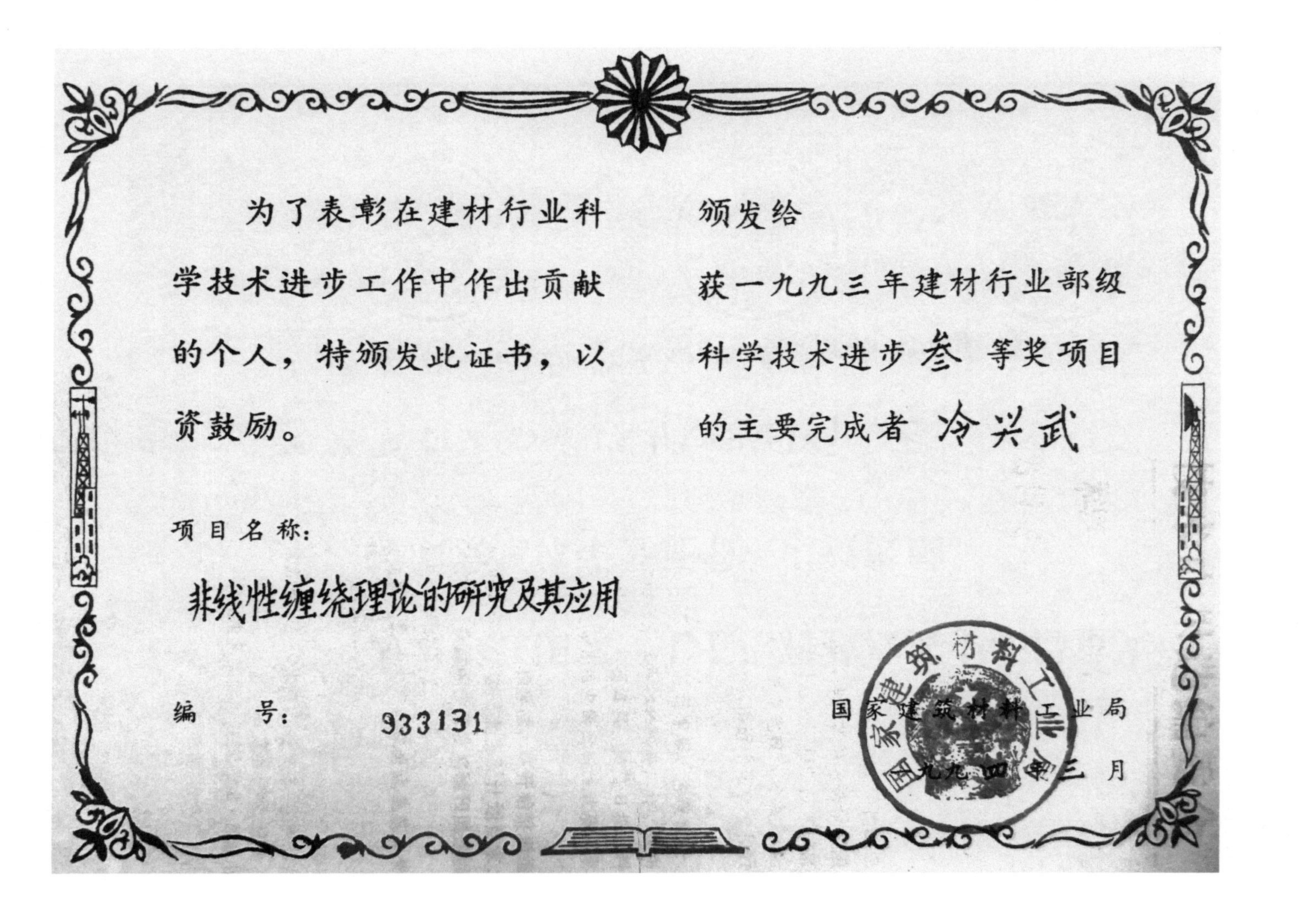

为了表彰在建材行业科学技术进步工作中作出贡献的个人，特颁发此证书，以资鼓励。

颁发给

获一九九三年建材行业部级科学技术进步叁等奖项目的主要完成者冷兴武

项目名称：

非线性缠绕理论的研究及其应用

编号：933131

国家建筑材料工业局

一九九四年三月

为表彰在国家“七五”科技攻关中获得重大成果，特颁发集体荣誉证书，以资鼓励。

获奖单位　哈尔滨玻璃钢研究所

成果名称　固体大型发动机玻璃钢壳体及连接裙

中华人民共和国国家计划委员会　　中华人民共和国国家科学技术委员会　　中华人民共和国财政部

一九九一年九月

证 书

冷兴武同志：

为了表彰您为发展我国科学技术事业做出的突出贡献，特决定从一九[illegible]月起发给政府特殊津[illegible]证书。

政府特殊津贴第(92)4130032号

中华人民共和国国务院

一九九二年十月一日

附件：享受一九九二年政府特殊津贴人员名单

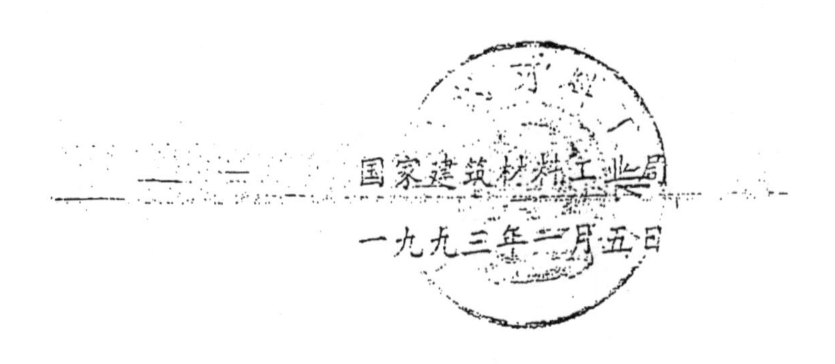

主题词：政府　津贴　名单　通知

享受一九九二年政府特殊津贴人员名单

哈尔滨玻璃钢研究所：

100元档3人

冷兴武　郭遇昌　王秉权

50元档3人

陶云宝　陈宏章　徐维强

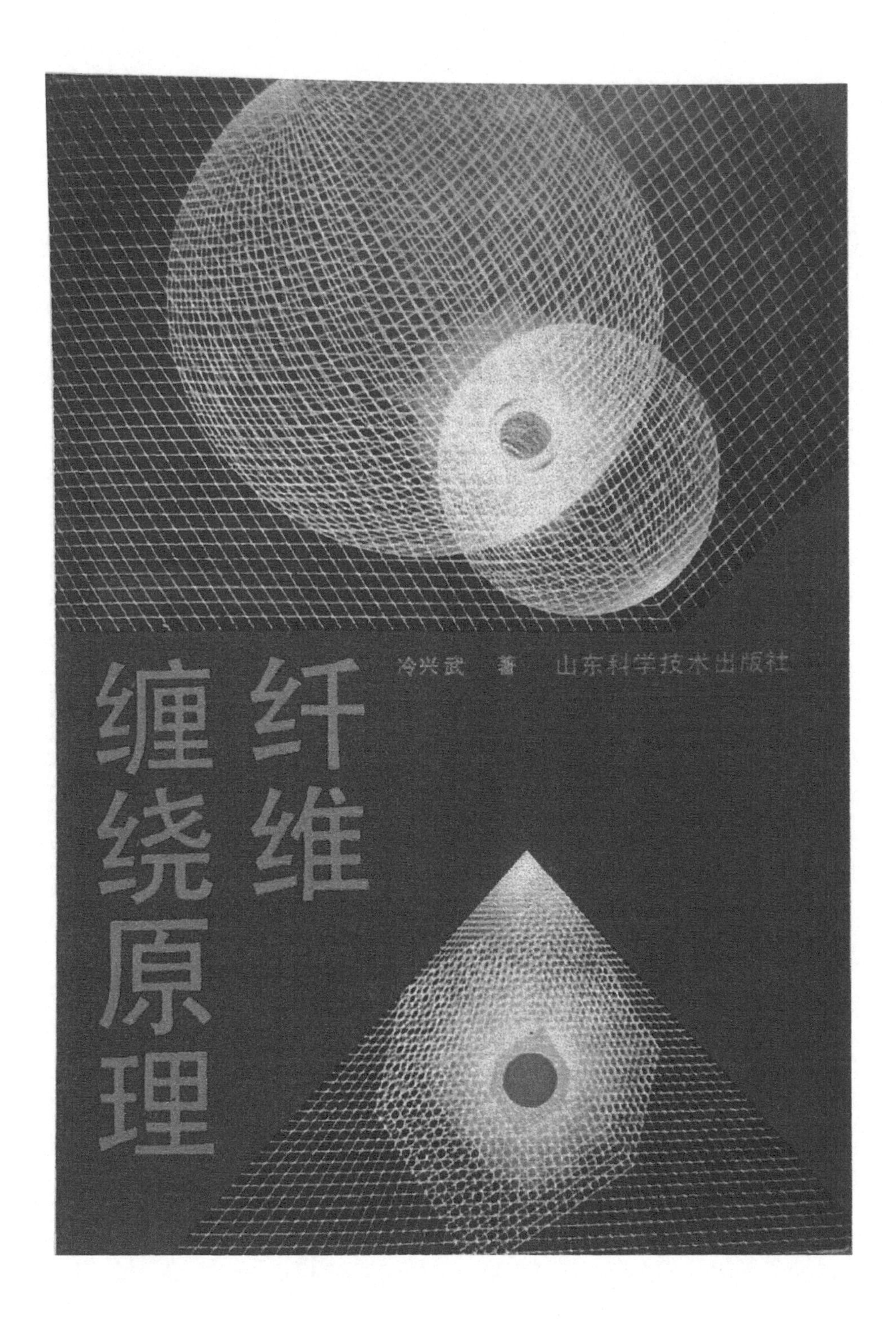
冷兴武 著
山东科学技术出版社
纤维
缠绕原理

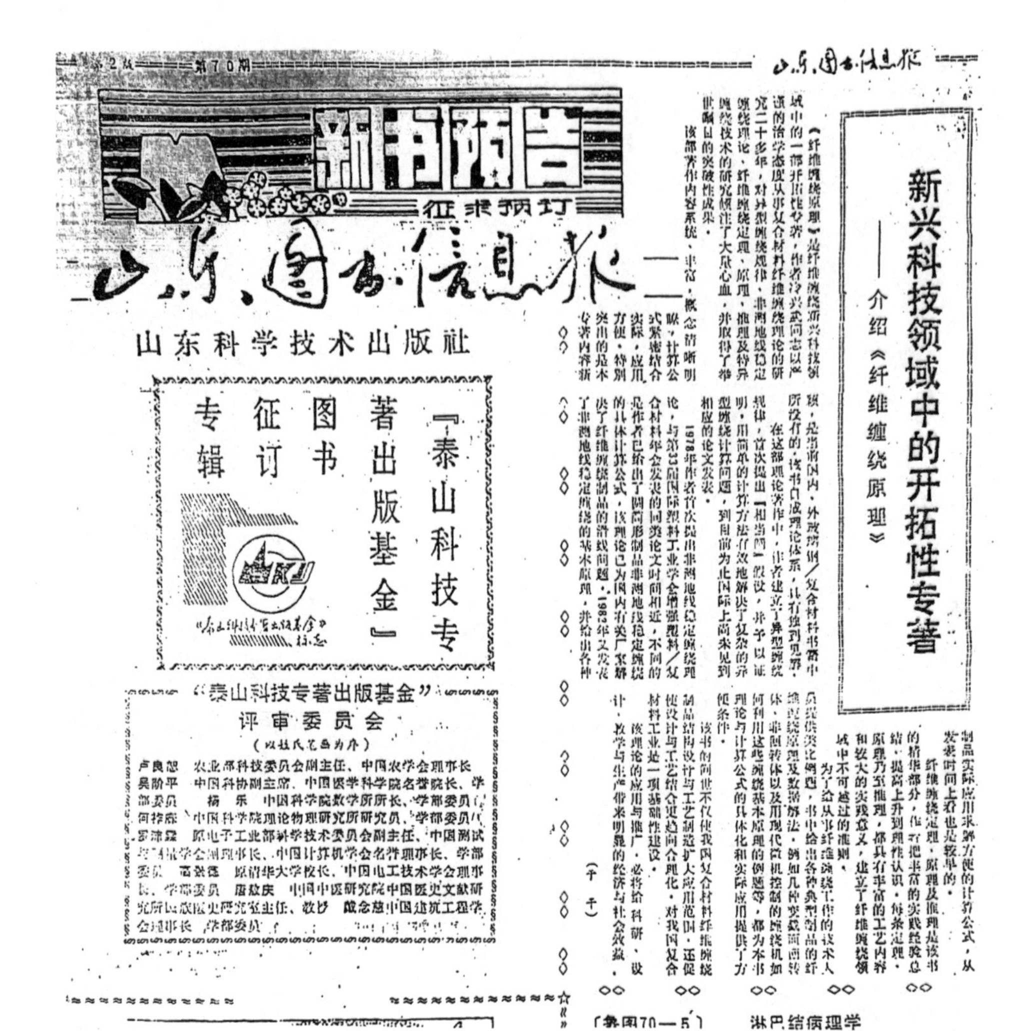

第2版　第70期　　山东图书信息报

新书预告　征求预订

山东图书信息报

山东科学技术出版社

『泰山科技专著出版基金』图书征订专辑

《泰山科技专著出版基金》标志

"泰山科技专著出版基金"评审委员会

（以姓氏笔画为序）

卢良恕　农业部科技委员会副主任、中国农学会理事长　吴阶平　中国科协副主席、中国医学科学院名誉院长、学部委员　杨　乐　中国科学院数学所所长、学部委员　何祚庥　中国科学院理论物理研究所研究员、学部委员　罗沛霖　原电子工业部科学技术委员会副主任、中国测试与计量学会副理事长、中国计算机学会名誉理事长、学部委员　高景德　原清华大学校长、中国电工技术学会理事长、学部委员　唐敖庆　中国中医研究院中国医史文献研究所医史研究室主任、教授　戴念慈　中国建筑工程学会理事长、学部委员

新兴科技领域中的开拓性专著

——介绍《纤维缠绕原理》

《纤维缠绕原理》是纤维缠绕新兴科技领域中的一部开拓性专著，作者冷兴武同志以严谨的治学态度从事复合材料纤维缠绕理论的研究二十多年，对异型缠绕规律、非测地线稳定缠绕理论、纤维缠绕定理、原理、推理及特异缠绕技术的研究倾注了大量心血，并取得了举世瞩目的突破性成果。

该部著作内容系统、丰富，概念清晰明晰，计算公式紧密结合实际，应用方便，特别突出的是本专著内容新颖，是当前国内、外玻璃钢／复合材料书籍中所没有的，该书自成理论体系，具有独到见解。

在这部理论著作中，作者建立了异型缠绕规律，首次提出"相当回"假设，并予以证明，用简单的计算方法有效地解决了复杂的异型缠绕计算问题，到目前为止国际上尚未见到相应的论文发表。

1978年作者首次提出非测地线稳定缠绕理论，与第33届国际塑料工业学会增强塑料／复合材料年会发表的同类论文时间相近，不同的是作者已给出了圆筒形制品非测地线稳定缠绕的具体计算公式，该理论已为国内有关厂家解决了纤维缠绕制品的滑线问题。1982年又发表了非测地线稳定缠绕的基本原理，并给出各种制品实际应用求解方便的计算公式，从发表时间上看也是较早的。

纤维缠绕定理、原理及推理是该书的精华部分，作者把丰富的实践经验总结、提高上升到理性认识，每条定理、原理乃至推理，都具有丰富的工艺内容和较大的实践意义，建立了纤维缠绕领域中不可逾越的准则。

为了给从事纤维缠绕工作的技术人员提供实际例题，书中给出各种典型制品的纤维缠绕原理及数据解法，例如几种变截面回转体、非回转体以及用现代微机控制的缠绕机如何利用这些缠绕基本原理的例题等，都为本书理论与计算公式的具体化和实际应用提供了方便条件。

该书的问世不仅使我国复合材料纤维缠绕制品结构设计与工艺制造扩大应用范围，还促使设计与工艺结合更趋向合理化，对我国复合材料工业是一项基础性建设。

该理论的应用与推广，必将给科研、设计、教学与生产带来明显的经济与社会效益。

（于　千）

〔鲁图70—5〕　淋巴结病理学

前　言

在树脂基复合材料成型工艺中，缠绕工艺方法占有重要地位。这种方法通过材料力学设计，可充分发挥纤维拉伸强度高的特性，制造出承受内压的固体火箭发动机壳体和各种压力容器等产品。此外，还可借助缠绕机连续工作的特点，提高生产效率，生产质量高、成本低的产品。对有几何对称外形的产品，如雷达罩、直升飞机叶片、管道、化工容器、支架等也广泛采用这种工艺方法，并已形成批量生产的产业。尤其自动控制等新技术进一步在缠绕机上应用，将会更加显示这种工艺方法的优越性。

本书原是国家建筑材料工业局哈尔滨玻璃钢研究所高级工程师冷兴武同志前几年应国防科学技术大学邀请在长沙讲学，供当时听课同志学习的讲义，后又作为国防科技大学非金属基复合材料专业本科生相应课程参考教材。这次由“泰山科技专著出版基金”评审委员会评选出版是我国复合材料界一件值得庆幸的事。

多年来冷兴武同志在纤维缠绕原理方面进行深入系统的研究，多次发表过专题研究论文，在国内学术交流会上宣读，并发表于多种学术刊物上。

书中的主要内容，建立于国家建筑材料工业局哈尔滨玻璃钢研究所多年科学研究和缠绕实践经验的基础之上。其中一些理论发展内容属于作者创造，具有独到见解。如作者提出的异

1

型缠绕理论曾获全国科学大会重大贡献奖，目前国际上尚未有相应理论发表。同时，该书又是一本在新兴科技领域——复合材料方面的具有我国特色的开拓性专著。目前，国际上尚未见到有如此系统、完备地论述纤维缠绕原理专著出版。

复合材料在我国的发展正方兴未艾，日益显现其对社会的技术进步的重要性。但是，就我国复合材料工业大宗而言，目前还停留在手糊成型为主的非机械化操作。为了提高这种材料的质量和拓宽其应用范围，推广工艺成型中的机械化和自动化制造方法是当务之急。纤维缠绕成型是复合材料的一种主要机械化工艺方法，本著作自成理论体系，使纤维缠绕的产品结构设计与缠绕工艺实现均建立于完整的理论基础之上，促使此种成型方法扩大应用范围，设计与工艺更趋向合理。因此，本书出版对于我国复合材料工业是一项基础性建设，又将起推动作用。它将首先对高技术部门产生直接推动作用，同时对异型截面件的缠绕成型及一般工业用缠绕制品具有指导作用。相信它的出版对于纤维缠绕复合材料的科研、教学、设计与制造技术的发展以及国际学术交流合作等方面定会起到积极的促进作用。

于　翘
唐羽章
王兴业
1989 年 10 月

中国“九五”科学技术成果选编委会

中国“九五”科学技术成果
采用稿件通知

尊敬的　先生/女士：

您好！

为全面贯彻实施党中央国务院提出的“科教兴国”发展战略，更好地推动科技成果转化为现实生产力，我们在国家有关部门的大力支持下，于1996年开始联合科学出版社、红旗出版社、中国科学院龙门书局等单位编辑出版了《中国“八五”科学技术成果选》。成果的选编工作还得到了中国科学院、中国社会科学院、中央党校、北京大学、清华大学等权威机构有关领导、专家的积极协助，并得到了全国各省市近千家单位和数万名科技工作者的热烈响应。

《成果选》由原中顾委常委、国务委员张劲夫题写书名，著名科学家、两院院士、国家863计划发起人之一王大珩作序，数十位两院院士和专家教授担任编委工作。该书出版后，在科技界和社会各界引起了很大的反响，人民日报、光明日报、经济日报、科技日报等新闻媒体均作了新闻报道和高度评价，并被选为我国首届中国出版成就展的参展书目之一。

按照工作计划，并根据中国“九五”科学技术成果入选原则和标准，现开始整理编选《中国“九五”科学技术成果选》，入选的科技成果须符合国家“九五”计划要求，在该领域有广泛影响的新发明、新技术、新发现，其中包括获国际性荣誉奖励和国家级省部级科技进步奖、国家发明奖的优秀科技成果（具体标准附后）。

业经有关部门推荐、专家审核，您主持的科研成果项目（以下内容为成果基本资料，仅供填写成果登记表和成果简介时参考）：

J121－MFN:584178　学术成果名称:比较复合材料学的实践研究　著作者:冷兴武　作者单位:哈尔滨玻璃钢研究所　卷期：12卷2期　页码：2833　主题词：复合材料；述评；设计；应用　成果摘要:总结了比较研究在复合材料科研活动中多项成功与获奖成果上的应用实践。阐述了比较设计原理及差异协调运算应用的具体程序。

中国管理科学研究院四川分院

关于2005年度优秀工程技术论文选评
暨《中国工程技术创新文库》征稿的通知

哈尔滨市玻璃钢研究院

为了及时总结交流全国工程技术科学理论研究的最新成果，推陈出新，我单位本着公开、公正、公平的原则对各图书馆、杂志社、大专院校及相关专业研究机构推荐的2005年度工程技术论文3万多篇进行选评，共评出获奖论文256篇(其中特等奖10篇、一等奖20篇、二等奖30篇、三等奖50篇、优秀奖146篇)，我院拟将获奖论文编辑出版《中国工程技术创新文库》(暂定名，以下简称文库)。并在“知识经济与可持续发展战略”学术研讨会上宣读，并对获奖者颁发荣誉证书、奖牌作为对其学术水平的确认，以及个人评职晋级申报学术成果的依据。

您单位　　　冷兴武　　　同志的论文（题录及获奖等级附后）经过选评符合入编要求，拟将该文收入《文库》，并邀请该同志出席我院举办的研讨会。现将有关事宜通知如下：

一、《文库》为16开豪华精装本，300多万字，1000多页，国家出版社出版，全国公开发行。为了充分发挥该书的社会效应，扩大影响力，欢迎各作者踊跃投稿并协助发行1-3册，每册定价280.00元（含邮寄包装费）

二、如因特殊情况不能与会的作者，如同意入编请将资料费580元（含文库1册、荣誉证书、镀金奖牌、纪念品及包装邮寄费等）寄至我院办理相关手续。如果您认为所选论文不能代表您的水平，您可另行推荐其他文章入编，并请在回执中注明。

三、论文题录及奖次：

【篇　名】大型玻璃钢制品不确定信息复杂系统预报的比较函数解法
【分类号】工程技术 — 无线电电子学、电信技术
【等　级】特等奖
【单　位】哈尔滨市玻璃钢研究院
【作　者】冷兴武
【期　刊】纤维复合材料. 2004, 21(2)
【IS SN】1003-6423
【C N】23-1267
【关键词】玻璃钢制品 比较函数 工程设计 玻璃钢防风罩 雷达 不确定信息复杂系统
【文　摘】本文介绍差异比较理论在工程(泛指)设计与实验中应用的一种方法，该法采用实体实验与理论比较、分析与综合，探求非线性复杂系统、差异模糊和不确定信息情况我们称它谓...

二〇〇五年二月二十六日

中国管理科学研究院四川分院

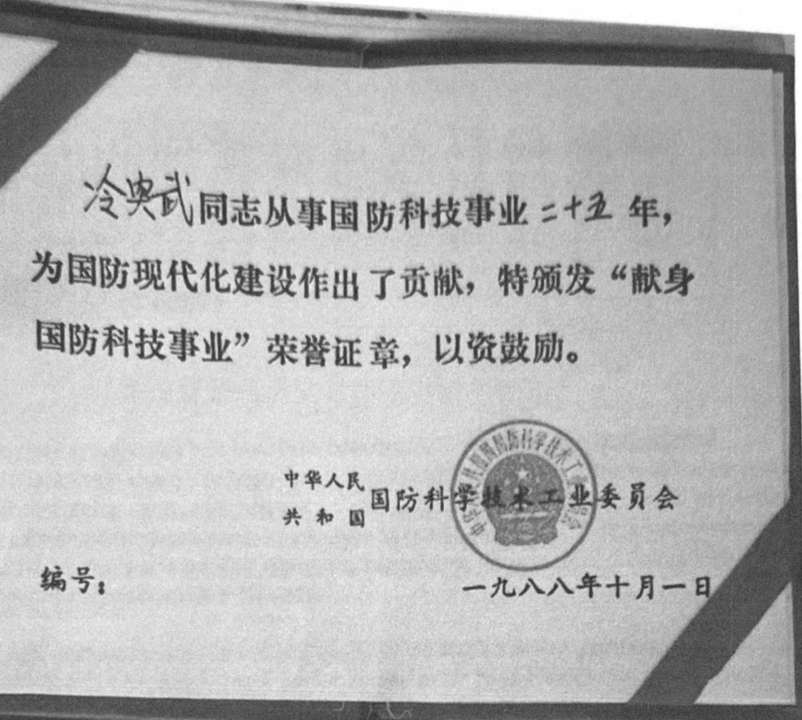

冷奥武同志从事国防科技事业二十五年，为国防现代化建设作出了贡献，特颁发“献身国防科技事业”荣誉证章，以资鼓励。

中华人民共和国国防科学技术工业委员会

编号：

一九八八年十月一日

American Biographical Institute, Inc.

Publisher of Biographical Reference Works since 1967
Member of the Publishers Association of the South
National Association of Independent Publishers

Main Office: 5126 Bur Oak Circle, PO Box 31226, Raleigh, North Carolina 27622 USA • Established 1967 • ISBN Prefix 934544
Library Distribution Center: 5436 Pine Top Circle, Raleigh, North Carolina 27612
Fax 919-781-8712

January 31, 1997

Prof Xingwu Leng
Harbin FRP Inst
100 Hongqi Ave. Xiangfang Dist
Harbin 150036 PEOPLES REP OF CHINA

Dear Prof Leng:

I am deeply pleased to let you know that you have been nominated for the American Biographical Institute's Lifetime Achievement Award. Perhaps the most extraordinary aspect of this nomination is each honoree's receipt of the imposing statue, designed and personalized exclusively for you should you accept. Invitations are being extended only to prominent figures who have a history of excellent accomplishments and whose special knowledge has had a positive impact on this century. Receipt of this nomination demonstrates our respect for a person of your standing.

The World Lifetime Achievement Award is a combination of fine materials and impeccable workmanship. It represents a futuristic blend of today and tomorrow for its purpose is to be a symbol of the recipient's gift to society: splendid anticipation and high hopes for the future.

In addition to the Award, members are able, and certainly encouraged, to contribute materials to "The ABI Chronicles," a reserved and permanent section of the ABI Library and Archives here in the United States of America. "The ABI Chronicles" will remain separate from other documents in the Library as an everlasting tribute to the recipients of the World Lifetime Achievement Award.

I congratulate you for being among the world's men and women who have reached heights beyond normal expectations. By properly accepting membership, you are assured prestigious membership in the ABI Library and Archives, and you are guaranteed a recognition award that captures the spirit of human excellence.

Sincerely,

J. M. Evans

J. M. Evans
Executive Vice President

P. S. Nominations for 1997 are limited and will become sealed once the limitation has been reached. Please make a note of the date on which your nomination expires.

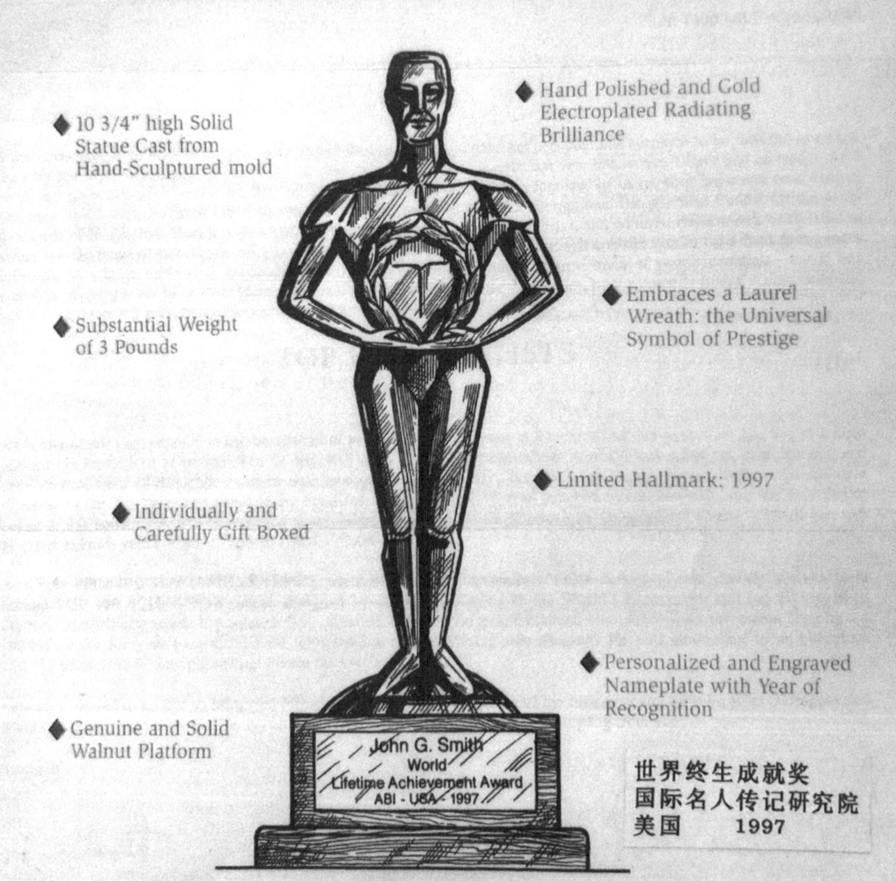
The American Biographical Institute
presents the
WORLD
LIFETIME ACHIEVEMENT AWARD
Nomination expires by the date on the enclosed card.
世界终生成就奖
国际名人传记研究院
Hand Polished and Gold Electroplated Radiating Brilliance
10 3/4" high Solid Statue Cast from Hand-Sculptured mold
Embraces a Laurel Wreath: the Universal Symbol of Prestige
Substantial Weight of 3 Pounds
Limited Hallmark: 1997
Individually and Carefully Gift Boxed
Personalized and Engraved Nameplate with Year of Recognition
Genuine and Solid Walnut Platform
John G. Smith
World
Lifetime Achievement Award
ABI - USA - 1997
世界终生成就奖
国际名人传记研究院
美国 1997
A Classic Work of Art for True Achievements
真实的有成就最优秀的艺术作品

Sponsored & Administered by the International Biographical Centre, Cambridge, England

8th February 2005

Professor Xingwu Leng 冷兴武教授
Harbin FRP Institute
100 Hongqi Avenue 哈尔滨玻璃钢研究所
Xiangfang District
Harbin 150036
China

Ref: T100/DB/ENG/SCI/REV

Dear Der Professor Leng

It has been brought to my attention by our Head of Research that you have not accepted this accolade to be featured as one of the very few top professionals in your field. I wrote to you about this honour last year but, as yet, I have had no reply. As a noted and eminent professional in the field of science and as such, previously recognised by us for your important contribution, you have now been considered and nominated for further recognition by the International Biographical Centre. Of the many thousands of biographies from a wide variety of sources investigated by the research and editorial departments of the IBC, a select few are those of individuals who, in our belief, have made a significant enough contribution in their field to engender influence on a local, national or international basis. Your previous selection was evidence of your credentials - but it was merely a stepping-stone to an even greater destination. Ratification of your nomination by the Awards Board is now complete and it is therefore my great honour to name you as an inaugural member of the IBC

TOP 100 SCIENTISTS
2005

As holder of this distinction, you can be assured of your place in our history and be gratified that your work has not only been noticed but recognised as outstanding. In any one year only one hundred of the world's best scientists, both famous and uncelebrated, from all disciplines will be able to populate this exclusive list. These are people whose daily work ***makes a difference*** - not just those who populate the headlines. It is henceforth decreed that **you** should be on this list for 2005 but as bearer of this honour you will be recorded in perpetuity in the halls of the International Biographical Centre – I trust you will be proud to know your name is to take its rightful place.

As a listee of the IBC **TOP 100 SCIENTISTS** you are eligible for the commemorative items available - the distinguished and limited **TOP 100 SCIENTISTS** medal, designed by our regalia-makers to the World's Monarchies and the distinguished illuminated certificate which is printed in full colour on finest parchment, laminated onto solid wood for instant hanging – I enclose details for your perusal. I have authorised a **very advantageous discount** for you amounting to an enormous US$315.00 or £175.00 Sterling saving! Please see overleaf for details.

I am very pleased to be able to bring you this news and hope you feel proud of the influence you have on your colleagues and friends. It is only left for me to offer my sincere congratulations. I look forward to hearing from you.

Sincerely

2005年全世界100名
顶级科学家

Nicholas S. Law
Director General

国际传记中心印章

All Correspondence to: International Biographical Centre, St Thomas' Place
Ely, Cambridgeshire, CB7 4GG, England
Telephone: +44 (0) 1353 646600 Facsimile: +44 (0) 1353 646601

[illegible]

老师 1983.11.24

到王院士家拜访给他《工程差异论》书稿目录看后说："很好，赶快出版；咱学校有规定院士推荐名额只限校内"顺便赠我一本书并签名，回家想老师这两句话，一是说明差异论意义非凡，二是鼓励我向院士进军，我并不是所领导，咱没想当院士，只想把差异论再扩大实践一生实践完不辜负老师期望！

前次89年九位院士评选我写《纤维缠绕原理》直今在国际仍是一花独放为国争光。《差异论与实践》评选建议聘请中国社科院马克思主义学院马列主义学部学部委员（相当院士）优先。像王光远老师院士近百岁双目失明，行动已经不便，可请其他人士参加吧！

工程软设计理论

王光远 著

国家自然科学基金委员会和
建设部联合资助项目

科学出版社

1992

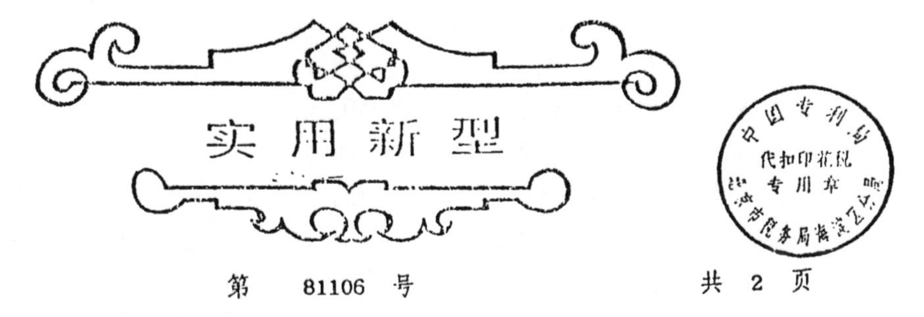

第　81106　号　　　　　　　　　　共 2 页

实用新型名称：薄板式玻璃钢大型地面雷达天线罩

设计人：冷兴武　王秉权　徐维强　王春昌　刘其贤　刘凤鸣　祁锦文　施长邦
杨少文　刘金昌　王伟　陈辉　熊占永　周乐育

专利号（申请号）：91 2 18223.7

专利申请日：1991年 7月12日

专利权人：国家建筑材料工业局哈尔滨玻璃钢研究所

该实用新型已由本局依照中华人民共和国专利法进行初步审查，决定授予专利权．

中华人民共和国专利局局长　高卢麟

1992年 7月15日

参考文献

[1] 毛泽东. 实践论[M]. 北京:人民出版社,1964.
[2] 黑格尔. 逻辑学[M]. 北京:人民出版社,1974.
[3] 骆晓戈. 世界名人传记精粹[M]. 长沙:湖南少儿出版社,1991.
[4] 恩格斯. 自然辩证法[M]. 北京:人民出版社,1971.
[5] 乌杰. 系统辩证论[M]. 北京:人民出版社,1991.
[6] 冷兴武. 镀层缠绕玻璃钢波导管(元件)的试制[J]. 玻璃钢资料,1972(2).
[7] 冷兴武. 纤维缠绕玻璃钢圆锥体的非测地线稳定公式[J]. 工程塑料应用,1980(3).
[8] 冷兴武. 纤维缠绕超越长度计算[J]. 玻璃钢杂志,1980(6).
[9] 冷兴武. 纤维缠绕线型设计[J]. 工程塑料应用,1983(2).
[10] 冷兴武,张银生. 圆锥体缠绕工艺计算[J]. 工程塑料应用,1981(3).
[11] 金怀南. 吸烟会影响运动成绩[J]. 健康之友,1982(7).
[12] 冷兴武. 非测地线缠绕的基本原理[J]. 宇航学报,1982(3).
[13] 周全礼. 黑格尔的辩证逻辑[M]. 北京:中国社会科学出版社,1989.
[14] 荣开明,赖传祥. 论矛盾转化[M]. 上海:上海科技出版社,1987.
[15] 冷兴武. 差异论与玻璃钢制品研究[M]. 长沙:湖南科技出版社,1986.
[16] 林康义,唐永强. 比较. 分类. 类比[M]. 沈阳:辽宁人民出版社,1986.
[17] 邓子基. 比较财政学[M]. 北京:中国财经出版社,1987.
[18] 汤永宽. 比较政治学[M]. 上海:上海译文出版社,1987.
[19] 冷兴武. 椭圆柱曲面缠绕滑线位置计算公式[J]. 复合材料学报,1991(1).
[20] 冷兴武. 纤维缠绕的基本理论[J]. 宇航材料工艺,1985(6).
[21] 冷兴武. 夹层缠绕结构及其应用[J]. 宇航材料工艺,1987(3).
[22] 冷兴武. 网格结构纤维缠绕计算原理[J]. 航空学报,1987.
[23] 范达人,高孟醇. 比较史学[M]. 长沙:湖南出版社,1991.
[24] 陈国权. 知识工程中自然语义的模糊表达[M]. 北京:科学出版社,1989.
[25] 卢侃,孙建华. 混沌学传奇[M]. 上海:上海翻译出版公司,1991.
[26] 钱学森. 一个科学新领域——开放的复杂系统及其方法论[J]. 自然杂志,1992(1).
[27] 李晓明. 模糊:人类认识之谜[M]. 北京:人民出版社,1985.
[28] 马克思,恩格斯. 德意志意识形态单行本[M]. 北京:人民出版社,1961.
[29] 王光远. 工程软设计理论[M]. 北京:科学出版社,1992.

[30] 刘洪.当代新科学扫描[J].科技导报,1991(2).
[31] 冷兴武.比较复合材料的实践研究[J].纤维复合材料,1995(2).
[32] 张华夏.再论差异、对立和矛盾[J].系统辩证学学报,1995(1).
[33] 苗东昇.突变论的辩证思想 自然辩证法[J].通信,1995(3).
[34] 冷兴武.建立比较复合材料学科的构想[J].纤维复合材料,1994(1).
[35] 冷兴武.材料科学应用中的比较研究[J].宇航材料工艺,1995(2).
[36] 冷兴武,王荣秋.构建复合材料符号学的研究[C].第十一届全国玻璃钢/复合材料学术年会论文集,1995.
[37] 冷兴武,张东兴,王荣国.建立比较工程技术学科的构想[J].电站系统工程,1996(1).
[38] 冷兴武.非线性复合材料系统[C].中国造船学会船舶材料委员会船舶材料与材料工程学术交流论文集,1996.
[39] 林坚,欧阳首承.探索非线性之谜[J].自然辩证法研究,1996(3).
[40] 冷兴武.差异协调设计原理与市场经济应用[C].第四届全国系统科学学会论文集,1996.
[41] 冷兴武,王荣秋.关于纤维缠绕玻璃钢夹砂管道在输水工程中应用的可靠性论证[C].全国给水网技术交流会论文,1996.
[42] 冷兴武.建立现代比较科学[J].系统辩证学学报,1996(3).
[43] 冷兴武.椭圆鼓型截面槽车滑线位置计算公式[J].复合材料学报,1997(1).
[44] 冷兴武,王荣秋.纤维缠绕玻璃钢夹砂管道的发展前景[J].纤维复合材料,1998(2).
[45] 冷兴武,王荣秋.承插口玻璃钢夹砂管道安全阀设计理论[J].纤维复合材料,1999(1).
[46] 冷兴武,王荣秋.承插口玻璃钢夹砂管道的研究[J].中国玻璃钢工业协会通信,2002(3).
[47] 杜善义,冷劲松,王殿富.智能材料系统和结构[M].北京:科学出版社,2004.
[48] 汪富泉,李后强.分形、混沌理论与系统辩证论[J].系统辩证科学学报,1994(2).
[49] 冷兴武,王荣秋,冷劲松.分形理论在夹砂管道上的应用[J].玻璃钢/复合材料,2003(2).
[50] 冷兴武.大型玻璃钢制品不确定信息复杂系统予报的比较函数解法[J].纤维复合材料,2004(2).
[51] 冷红.寒地城市环境的宜居性研究(当代城市规划大系)[M].北京:中国建筑工业出版社,2009.
[52] 冷兴武,王荣秋.实体全及限设计理论[J].纤维复合材料,2002(2).
[53] 郭险峰.慢性腰痛应该怎么办[J].中老年健康指南,2017(4).
[54] 李科文 花钱买害的中国人——进口香烟和化肥的思考[N].科技日报,1995－2－21(8).